PPP 模式下石家庄国际展览中心悬索结构应用与研究

张相勇　戴立先　徐　坤　主编

中国建筑工业出版社

图书在版编目（CIP）数据

PPP模式下石家庄国际展览中心悬索结构应用与研究／张相勇，戴立先，徐坤主编．—北京：中国建筑工业出版社，2023.8
ISBN 978-7-112-28888-5

Ⅰ.①P… Ⅱ.①张…②戴…③徐… Ⅲ.①政府投资-合作-社会资本-应用-展览中心-悬索结构-研究-石家庄 Ⅳ.①TU351

中国国家版本馆CIP数据核字（2023）第125990号

本书系统介绍了PPP项目运作模式，索结构基本知识及大跨悬索结构建造中的关键技术，并总结了消能减振、健康监测及风洞试验与抗火试验的系列成果。全书共分为10章，包括：索结构概述、索结构受力机理、索结构施工、PPP模式及项目运作、石家庄国际展览中心工程概况、施工关键技术、施工监测与健康监测、风荷载试验研究、消能减振研究、耐火试验及抗火验算。内容全面、翔实，可为同类大跨索结构项目提供参考，可供建筑行业从业人员学习使用。

责任编辑：王砾瑶
责任校对：党　蕾
校对整理：董　楠

PPP模式下石家庄国际展览中心悬索结构应用与研究
张相勇　戴立先　徐　坤　主编
*
中国建筑工业出版社出版、发行（北京海淀三里河路9号）
各地新华书店、建筑书店经销
北京科地亚盟排版公司制版
北京中科印刷有限公司印刷
*
开本：787毫米×1092毫米　1/16　印张：16¼　字数：305千字
2023年8月第一版　2023年8月第一次印刷
定价：**72.00**元
ISBN 978-7-112-28888-5
（41284）

本书编委会

主　编：张相勇　戴立先　徐　坤

副主编：陈华周　杨正军　严仍景　王红军　聂元宗

编　委：俞　浩　温　军　顾　磊　陈振明　徐　聪

于立海　陈志华　段元锋　廖　彪　毛良涛

龚光宁　钱　焕　司　波　李凌峰　冯　健

赵云龙　张　健　张新贺　刘庆宽　李　毅

孟祥冲

FOREWORD

石家庄国际展览中心项目是由中建科工集团有限公司（前身为中建钢构有限公司）投资、建造及运营的重点工程，是河北省打造京津冀协同创新发展示范区、战略新兴产业聚集区和自由贸易试验区并引领对外开放发展的重要抓手。

项目位于石家庄市正定新区，总用地面积 64.44 公顷，总建筑面积 35.92 万 m^2（其中地上 22.98 万 m^2）。项目由中央枢纽区串联会议和展览各个部分呈鱼骨式展开，会展部分由 3 组标准展厅（A、C、E）、1 组大型展厅（D）及核心区会议中心（B）组成，平面总长度约 648m，总宽度约 352m。总体展览建筑面积达 11 万 m^2，是目前建成的世界最大悬索结构展厅。项目建成后，在投资、建造、运营等各方面均获得多项殊荣，在社会上产生了重大影响。

为及时总结项目科技成果，中建科工集团有限公司联合相关参与单位对项目中的索结构关键核心技术进行了系统梳理，以期能对我国大跨索结构的科技创新与发展提供新的视角。

本书系统介绍了 PPP 项目运作模式，索结构基本知识及大跨悬索结构建造中的关键技术，另外总结了消能减振、健康监测及风洞试验与抗火试验的系列成果，为读者全面展示了一个极复杂结构在快速实施过程中的创新性实践成就。

本书由中建科工集团有限公司组织编写并统稿；书中第 6 章由中建科工集团有限公司与北京市建筑工程研究院有限责任公司共同编写，第 7 章由天津大学编写，第 8 章由石家庄铁道大学编写，第 9 章由浙江大学编写，第 10 章由中国建筑科学研究院有限公司建筑防火研究所编写，其余章节均由中建科工集团有限公司编写完成。

编写过程中，除了编委会各位成员参与编写并校审书稿、对本书的付印付出极大心血外，谭高见、李静姝、尧金金、杨嘉琪、曹志亮、马彬、刘跃龙等也对本书文稿的整理开展了大量的工作，在此一并表示感谢!

书中引用了专家论著中的成果，在此谨致谢忱。由于时间有限，难免有引用而未注明出处之地，敬请海涵!

另外，由于 PPP 项目理论及大跨悬索结构技术不断创新，加之编者水平有限，书中谬误在所难免，还望读者批评指正。

本书编委会

目录

CONTENTS

01

第一篇 PART ONE

索结构基本知识

第1章
索结构概述

1.1 索结构发展

从世界建筑结构的发展历程中可以看出，结构发展往往有三个方向：(1) 改进结构材料基本性能；(2) 创造新型结构材料；(3) 创造与之相适应的结构形式。

结构材料基本性能的改善和新型结构材料的创造，使建筑结构变得越来越轻巧，这也为新型结构形式的创造奠定了基础。例如高强材料在新型结构使用中越来越普遍，而其在新结构形式中能够充分发挥作用的最大障碍是纵向弯曲作用的影响，因为在纵向弯曲作用下，结构构件的破坏往往不是因为强度不足，而是由于刚度不足丧失稳定。因此，为充分发挥材料的强度优势，设计中应尽可能减少受压构件的使用而多利用受拉构件的设计理念应运而生，索结构就是在这种条件下产生并不断往前发展。

纵观索结构的发展，可将其分为三个阶段，分别为古代索结构（1700年以前）、近代索结构（1701～1980年）以及现代索结构（1981年至今）。

1.1.1 古代索结构

蜘蛛利用蜘蛛丝“很高”的抗拉强度，造就了结构合理、自重轻、承载力大的蜘蛛网来捕捉猎物，从某种程度上来讲，蛛网可以被认为是世界上最早的张拉“索”结构（图1-1）。

正是这种大自然的神奇之物，给予人们启迪，我国古代人民利用索具有较高抗拉强度的特性，创造了一座又一座横跨于大江之上的悬索桥，历经巨变与横流，依旧矗立于江河之上。例如，目前已查证的最早索桥，是四川益州的笮桥，它建于李冰任蜀守时，距今2200余年，跨越南面的检江，又名夷星桥，是当时按北斗七星形状建成的七座桥中的一座。在房屋建筑方面，蒙古人利用自己的智慧，创造出蒙古包，它已初具索结构雏形，其主要由架木、苫毡、绳带三大部分组成（图1-2）。

图1-1 蜘蛛网

图1-2 蒙古包

1.1.2 近代索结构

四川省的泸定桥，又名铁索桥，始建于康熙年间，长103m，宽3m，13根铁链固定在两岸桥台落井里，9根作底链，4根分作两侧扶手，共有12164个铁环相扣，全桥铁件重40余吨（图1-3）。

欧洲最早的铁索桥，是1741年在英格兰建成的温奇（Winch）人行桥，见图1-4。如同古代中国的铁索桥，这桥用尺寸不大的铁环制成铁链；除桥面拉索外，桥下也设锚索，以策稳定。桥的跨度21.34m，桥宽0.61m，跨越蒂斯（Tees）河。

图 1-3　泸定桥

图 1-4　温奇（Winch）人行桥

1.1.3　现代索结构

有关现代索结构的定义，国内外学者是把以拉索作为主要受力构件而形成的预应力钢结构体系称为索结构。世界上第一个现代索屋盖是美国的“雷里”体育馆，它是采用以两个斜放的抛物线拱作为边缘构件的鞍形“正交索网”结构，其圆形平面直径91.5m（图 1-5）。为筹办第 22 届奥运会，苏联于 1980 年建成直径 160m 圆形车辐式索桁架列宁格勒比赛馆，并在索桁架上弦铺设薄钢板，既作屋面防护，又使其成为与上弦索共同工作的索膜结构。中国现代索结构的发展始于 20 世纪 50 年代后期，北京工人体育馆和浙江人民体育馆是当时的两个代表作。其中，北京工人体育馆建成于 1961 年，其屋盖为圆形平面，直径 96m，采用车辐式双层索体系，由钢筋混凝土圈梁、中央钢环以及辐射布置的 72 根上索和 72 根下索组成（图 1-6）。而浙江人民体育馆建成于 1967 年，其屋盖为椭圆平面，长径 80m，短径 60m，采用双曲抛物面正交索网格。这两座场馆，在汲取国外先进技术经验的基础上有所创新，从规模大小和技术水平来看，在当时都达到国际先进水平，受到国内外工程界的好评。

图 1-5　“雷里”体育馆

图 1-6　北京工人体育馆

1.2　现代索结构分类

现代工程中常用的建筑索结构主要有弦支结构、斜拉结构、悬吊结构、索穹顶结构、索膜结构、索网结构以及悬索结构 7 种结构形式。

1.2.1　弦支结构

弦支结构体系——用撑杆连接上部压弯构件和下部受拉构件，通过在受拉构件上施加预应力，使上部结构产生反挠度，从而减小荷载作用下的最终挠度，改善上部构件的受力形式，并通过调整受拉构件的预应力，减小结构对支座产生的水平推力，使之成为自平衡体系，这种自平衡体系统称为弦支结构体系。

在弦支结构体系中，弦支梁或桁架（张弦梁或张弦桁架）是出现最早的一种弦支结构。1839年德国建筑师，发明了一种预应力梁“Lavesbeam”，他把梁分成上层和下层两部分，两者之间仅用立柱连接，通过这种方式梁的强度可以显著提高，并将其用于Herrenhausen花园的温室中，这是最早弦支梁的雏形。Paxton利用这种预应力梁概念，在1851年的伦敦万国博览会的水晶宫结构的桁架之间采用了弦支梁结构檩条。建于1876年费城博览会展馆的国际展厅屋盖同样采用了弦支梁结构。最早提出弦支梁结构概念的是MasaoSaito。在1979年Madrid召开的国际薄壳与空间结构协会（IASS）年会上，Masao提出了弦支梁结构形式，并研究了其基本受力特性和分析计算原理。1998年，天津大学教授刘锡良率先在国内对张弦梁结构开展了系统、深入的研究，当时由于直接取其日语“张弦梁”定义，故“张弦梁”的名称沿用至今。

我国平面弦支结构的工程应用中较为典型的工程项目有：国内第一个张弦梁结构——上海浦东国际机场航站楼，国内首个跨度超过100m的平面张弦结构——哈尔滨国际会展中心，如图1-7、图1-8所示。

图1-7　上海浦东国际机场航站楼

图1-8　哈尔滨国际会展中心

1.2.2 斜拉结构

斜拉结构是由主结构、塔柱和拉索构成的一种悬索结构形式。其主结构可以是网架结构、网壳结构、折板结构等结构形式。斜拉结构多用于桥梁结构，即斜拉桥。从文献记载来看，1972 年建造的慕尼黑奥运会主赛场馆是斜拉结构第一次在重大工程结构中的应用。目前斜拉结构已作为一种主要的结构形式，在国内外工程项目中得到应用，国内典型的工程项目有以下两例：天津滨海国际会展中心（图 1-9）——2008 年夏季达沃斯论坛主会场，屋盖结构体系采用了大跨度斜拉折板网格结构，其中屋面上下层的每个折板形单元为 1 榀平面钢管相贯桁架，这些折板形的平面桁架通过竖向和斜向的平面钢管相贯桁架构成了屋盖钢结构体系；山东茌平体育场（图 1-10）——屋盖为圆锥面，平面投影为月牙形，长度约 200m，宽度约 30m，屋面最高点标高 35.75m，屋面结构体系采用空间网格结构，支承在混凝土柱上，同时在体

图 1-9 天津滨海国际会展中心

图 1-10 山东茌平体育场

育场主席台后的桁架柱和体育场两端实腹柱上，设置斜拉索作为屋盖结构的弹性支承，形成斜拉结构。

1.2.3 悬吊结构

根据悬吊体系的形式和功能要求，可以将悬吊结构分为悬吊屋盖结构和悬吊索系结构。悬吊屋盖结构的组成包括悬索、吊索、屋盖和支承柱，它的原理类似于悬索桥，大多用于大跨度空间结构，例如，体育场馆和会展中心；悬吊索系结构的组成包括悬挂物、索系和支承柱，主要是为了实现某种功能，如游览观光等。悬吊屋盖结构——它的优点在于拉索为屋盖提供了弹性支承，有效地降低了成本和造价，并且不会在屋盖构件中产生过大的集中力，其支承柱也可以较矮，不过，它也面临着布索形式、预应力取值、塔柱受力安全和屋盖结构与悬索结构刚度不匹配等问题。悬吊索系结构——由于悬挂体的自重在拉索中产生的内力远小于预应力，所以具有与悬索屋盖结构不同的特点。特点一，要进行精确的找形分析，因为悬吊索系结构的刚度随着预应力的增大而增大，所以控制悬吊索系结构的变形时就要选取合适的预应力分布和幅值大小；特点二，应特别关注风荷载效应及索的振动控制，因为悬吊索系结构是一种风敏感型结构，特别是完全暴露于空气中的悬吊索系结构，在使用过程中要经受来自各个方向、各种风速的荷载作用，这种作用会使得结构产生较大的变形和振动，导致结构具有明显的几何非线性特征；特点三，环境温度的变化会对索系结构的内力和位形产生影响，当环境温度产生的索长变化量和拉索内力产生的伸长量在同一量级时，环境温度的显著变化将改变拉索的张力值和索系结构的位形，此外，施工环境的温度和设计基准温度的差异，也会在索系结构中引入额外的温度应力和变形，因此索系的施工张拉也要考虑这一因素。

鄂尔多斯东胜体育场是一典型的悬吊结构体系，如图 1-11 所示。钢拱跨度 335m，高度 129m，线形接近悬吊链线型，且与竖直面夹角呈 6.1°，在拱两侧设置了 46 根拉索，锚固在屋盖的轨道桁架上，拉索不仅为固定屋盖提供了支承作用，而且在钢拱两侧形成的人字形布置也为钢拱提供了面外支撑。

日本国立代木体育馆是一个典型的悬吊空间结构，如图 1-12 所示。该建筑物采用了与吊桥类似的结构形式，两塔柱之间设置两根跨度 126m 的主吊索，使之成为屋盖纵向的主要承重构件。主吊索向两塔柱外侧延伸 65m 后锚固在基础上，屋盖上的横向构件由型钢构件相互铰接组成，具有局部刚性和整体柔性构件的受力特点。横向构件的一端连接在主索上，另一端连接在围绕观众席所形成的曲线形钢筋混凝土环梁上，特别是横向构件所具有的局部刚性的受力特点，使得构件在局部荷载作用下具有一定刚度，从而整体上受轴向拉力。

图 1-11　鄂尔多斯东胜体育场

(a)

(b)

图 1-12　日本国立代木体育馆

1.2.4 索穹顶结构

索穹顶结构是由连续的拉索和间断的压杆所形成的一种自平衡、自应力结构体系，是目前最接近 Fuller 张拉整体结构思想的结构体系。由于该结构体系主要以拉杆为主，因而构件材料强度得以充分发挥，尤其是采用强度本身就很高的拉索材料（拉索材料的抗拉强度通常可高出普通钢材强度 5～8 倍），因此索穹顶结构的自重较轻，跨越能力较大。索穹顶结构的概念是由美国工程师 Geiger 提出的，他认为空间的跨越能力是由连续的张拉索和不连续的压力杆所决定的。在这一理论基础上，提出了索穹顶结构基本概念，它由脊索、斜索、环索、桅杆、拉力环、压力环相互连接而成，从而形成一个完整封闭的张拉结构体系，上述索穹顶结构形式又称为 Geiger 索穹顶或肋环形索穹顶。对于 Geiger 型索穹顶结构而言，索网平面外刚度不足，容易失稳，承受如风荷载、地震作用等非对称荷载的性能较差，针对上述缺点，美国工程师 M. P. Levy 和 T. F. Jing 对其进行了改进，将辐射状脊索改为方形布置，消除了结构内部存在的机构，取消了起稳定作用的谷索。

无锡科技交流中心（图 1-13、图 1-14）钢结构设计中，24m 的采光顶就用了索穹顶结构。根据工程特点，选用了 Geiger 型索穹顶，结合下部结构考虑，结构采用 10 道脊索、2 道环索及相应的斜索、压杆。

图 1-13　无锡科技交流中心

中国煤炭（太原）交易中心（图 1-15）——其中央区采光顶为玻璃幕墙次索网与索穹顶组合的索网穹顶结构，平面为圆形，直径 36m，矢高 1.636m，结构中心点标高 25.8m。结构的主要特点是在以索穹顶为主结构的基础上，增加了上层幕墙次索网，屋盖覆盖材料采用点支式玻璃屋面。索穹顶为 Geiger 型结构，由上海宝冶集团工安分公司承担，并于2011年1月18日开始了整体索结构的提升工作。

图1-14　无锡科技交流中心

图1-15　中国煤炭（太原）交易中心

1.2.5　索膜结构

膜结构主要包括充气膜结构、气承膜结构以及张拉膜结构。其中，张拉膜结构又包括悬吊式膜结构和骨架式膜结构，两者都是以钢索和钢构件为主承重结构来传递膜面外界荷载的，因此，张拉膜结构又称为索膜结构。索膜结构类型非常丰富，按受力特点可分为四类，空气支承式索膜结构、骨架支承式索膜结构、整体张拉式索膜结构和索系支承式索膜结构。空气支承式膜结构靠内部气压维持形状具有刚度，目前已很少用；骨架支承式膜结构中的膜材主要起覆盖及局部受力的作用；后两类膜结构属于大型张力体系，且与索的运用密不可分，是真正意义上的索-膜结构。整体张拉式索膜结构是利用桅杆或钢拱等刚性构件提供吊点，将钢索和薄膜悬挂起来，通过张拉索对膜面施加预张力，将膜材绷紧形成具有一定的刚度和形状稳定性的结构。

沙特阿拉伯利雅得体育场（图 1-16）——建于 1986 年，平面呈圆形，外径 288m，其看台挑篷由 24 个连在一起的形状相同的伞形膜结构单元组成。每个单元悬挂于高 60m 的中央支柱上，外缘通过边缘索张紧在若干个独立的锚固装置上，内缘则绷紧在直径为 133m 的中央环索上。在单元邻接处均设置了脊索或谷索作为必要的受力构件或起加强作用。索系支承式膜结构——由空间索系作为主要承重结构，在索系上布置按设计要求张紧的膜材，此时膜材主要起围护作用。索系支承式膜结构的典型代表就是索穹顶结构，在前面已经详细介绍了，这里不再赘述。

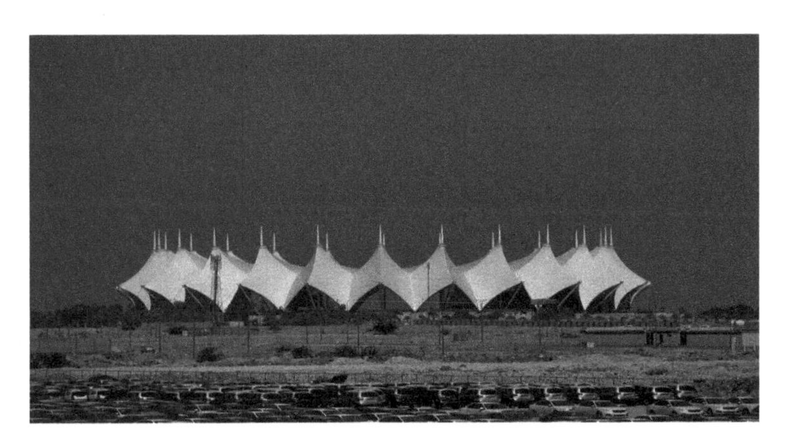

图 1-16　沙特阿拉伯利雅得体育场

1.2.6　索网结构

索网结构由两组正交、曲率相反的索直接交叠组成，其中下凹的一组是承重索，上凸的一组是稳定网。索网结构主要用于玻璃幕墙结构和大跨度屋盖结构。用于幕墙结构时，常采用支点式玻璃幕墙结构，一般索系呈正交布置；竖直方向的拉索承受玻璃幕墙的自重，水平方向的拉索承受风荷载、地震作用等水平力的作用；两个方向的拉索通过索夹及爪件与玻璃幕墙相连。北京新保利大厦平面索网点支式玻璃幕墙是目前世界上最大的单层索网幕墙结构，如图 1-17 所示。该幕墙由三块垂直放置的单层索网组成，除上部一块单层索网挂在主体转换桁架上外，其他两块均悬挂在中部相交的两根主索上。这两根主索由转换桁架提供支承作用，又承担其下方垂直拉索传来的竖向荷载作用。

图 1-17　北京新保利大厦

此外，索网的曲面大部分采用双曲抛物面，因而称为鞍形索网，此类结构大量应用于建筑屋盖结构。鞍形索网结构由两组曲率符号相反的索形成，向下凹的拉索称为承重索，承受屋面恒荷载和向下的活载；向上凸的拉索称为稳定索，承受风荷载引起的向上的吸力。浙江省体育馆（图 1-18）——建于 1967 年，屋盖结构为椭圆形边界的马鞍形单层索网，平面投影尺寸 80m×60m。屋盖索网锚固在空间曲线造型的混凝土梁上，承重索矢高 4.4m，稳定索矢高 2.6m，用钢量仅为 17.3kg/m^2，其设计在当时处于国际先进水平。

图 1-18　浙江省体育馆

1.2.7　悬索结构

悬索结构是由柔性受拉索、边缘构件和支撑塔架所组成的承重结构。近年来，工程实践中所采用的悬索结构形式十分丰富，最常用的有单层悬索体系和双层悬索体系（图 1-19）。

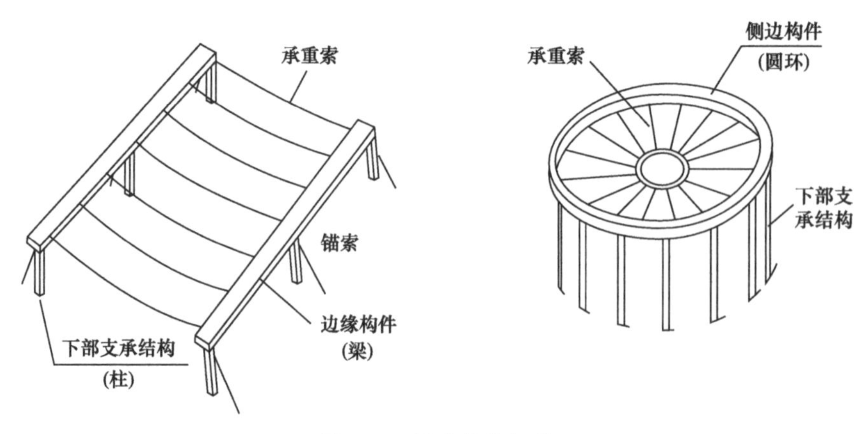

图 1-19　悬索结构组成

德国多特蒙德展览大厅，为单层悬索结构，悬索拉力通过斜柱拉锚至地下基础。屋盖采用普通混凝土肋加浮石混凝土屋面板，以保证悬索的稳定性（图 1-20）。吉林省速滑馆为典型的双层悬索体系，主场馆赛场区南北向最长 203.5m，东西向跨度为 89.5m，赛场区大跨度屋盖由 24 根 33m 高的乳白色格构式桅杆、12 根钢索加吊索吊起（图 1-21）。

图 1-20　德国多特蒙德展览大厅

图 1-21　吉林省速滑馆

1.3 索结构特征

索结构体系作为一种主要的预应力钢结构体系，其体系越来越丰富，发展速度越来越快，科学体系越来越完整，工程应用也越来越多，综合以上7种形式的索结构组成和受力特征可知，索结构主要有以下五个方面的特点：

1. 受力合理，节省用料

在悬索结构中，柔性受拉索由钢材制成，恰好利用了钢材优良的抗拉性能。边缘构件既承受拉力又承受压力，用钢筋混凝土再合适不过，支撑构件只承受压力，用混凝土建造的情况比较普遍。各部分构件根据其合理的受力特点，都能找到适宜的材料加以建造，使材料性能得到充分发挥。

2. 跨度大，支撑少

预应力屋盖的出现使悬索结构建筑的跨度大大提高，同时屋盖也变得轻质高强，用压型钢板、薄膜板、轻质混凝土板等均可完成建造。屋面分为单片屋面形态和双片屋面形态两种。单片屋面形态室内空间无需支撑，而双片屋面形态中间有支撑，降低了单跨长度，这样形成的多跨空间结构从整体上看跨度变大，拓宽了适用范围。

3. 造型优美，表现力丰富

柔性索配合边缘构件的布局可以任意成型，创造出新颖别致的造型艺术。

4. 施工简便，安装快捷，可提高工效

由于悬索自重小，构件大部分都是预制的，可省去现场施工的许多模板操作，提高效率。

5. 若形式选择适当，则可创造良好的采光和声学效果

例如，大跨拱顶薄膜覆盖屋面，利用薄膜的强透气性和高透光率可获得良好的自然光。下垂的凹曲面屋顶可避免声音聚焦现象，达到扩散声波的目的。

第2章 索结构受力机理

2.1 概述

索是以承受轴拉力为主的构件，它不会受到稳定性和长细比的制约，并且可以充分发挥高强材料强度的潜力。但是，拉索受荷载前呈锤链状，结构没有固定形态，受荷载后挠度过大，不适用于承重结构。然而，对悬索采用预应力技术后，以预应力张拉承重索绳，不仅使其具有固定形态，而且能够大大减小其挠度。因此，采用预应力技术就可以选择最有力的受力杆件拉索，进行承载，并赋予索抗压性、刚度特性及固定结构形态。

除了预应力加载，悬索结构的建筑造型必须符合特定的“形”和“力”：当我们把结构的设计形式确定之后，就可以进行初始态的分析，用以确定索单元合理的截面尺寸、预应力值及分布模式。确定结构的初始状态常用的方法有力密度法、平衡矩阵法、动力松弛法和有限元分析方法。

大跨度悬索结构在静力性能、动力性能、极限状态这三方面都极具特点。以动力性能为例，大跨度悬索结构的自振频率通常较高，其动力特性与结构形式、跨度、构件尺寸、预应力大小和分布有关，可见其动力性能的影响因素极为广泛。本章我们对悬索结构的预应力加载、找形分析、静力分析方法、动力分析方法、极限状态等相关理论进行简单介绍。

2.2 预应力加载

当悬索结构产生预应力后，其受力机理会得到改善。因为预应力调整了外部荷载与结构内部抗力的关系，充分发掘材料弹性强度的潜力，所以预应力钢结构的静、动力性能都会有所改善，且刚度也得到加强。在预应力作用下，任何结构的内力体系都是自平衡的，当结构的预应力体系与荷载作用系统不完全吻合时，结构体系总会产生杆件的卸载效应与增载效应，即某些杆件因预应力卸载的同时伴随着另一些杆件的增载。所以，预应力的机理是利用材料弹性强度幅值的重复使用，内力的改性及转移，来提高结构整体和杆件的承载能力和刚度，而不是降低外部荷载力度，改变其作用状态或加固结构本身。在索结构中引入预应力，主要体现在对力的运用上，主要包括以下四点内容：

1. 力的重复

利用预应力技术引入与杆件荷载应力相反符号的预应力，因而改变了杆件受载前的应力场，扩大材料弹性受力幅度，又或是多次引入预应力，反复利用材料弹性范围内的抗拉压幅值，通过荷载与预应力产生内力的抵消与重复作用，使结构承载力提高。

2. 力的转移

施加预应力过程中，可以将部分由普通钢材杆件的内力转移到高强材料杆件中去，因而能充分利用高强材料的强度幅值，扩大高强材料的应用范围，以降低结构自重及成本。

3. 力的质变

预应力效应通过降低结构弯矩内力峰值而增大某些杆件的轴向力力度，从而改善结构荷载内力的质量，实现力的改性与质变。

4. 力的优选

承重杆件中有以受弯矩为主的梁，有以受轴压力为主的压杆及以受轴拉力为主的拉索。悬索没有稳定性及长细比的制约，且可以发挥高强材料强度的潜力。当以预应力索绳张拉承重索绳时，不仅使其具有固定形态，而且可以大大减小其挠度。

2.3 找形分析

从第 2.1 节内容已经了解到悬索结构必须符合特定的“形”和“力”，从某种意义上讲，悬索结构属于预应力张拉结构，而预应力张拉结构有三种应力状态，分别为零状态、初始态和荷载态；其中，零状态是指悬索结构无应力时的安装位形状态，对应的拉索长度是索的零应力长度；从零状态对索进行张拉，达到设计预应力值和几何位形，就是初始态；结构在初始态的基础上承受荷载及其他荷载作用所具有的几何位形和内力分布状态称为荷载态。初始态对张拉结构的重要性表现在以下三个方面：第一，它具有建筑设计要求实现的几何形态；第二，它的预应力值和几何位形为结构承受荷载提供了刚度和承载力；第三，它是施工张拉的目标状态，即张拉完成后的预应力与几何位形应满足设计的要求。

我们把获得初始状态的过程称为找形分析，因为初始态涉及预应力和几何位形，所以广义的找形分析也可以分为两种：第一种是从确定的几何位形出发，寻找能够满足这一位形的预应力分布，又称找力分析，例如索穹顶结构；第二种是给定拉索想要达到的预应力值，以及结构的边界点坐标，计算结构内部节点的位形坐标，称为找形分析，例如单层索网结构。

在找形分析的方法中，应用最为广泛的数值方法有三种，平衡矩阵理论、力密度法和动力松弛法。除此之外，近年来在实际工程中主要用有限元方法进行找形分析。

2.3.1 平衡矩阵理论

通常结构体系分为动不定（超静定结构)、静定体系；动定、静定体系（静定结构)；动不定、静不定体系；动定、静不定体系（不可刚化机构)。传统上对于体系的几何分析是利用 Maxwell 准则，即铰接杆系数目为 a，节点数目为 b，其边界条件约束为 c，计算式为 $W=3b-c-a$；当 $W>0$ 时，体系是几何可变的；$W=0$ 时，体系是静定结构；当 $W<0$ 时，体系是超静定结构。Maxwell 准则只是判定体系几何稳定性的必要条件，适合于传统刚性结构，但是对于张拉结构，通常会用到平衡矩阵理论。

平衡矩阵[5-9] 是建立结构单元内力与节点外荷载之间联系的传递矩阵，为方便实现矩阵的数值分解，须保证传递矩阵为常量。

$$[\boldsymbol{A}]\times\{t\}=\{f\} \tag{2-1}$$

$$[\boldsymbol{B}]\times\{\boldsymbol{U}\}=\{\varepsilon\} \tag{2-2}$$

其中，由虚功原理可知 $[A]^T=[B]$，在式（2-1)、式（2-2）中，$[A]$ 为体系基于初始几何平衡矩阵；$[B]$ 为体系基于初始构形的相容矩阵；$\{t\}$ 为单元独立内力矢量；$\{f\}$ 为节点外荷载矢量；$\{U\}$ 为节点位移矢量；$\{\varepsilon\}$ 为单元相对变形矢量，对杆单元而言即为单元的伸长量 ΔL。注意，式（2-1)、式（2-2）适用于小变形假设，或者说适用于加载过程中各个微小荷载步的某一邻域。

2.3.2 力密度法

索和膜结构是由张拉索、支撑结构以及覆盖的膜材构成的空间张拉结构体系，其特点是依靠张力来抵抗外荷载的作用，在没有施加预张力以前，其形状是不确定的，不具备抗拉刚度。由于其自重轻、曲面造型优美、结构效率高，并能轻易地跨越较大的空间，索和膜结构的应用已日益广泛。具有曲面形状的空间结构，是最充分地利用形状来抵抗外力作用的结构形式，其并非仅仅依赖于材料的强度，但大多数的曲面形体，无法用几何方程来表述，因此如何合理地确定结构的初始曲面形状和与之相应的自平衡预应力系统，即找形分析是索和膜结构设计中的重要问题。力密度法最初由H. J. Scheck提出，此法主要用于索网和膜结构的找形分析，它能根据给定的预应力分布特点以及边界条件，计算索网和膜结构内部节点的空间坐标。

2.3.3　动力松弛法

动力松弛法是一种能量方法，它主要适用于找形分析和荷载态分析，应用的对象多是单层索网结构、索膜结构、索穹顶结构，也是一种应用较广的数值计算方法。其基本思想是，将结构体系离散为空间上的点，每个点都有一定的质量和阻尼，并承受外荷载及索膜预应力。动力松弛法在计算中有三个重要的参数，分别是计算的时间步长、质量和阻尼系数。

动力松弛法根本思想是：对于作用有外荷载的和在空间离散化了的结构，在未达到静力平衡位置之前，可以看作是处于运动状态之中的，将其惯性力和阻尼力附加在结构的静力平衡方程中，再将结构的振动过程在时间上也进行离散，逐点（空间上）、逐步（时间上）跟踪体系的振动过程。由于阻尼力的存在，将使结构振动的振幅逐渐衰减到零，而最终结构将稳定在静力平衡位置。

2.4　有限元法

随着通用有限元分析软件的逐步发展和普及，采用有限元方法来进行找形分析也越来越普及，常用的有限元找形分析方法有以下几种：支座移动法、节点平衡法、目标位置成型法、逐点去约束法、冷冻升温法。

2.4.1　支座移动法

支座移动法是一种非线性有限元方法，适用于索网结构及索膜结构的找形分析，一般是由给定的预应力分布情况求解索网（索膜）在该预应力条件下的内部节点坐标。其基本思路与过程如下：假设拉索的索力都相同，忽略自重及外荷载，在索网结构的平面投影位置建立起始位形，同时将拉索的弹性模量设置为零，然后再给边界点施加位移，由于施加位移的过程非线性较强，计算不容易收敛，所以这一过程一般会拆分为多次进行，直到边界点达到设计坐标。此时拉索中的内力保持不变，索网的位形则达到初始预应力状态，将拉索的弹性模量恢复到正常值就可以进行荷载态的分析。这种方法可以形象地比喻为：用一种非常软的橡皮筋模拟索网成型过程，可以无限延伸而不产生任何内力；在找形过程中，首先将橡皮筋铺设在索网平面投影位置，然后拉扯四个角点到设计标高，橡皮筋就会形成马鞍形；然后将橡皮筋硬化，恢复拉索的弹性模量后就可以承受荷载了。

2.4.2 节点平衡法

节点平衡法，该方法是先大致给定结构的初始几何态，并设定初始预张力的大小和分布，在初始几何态上进行平衡计算，最终得到结构的平衡状态。该方法中预先给出的结构初始几何态，可通过以建筑方案给定的部分控制点坐标为基础进行曲面拟合计算得到，在使用节点平衡法时，可取 $E=0$，也可取小杨氏模量进行计算。节点平衡法无需分多步进行非线性有限元平衡计算，较支座移动法简便且计算效率高。但节点平衡法计算薄膜结构初始形态的结果是否收敛，与给定的结构初始几何态关系相当大，当所选择的初始几何态较为接近平衡态时，结构找形迭代计算的收敛性才能得到保证。

此外，针对节点平衡法所存在的缺点，卫东提出将力密度法和节点平衡法结合起来使用的一种综合分析方法——综合节点平衡法。该分析方法主要计算过程如下：

(1) 通过调整结构几何拓扑、边界节点坐标和力密度值，利用力密度法初算，得到较为满意的结构初始形状，如需要可进一步细分网格重新进行计算；

(2) 以前一步计算得到的结构几何形状为基础，进行单元划分；

(3) 建立所需的初始几何态，使用节点平衡法计算得到所求的平衡状态。

节点平衡法利用了力密度法计算速度快的特点，可较好地适应结构初始方案确定阶段的工作，用其计算结果作为初始几何态，进行节点平衡法计算，保证了计算的收敛性。由于节点平衡法是基于非线性有限元的计算方法，因此保证了计算结果具有较高的精度，弥补了力密度法计算精度偏低的不足，同时该方法也省去了曲面拟合这一部分较为烦琐的工作，是一种实用性较强的方法。

2.4.3 目标位置成型法

目标位置成型法采用真实的弹性刚度，通过修正迭代位形寻求最终的平衡状态；

并能够从已知的结构在外荷载作用下的最终状态，精确求解初始状态。描述结构有三个基本概念：力、变形和材料。将这些概念用公式来表达可以得到下面三个结构体系的基本方程：

力的平衡方程：

$$A \times \sigma + f = 0 \tag{2-3}$$

变形协调方程：

$$\varepsilon = L \times U \tag{2-4}$$

材料本构方程：

$$\sigma = D \times \varepsilon \tag{2-5}$$

其中，f 为结构荷载；σ 为结构应力；ε 为结构应变；U 为结构位移；D 为材料弹性矩阵；约去 σ 和 ε 就得到力与位移的关系式，k 为结构刚度矩阵。

$$f = k \times U \tag{2-6}$$

$$k = A \times D \times L \tag{2-7}$$

2.4.4　逐点去约束法

无论是平衡矩阵法、力密度法，还是动力松弛法都无法借用通用有限元软件进行分析。有限元分析方法中的支座移动法、节点平衡法，主要是为了解决单层索网以及索膜结构，由给定预应力寻找几何位形的问题。对于车辐式屋盖结构、斜拉或悬吊屋盖结构，都是预先知道结构的位形状态，需要确定拉索的预应力分布。逐点去约束法，其理论基础仍然是平衡矩阵理论，但是在操作层面，它每次只针对 1 个节点（或一组位置对称的节点）进行迭代求解、收敛。因此速度快，而且可以判定自应力模态是否存在。它的基本思想就是将整体结构的迭代计算分解为若干个基本单元的迭代计算，每个单元内，节点在构件的预应力和外荷载作用下达到了设计位形，那么整个结构在这些杆件的预应力和外荷载作用下也将达到设计位形。

逐点去约束法的计算流程总结如下：（1）选择某一节点，给其他节点施加约束；（2）用力迭代法或位移迭代法求出该节点处于设计坐标时，与之相邻的单元的内力；（3）对该节点施加约束，去掉下一节点的约束，将两节点之间的单元杀死，将此单元的内力施加到节点上；（4）按照步骤（3）逐步求出所有单元的内力；（5）判定是否存在自应力模态；（6）如果不存在自应力模态，则修改设计位形；如果存在自应力模态，则结束求解。计算流程如图 2-1 所示。

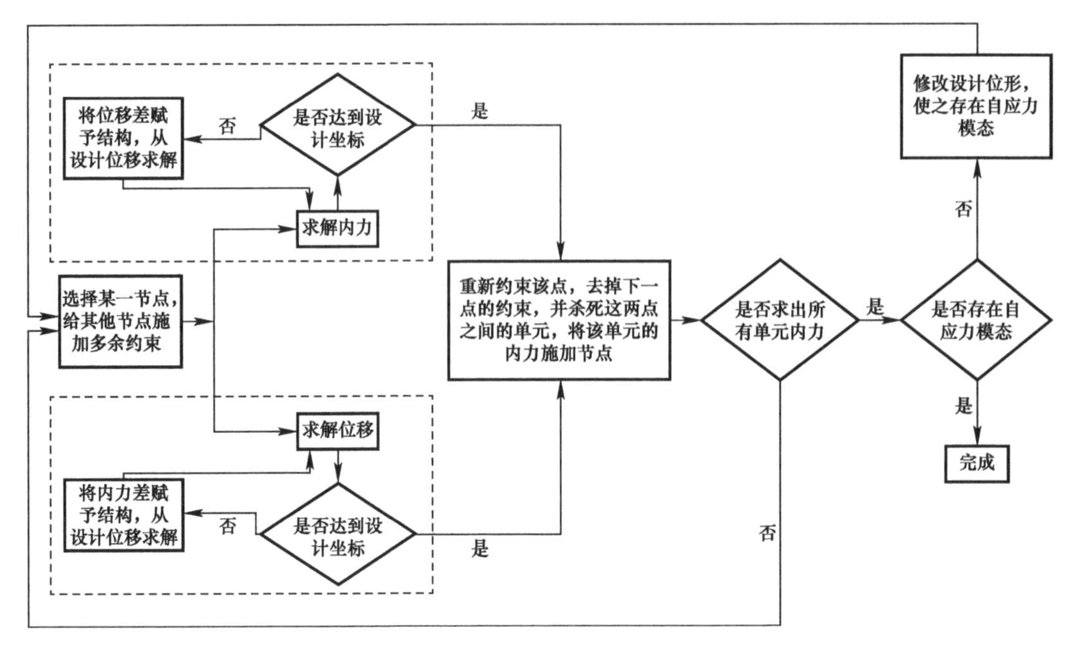

图 2-1　逐点去约束法流程图

2.4.5　冷冻升温法

拉索的连接节点在工程应用中可以分为两种形式，一种是不滑动的，即索与索或索与构件之间的连接是死结，它们不会产生相对滑移；另一种是索在节点处可以产生相对滑移，如在钢结构吊装中的滑轮组，通过索的滑移使结构调整位形以达到内外力平衡，又如索托结构中拉索与滑轮的连接处理。一般的通用有限元分析软件，如 ANSYS 都提供了接触单元，可以用这种单元来处理接触滑动问题。但这种方法非常复杂、计算工作量大，不利于一般工程技术人员掌握。冷冻-升温法——通过虚加温度荷载的办法，来解决在加载过程中，索在节点处的滑移问题。

如图 2-2 所示，当绕过滑轮的索在两侧存在不平衡力 $N_1 \neq N_2$ 时（不失一般性，设 $N_1 < N_2$）索将绕着滑轮滑动，使滑轮两侧的索力趋于相等，结构最终获得平衡状态。很显然，在结构获得平衡的过程当中，索的滑动满足一定的规律，即索满足一侧的滑出量等于另一侧的滑入量的位移协调关系，$\Delta L_1 = \Delta L_2 = \Delta L_0$。

在有限元的处理中，点 O 通常只是一个结点，因此，只要在有限元中能够采取某种措施，使得 O 点左侧的索单元在缩短 ΔL 的同时，O 点右侧的索单元伸长 ΔL，并且使得此时两侧索中的拉力相等，即可精确地描述结构的实际受力情况和变形协调条件。

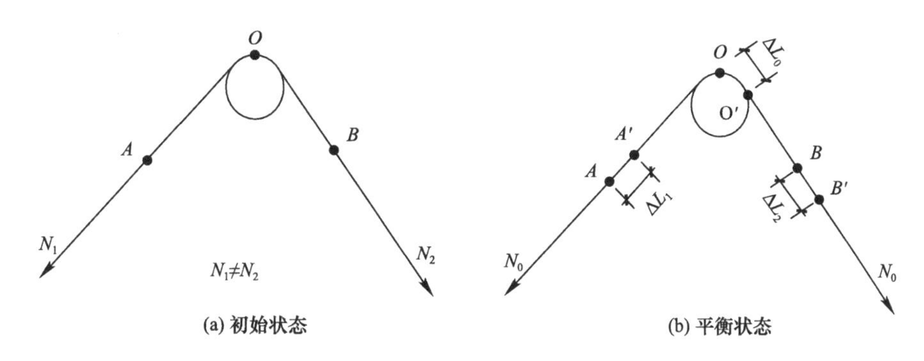

图 2-2　滑轮示意图

冷冻升温法正是基于这样一个基本的原理。具体思路是，首先在左侧的索单元上施加负温度荷载 Δt_1，使其缩短 ΔL，同时在右侧的索单元上施加正温度荷载 Δt_2，使其伸长 ΔL，然后采用普通的有限元分析方法计算两侧的索力，若两侧索力不平衡则继续上述迭代过程，直至满足平衡为止。当然，当结构中存在不止一个滑轮时，对每个滑轮两侧的单元重复上述过程，即可达到平衡状态。

2.5 静力分析方法

对一种结构进行研究，不仅要研究结构的形式，还应研究结构本身所固有的特性，包括结构的静力特性和动力特性等方面。结构的静力性能一般是通过对结构在外部静力荷载情况下的响应来了解的。结构在使用阶段，大多数时间是处在外部静力荷载作用下，同时为了了解结构的静力性能与不同参数之间的关系，还应进行静力特性的参数分析。例如，对于弦支穹顶悬索结构，它的整体参数有网壳跨度、矢跨比、荷载工况、边界条件、整体初始缺陷等；它的体系及构件参数包括拉索的预应力及截面面积、撑杆的高度及截面面积、撑杆与斜索面的夹角等。悬索结构常用的静力分析方法有解析法和有限单元法。解析计算方法的主要步骤如下：（1）索的平衡方程；（2）索长度的计算；（3）索的变形协调方程。有限单元法的计算步骤如下：（1）空间杆单元、梁单元的线性刚度矩阵；（2）空间杆单元的切线刚度矩阵；（3）空间梁单元的切线刚度矩阵（计算方法内容）。

在这里，我们简单介绍有限单元法中的空间杆单元、梁单元的线性刚度矩阵的知识。

1. 空间杆单元线性刚度矩阵

空间杆单元是拉压单元，每个单元有两个节点，从空间结构中任取一个单元，$e_{i,j}$ 它的两个节点分别是 i 和 j。在单元上建立局部坐标系，设单元局部坐标系中 x'轴，从

节点 i 到 j。设单元局部坐标系中节点的位移向量 $\{u_e\}=\{u_i, u_j\}^T$，而相应的节点力向量 $\{P_e\}=\{P_i, P_j\}^T$，空间杆单元在局部坐标系中的有限元基本方程为 $[k]\{u\}=\{P\}$，式中 $[k]$ 是杆单元在局部坐标系中的弹性刚度矩阵：

$$[k_e]=\frac{EA}{L}\begin{bmatrix}1 & -1\\ -1 & 1\end{bmatrix} \tag{2-8}$$

在结构整体坐标系下，单元节点在空间有三个自由度（线位移），分别对应于三个节点力（集中力）。将杆单元局部坐标系下刚度矩阵转化到整体坐标系下有：

$$[K_e]=\frac{EA}{L}\begin{bmatrix}l^2 & & & & & \\ lm & m^2 & & & & \\ ln & mn & n^2 & & & \\ -l^2 & -lm & -ln & l^2 & & \\ -ln & -m^2 & -mn & lm & m^2 & \\ -lm & -mn & -n^2 & ln & mn & n^2\end{bmatrix} \tag{2-9}$$

式中，l，m，n 分别表示单元局部坐标系与整体坐标系，x，y 和 z 轴的方向余弦，即：

$$l=\frac{x_j-x_i}{L},\ m=\frac{y_i-y_j}{L},\ n=\frac{z_j-z_i}{L} \tag{2-10}$$

2. 空间梁单元线性刚度矩阵

等截面直线空间梁单元有两个节点，先从空间结构中任取一个单元 $e_{i,j}$，两端节点分别是 i 和 j，且位于梁的中和轴，而 y'轴和 z'轴则分别位于梁截面的两个主惯性轴。局部坐标系满足右手定则。记单元的局部系中的节点的位移向量为：

$$[u_e]=\{u_i, v_i, w_i, \theta_{x'i}, \theta_{y'i}, \theta_{z'i}, u_j, v_j, w_j, \theta_{x'j}, \theta_{y'j}, \theta_{z'j}\}^T \tag{2-11}$$

相应的节点力向量为：

$$\{P_e\}=\{P_{x'i}, P_{y'i}, P_{z'i}, m_{x'i}, m_{y'i}, m_{z'i}, P_{x'j}, P_{y'j}, P_{z'j}, m_{x'j}, m_{y'j}, m_{z'j}\}^T \tag{2-12}$$

空间梁单元在局部坐标系中有限元基本方程：

$$[k_e]\{u_e\}=\{P_e\} \tag{2-13}$$

式中，$[k_e]$ 是空间梁单元在整体坐标系下的刚度矩阵，首先必须得到局部坐标系与整体坐标系间的转换矩阵 $[T]$。

局部坐标系为 $ox'y'z'$，ox'轴为杆轴，oy'、oz'轴为截面的形心主轴，整体坐标系为 $oxyz$。坐标转换矩阵可以 $[T]$ 表示为：

$$[T]=\begin{bmatrix}[t] & & & \\ & [t] & & \\ & & [t] & \\ & & & [t]\end{bmatrix} \tag{2-14}$$

式中，

$$[t]=\begin{bmatrix}l_1 & l_2 & l_3 \\ m_1 & m_2 & m_3 \\ n_1 & n_2 & n_3\end{bmatrix} \tag{2-15}$$

式中，l_i，m_i，n_i 分别是局部坐标系与整体坐标系的方向余弦，下标 $i=1$ 是 ox' 轴，$i=2$ 是 oy'轴，$i=3$ 是 oz'轴。

局部坐标系下的单元刚度矩阵通过变换化为整体坐标系下的单元刚度矩阵，即 $[K_e]=[T]^T[k_e][T]$，$[T]$ 为坐标转换矩阵。

2.6 动力分析方法

悬索结构属于柔性结构体系，因此不能仅仅停留在结构的几何形态、静力特性等方面，还要对结构的动力特性有充分的研究。结构的动力响应不仅与外部激励（地震、风作用）的性质有关，还与结构本身的动力特性有着密切的联系。在本节，首先介绍地震作用下的动力分析方法，然后再介绍风荷载作用下的分析方法。

2.6.1 地震作用下的动力分析方法

1. 抗震方法

结构抗震反应分析方法，从 20 世纪发展到现在，主要有静力法、反应谱法、时程分析法以及其他方法。

（1）静力法

20 世纪初前后，人们注意到地震产生的水平惯性力对结构的破坏作用，并提出把地震作用看成作用在建筑物上的一个总水平力，该水平力取为建筑物总高度乘以地震系数。静力法认为，结构在地震作用下，随地基作整体水平刚体移动，其运动加速度等于地面运动加速度，由此产生的水平惯性力，即建筑物重量与地震系数的乘积。考虑到不同地区地震强度的差别，设计中取用的地面运动加速度按不同地震烈度分区给出。这一阶段的抗震研究成果主要是由多次地震震害分析得出的，即通过对天然地震的观测和震后建筑物的破坏来进行分析。同时，该阶段的抗震设计采用弹性的容许应力法。

（2）反应谱法

静力法的刚性结构假定已明显脱离了实际情况，考虑结构物的弹性性质、阻尼性质及相应动力特性，从而使反应谱方法发展起来。反应谱的发展与地震地面运动的记录有关，起初这一阶段的理论均以弹性理论为基础，随着非线性分析研究的开展，关于结构非线性地震反应的研究也越来越多。一些学者建立了弹塑性反应谱，并提出了延性系数，可以把弹性反应谱修正成弹塑性反应谱，依据结构动力学观点，地震作用下的结构动力反应效应，结构上质点的地震反应加速度与结构自振周期和阻尼比有关。以体系的自振周期为横坐标，以地震加速度反应为竖坐标，所得到的关系曲线为地震加速度反应谱，以此来计算结构在地震作用下的水平惯性力更为合理，对于多自由度体系，可以采用振型分解组合法来确定地震作用。

（3）时程分析法

时程分析法将抗震理论由等效静力分析带入直接动力反应分析，时程分析法全面反映了地震动强度、频谱特征与持续时间的三要素，记录了结构随时间变化的整个地震过程中的反应值，直接考虑构件与结构弹塑性特性，可以找出结构的薄弱环节，以便控制结构在罕遇地震作用下的结构弹塑性反应，防止房屋倒塌，并且可以给出结构随时间变化的反应时程曲线，由此可以找出构件出现塑性铰的顺序，判别结构破坏机理。

（4）其他方法

除以上三种方法外，还有其他的抗震分析方法，如随机振动功率谱法，即由给定的激励功率谱推求出结构响应的频谱，但对于具有大量自由度的复杂结构体系，采用传统的随机振动功率谱法推导的CQC表达式计算量巨大，实用性不大。此外，一种随机响应高效算法——虚拟激励法，已推广到多维地震作用的情形，用来对大跨度结构进行随机地震响应分析。

2. 自振特性分析

建筑结构在地震作用下的地震反应，是以结构体系自身的动力特性为基础。结构的自振特性是结构固有的动力指标，直接影响到结构的地震反应和结构受力，是结构承受动力荷载设计中的重要参数，也是结构动力分析的基础。同时，又是衡量结构质量和刚度是否匹配，刚度是否合理的重要指标，而且对结构动力响应有着极大的影响。另外，各个阶段的频率相应的振型决定了结构的动力参与系数的大小，也就决定了动力响应所作贡献的大小。通过对结构的振型分析，可以明确结构的刚度分配情况，从而得知结构各部分刚度的大小。

3. 反应谱分析

反应谱是指单质点体系地震最大反应谱与结构自振周期之间的关系。由于在抗震设计规范中，一般给出设计反应谱，振型分解反应谱法实际已成为抗震设计中广泛应用的主流方法，适用于小阻尼和具有比例阻尼的线性体系。

(1) 模态质量参与系数的取值

根据反应谱理论可知，采用振型分解反应谱法对悬索结构进行抗震设计，取多少数目的振型进行参与组合，才能保证各个方向的模态质量参与系数达到90%以上，是保证分析计算正确的关键。对于悬索结构，由于振型参与系数的大小分布规律复杂，想要通过选取合适数量的振型，达到计算精度，就必须先根据振型参与系数的大小，对振型进行排序，然后选取序列中靠前的振型进行组合。

(2) 振型分解反应谱的组合方法

结构的地震响应可按照其自振振型分解为若干单自由度体系在地面加速度作用下的反应的叠加，这些单自由度体系的区别在于具有不同的阻尼比和自振频率，因而可以考虑利用已事先计算好的单自由度体系在大量地震波作用下的统计结果作为设计反应谱来确定各个振型的最大反应，然后再通过某一种组合方式来得到结构的最大反应，这是振型分解反应谱法的基本出发点。而振型组合问题的实质是如何根据在结构任意部位上的各个振型的最大地震响应估计合成后的最大地震响应。

截至目前，对于具有比例阻尼规则的线性体系，当结构各特征频率差别比较大时，各振型的地震反应可认为是相互独立或不相关的。此时结构地震响应的平方近似等于各振型相应最大响应的平方和，可以用平方和开平方根方法求得结构的最大响应，但是此法忽略了不同振型地震响应的相关性，仅对参振频率全部都是稀疏分布的小阻尼均质结构才近似成立，因而仅适合于结构自振周期相隔较远的情况。显然，悬索结构的地震反应不符合这一假定。

另一种方法，从随机振动理论出发，建立了各参振振型对响应的贡献分量之间的相关系数，考虑了各振型响应间的相关性，从而得到更精确的近似结果，这种方法叫完全二次型法。两种方法的主要差别在于，除了需要考虑各个振型地震响应的贡献之外，还要考虑不同振型位移地震影响的相互影响。

4. 时程分析

时程分析法是对结构物的运动微分方程直接进行逐步积分的一种动力分析法。由时程分析可得到各质点随时间变化的位移、速度和加速度动力反应，进而可计算出构件内力的时程变化关系。这种方法是由初始状态逐步积分直到地震终止，求出体系在地震作用下，从静止到振动，再到振动结束的全过程地震反应。采用此法计算时，将输入地震波作为地震作用，如果地震波作用较为强烈，以致结构某些部位的强度达到屈服进入塑性阶段，时程分析可通过构件刚度的变化观察到结构在强震作用下在弹性和非弹性阶段的内力变化，以及构件损坏，直到结构倒塌的全过程。

然而悬索结构的振型和频谱较为密集和复杂，结构的动力响应常为多阶模态的耦合。例如，对于斜拉悬索结构的地震分析，需要进行多遇地震作用下的弹性时程分析和罕遇地震作用下的弹塑性时程分析，以便求得较为准确的结构地震响应。

（1）多遇地震下的弹性时程分析计算

在多遇地震作用下，利用时程分析理论和大型通用有限元分析软件，把材料定义为弹性，考虑几何非线性和预应力的效应，利用瑞雷阻尼比，建立悬索结构运动方程，采用 Newmark 法对运动方程进行求解。

弹性时程分析的主要步骤如下：

1）参照现行抗震规范对多遇地震作用下的设计要求和基本参数，根据计算对象的场地特征，选择实际的地震记录波进行地震动的模拟，与此同时根据规范对地震加速度时程曲线持续时间的要求和时程计算的工作量，取地震波持续时间。

2）根据地震记录，在三个方向输入地震波，用以研究悬索结构在一维地震作用下的动力性能。

3）研究悬索结构在多维地震作用下的动力性能时，应按某一种比例输入地震波。

4）选择结构控制点，给出控制点的位移时程曲线。

5）对比分析水平和竖向的动力反应，以及一维和多维的地震反应，以便尽可能全面地探讨悬索结构在地震作用下的动力反应。

（2）罕遇地震作用下的弹性时程分析

罕遇地震分析主要是通过研究结构在强烈地震作用结构的变形特性来分析结构的抗震性能，以发现结构的薄弱部位从而改进结构。弹塑性时程分析的主要步骤有：

1）在罕遇地震作用下，基于时程分析理论，借助大型通用有限元软件，采用弹塑性梁单元和索单元，材料定义为经典双线性随动强化理论，采用 Von Mises 屈服准则。

2）计入几何非线性和预应力效应，定义阻尼比，建立悬索结构的运动方程，采用 Newmark 法对运动方程进行求解。

3）参照现行抗震规范对多遇地震作用下的设计要求和基本参数，根据计算对象的场地特征，选择实际的地震记录波进行地震动的模拟，并对地震波进行振幅调整。

4）考虑罕遇地震作用下的水平输入和竖向输入，若有需要也可以考虑地震作用的多维输入。

5）记录结构的控制点时程曲线，以及整个地震作用过程中的最大位移值、最大应力以及相应的发生部位和时间，判断结构进入塑性的情况，统计屈服构件的数量。

5. 虚拟激励法

由于大跨度结构具有较大的平面尺寸，因此在作抗震分析时一般认为应该考虑以下三种空间效应：（1）行波效应，由于地震波速是有限值，当支座间距离很大时，必须考虑其到达各支座的时间不同；（2）部分相干效应，由于在不均匀土壤介质中地震波的反射和折射，以及由于从震源的不同位置传到不同支座的波叠加方式不同，各支座所受到的激励之间并不完全相干；（3）局部场地效应，不同支承处土壤条件不同，以及它们影响基岩振幅和频率成分的方式不同。近十几年来国内外许多学者对这些效应作了研究和评述，包括林家浩教授用虚拟激励法对结构作了平稳、非平稳随机地震响应研究。

以索结构为例，虚拟激励法因其能包含全部参振振型之间以及多点激励之间的相关性，从理论上讲，它的求解结果是一个精确解。对于索结构，其计算效率比传统算法可提高达一个数量级。在普通计算机上即可完成有上万个自由度、上百个地面节点的有限元结构模型的平稳、非平稳随机响应，且可以精确地考虑行波效应、部分相干效应、局部场地效应，乃至非平稳、非均匀调制效应等。关于虚拟激励法的详细内容，可以参考林家浩教授的著作。

2.6.2　风荷载作用下的动力分析方法

1. 等效静力风荷载

建筑悬索结构的刚度较小、自振周期较大，结构的风振效应较明显，风荷载在结构设计中一般起控制作用，此外结构较明显的非线性特征又加大了结构风荷载效应的计算与分析难度。20 世纪首先提出计算结构抖振响应的等效静力风荷载概念：如果某个静力荷载作用于结构时，产生的某个效应与风荷载作用下的效应最大值相同，则该静力荷载可视为等效静力风荷载。目前有很多等效静力风荷载的研究方法，如荷载响应相关法、背景分量与共振分量的组合法、阵风荷载因子法、惯性风荷载法和通用等效风荷载法。

荷载响应相关法——将结构的顺风向响应处理为平均、背景和共振分量，并用这 3 个分量的组合来表达其等效静力风荷载。

背景分量与共振分量的组合法——以荷载响应相关法和等效风振惯性力相结合的方法来表达平均风响应、背景和共振响应对应的静力等效风荷载，给出了平均风荷载、背景风荷载和代表多阶共振分量的惯性风荷载一起组合的静力等效风荷载。

阵风荷载因子法——荷载响应相关法提出的“阵风荷载因子”模型是基于抖振理论，它是计算高层建筑顺风向等效风荷载响应的一种“精确”方法。它采用荷载响应相关法中的概念，求解结构的风致动态响应，比较完整地考虑了上述除建筑运动的气动反馈外的所有风与结构相互作用的主要特征。

惯性风荷载法——采用抖振理论求出结构的风致一阶位移响应后，取脉动等效静力风荷载为产生该位移的惯性力，而等效静力风荷载为平均风荷载与脉动等效静力风荷载之和。

通用等效风荷载法——利用任意方法计算出结构的最大风振动位移，根据协方差积分法，得到一个左边为最大风振动位移和右边为结构影响线矩阵和等效静力风荷载乘积的等式，通过对这个等式求其逆矩阵，可以得到通用等效静力风荷载。

2. 风振系数的介绍

风振系数的取值包括响应风振系数和荷载风振系数的选取，在工程设计的时候，一般将等效静力风荷载表示为风振系数乘以平均风荷载。

(1) 荷载风振系数

从结构顺风向风振随机振动理论出发，对于响应以第一振型为主的高耸结构等，在只考虑第一振型的情况下，结构第 k 点的风荷载为：

$$\omega_{\mathrm{k}}=\beta_{\mathrm{k}}\times\omega_{\mathrm{sk}} \tag{2-16}$$

式中，ω_{sk} 为第 k 点的平均风压，β_{k} 为第 k 点的风压系数。在我国许多工程著作和各国规范中，同样存在很多简单的表达形式。例如，欧洲多以脉动增大系数来反映顺风向脉动风振系数的表达形式：$\beta_{\mathrm{k}}=1+\varepsilon_1\mu_1\gamma_1$，其中 ε_1、μ_1、γ_1 分别为第一振型脉动增大系数、脉动影响系数和计算位置系数。此外，美国、加拿大、日本三国的规范采用背景部分系数和共振部分系数来反映脉动风振系数的表达形式：

$$\beta_{\mathrm{k}}=1+2gI_{\mathrm{k}}\sqrt{B_1+R_1} \tag{2-17}$$

式中，I_{k} 为紊流度

最后，我国现行《建筑结构荷载规范》GB 50009 针对以第一型振动为主的高层和高耸结构，对于高度大于 30m 且高宽比大于 1.5 的房屋和基本自振周期大于 0.25s 的各种高耸结构以及大跨度屋盖结构，规范规定的系数为：

$$\beta(z)=1+\frac{\xi\upsilon\phi(z)}{\mu_z} \tag{2-18}$$

其中，ξ 为脉动增大系数，υ 为脉动影响系数，$\phi(z)$ 为结构振型系数，μ_z 为风压高度变化系数。

(2) 效应风振系数

荷载风振系数是基于风振抖振力推导而得到的，因而称为荷载风振系数。针对响应如最大位移、最大应力等推导得到的风振系数可称为效应风振系数，以最大位移风振系数的简化计算公式可写为：

$$\beta_k=1+\frac{\xi_1\mu_1}{\mu_{s1}} \tag{2-19}$$

式中，μ_{s1} 为第一振型静力影响系数，其优点之一是位移风振系数与位置无关，即位移风振系数沿高度是一个常数，该式适用于以第一振型为主的高层建筑。

3. 悬索结构风荷载效应的研究方法

由于悬索结构的几何非线性特征，与流场的耦合作用，复杂的气动外形等因素，其风致效应的问题较为复杂，当前常用的研究方法主要为基于随机振动理论的分析方法、流固耦合数值模拟方法与气弹模型风洞试验方法。

(1) 随机振动理论分析方法

随机振动理论分析的基础是风速谱，当前大多数风速谱都沿着高度变化，如卡门风速谱 Hino 风速谱；也有将谱简化为不沿着高度变化的，如 Davenport 谱。我国规范目前采用的是 Davenport 谱，其依据世界上不同地点、不同高度测得近百次强风记录，认为水平脉动风速谱中，紊流尺度沿高度是一个定值。因为在输入脉动风的时间函数时包含了随机性，且需要根据随机振动理论来求解，所以称之为随机振动理论的风振分析方法。然而，随机振动理论的分析往往适用于线性结构，对于悬索结构可认为结构刚度的平均值为结构达到预应力初始状态后、在平均风作用下的刚度水平。在风振过程中，若结构的刚度围绕其平均值变化较小，那么可以将悬索结构的刚度视为平均值，并把索结构当作线性结构进行随机振动分析。

(2) 流固耦合的数值模拟方法

风振响应的流固耦合数值模拟分析是建立在流体动力学和结构动力学的研究基础上。流固耦合分析分为直接耦合和迭代耦合两种方法，前者具有很多缺陷，其导出的方程组非常庞大；在进行时间积分和网格离散时，流体动力求解器与结构动力求解器之间的灵活性差，对于一次迭代，需要巨大的数据存储和计算耗时等。迭代耦合方法在求解过程中，流体和结构求解变量是完全耦合的，对每一个方程组可以使用直接或迭代求解器，其中一部分总是使用耦合系统的另外一部分的解所提供的最新消息。耦合方式是在流体结构交界面上的流体节点位置由运动学条件确定的，而其他流体节点的位移，由网格节点和新算法确定，以便保持初始网格质量。

（3）气弹模型风洞试验

对于细长、柔性等对风荷载作用敏感的结构，在强风作用下，可能会产生气动耦合振动，给结构带来不安全的因素。刚性模型风洞试验并不能反映该类风敏感结构与气流之间的相互耦合作用，已不能对抗风设计提供正确的参考。因此需要对这样的结构进行气弹模型风洞试验，以便能正确估算结构的动力荷载和响应。气弹模型方法可以分为三类：弹性模型弹性支承、刚性模型弹性支承和气动天平。风洞试验中的气弹模型需要在质量、刚度和阻尼等方面与结构满足一定的相似比例关系。风洞试验所用风速也需要满足相似关系。对于圆型或圆柱等雷诺数敏感结构，试验结果还需要结合理论方法来修正。

2.7 极限状态分析方法

在刚性结构设计中，我们往往要确定结构极限承载力设计值。对于索结构，一般采用几何非线性有限元分析，在考虑构件材料的弹塑性发展后能够获得结构或构件的极限承载力。对索结构的非线性影响较大的因素主要有以下三点：（1）荷载作用下的结构大位移；（2）索自重垂度的影响；（3）初始内力的影响。

在索结构设计过程中，通常采用有限元方法计算其极限承载力，此类方法又可以分基于位移插值函数的有限元法和基于稳定函数理论的有限元法。

1. 基于位移插值函数的有限元法

有限元理论是目前较为常用的离散化分析方法，能够真实地反映空间结构的几何构成。该方法将索结构体系中各构件离散成单元，根据单元两端节点的刚度，可以分为杆单元和梁单元两种。梁单元用来模拟一维（长度）尺寸远大于另外两维尺寸的构件，且只有长度方向的应力比较显著。三维梁单元每个节点一般有 6 个自由度：3 个平动自由度和 3 个转动自由度；有的梁单元还有一个表示截面翘曲的附加自由度。杆单元是只能承受拉伸和压缩荷载的杆件，适合模拟二力杆。杆单元的节点只有平动自由度，三维杆单元的节点有 3 个自由度。

常用的梁单元构造模式有欧拉—伯努利梁、铁木辛科梁和等参元梁等，对不同自由度方向的位移常采用不同的插值函数，但互相独立。梁单元计算精度高，且构造简单，容易与其他类型的单元连接；可以允许大位移和大转角，可以考虑剪切、扭转和翘曲效应；不能考虑轴力和弯矩之间的耦合作用；利用常用的钢材本构关系，常用梁单元不能反映受压构件失稳后刚度退化的现象。杆单元也允许大位移和大转角；利用常用的钢材本构关系，常用杆单元也不能反映受压构件失稳后刚度退化的现象。

2. 基于稳定函数理论的有限元法

空间结构中构件大多同时承受轴力与弯矩的共同作用，当轴力较大时，轴力与弯矩之间的耦合作用明显，$P-\delta$ 作用不能忽略。基于稳定函数理论的梁柱单元能够考虑轴力与弯矩之间的耦合作用，是分析大跨空间结构较为精确的单元模式。

（1）梁柱单元的基本假定

1）杆件材料本构为理想弹塑性，塑性变形集中在节点区；2）杆件截面的翘曲及剪切变形忽略不计；3）网壳节点可经历任意大的位移及转动，但单元本身的变形仍为小变形；4）外荷载为保守荷载，且作用于节点上，与变形无关。

（2）梁—柱单元的内力与变形的基本关系（图 2-3）

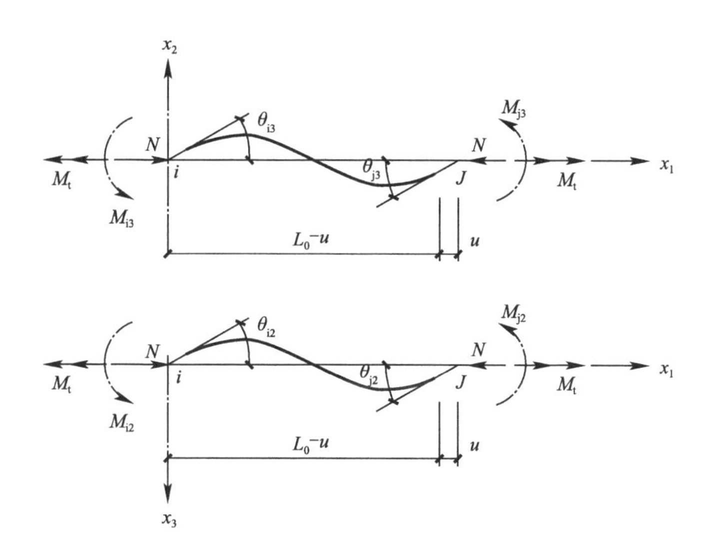

图 2-3　梁—柱单元随动坐标系及单元内力

运用梁—柱理论及稳定函数概念，可推得梁柱单元杆端力与变形关系（n=2，3）为：

$$M_{in}=\frac{EI_n}{L}(C_{in}\theta_{in}+C_{jn}\theta_{jn}) \tag{2-20}$$

$$M_{jn}=\frac{EI_n}{L}(C_{jn}\theta_{in}+C_{in}\theta_{jn}) \tag{2-21}$$

$$M_t=\frac{GJ}{L}\phi_t \tag{2-22}$$

$$N=EA\left(\frac{u}{L_0}-C_{b2}-C_{b3}\right) \tag{2-23}$$

式中，θ_{in}、θ_{jn} 分别为单元 i 端和 j 端绕 x_n 轴的转角；E，G 分别为材料的弹性模量和剪切模量；I_n，J 分别为单元截面绕 x_n 轴的惯性矩和扭转惯性矩；L_0，L 分别为单元的初始长度和变形后两端点间的弦长；A 是单元的截面面积；ϕ_t 是单元的扭转角；u 是单元的轴向缩短；M_{in}，M_{jn} 分别为单元 i 端和 j 端绕 x_n 轴的端弯矩；M_t 是扭矩；N 是轴向力，以压力为正；C_{in}、C_{jn} 分别为梁—柱的稳定函数；C_{b2}、C_{b3} 分别为单元由弯曲变形引起的轴向应变。

第 3 章 索结构施工

3.1 概述

索结构施工的核心是：制定一个合理而又经济的施工张拉方案。而制定一个施工方案要考虑以下两个方面的因素：（1）施工完成的结构必须符合设计要求的受力与几何位形状态；（2）结构的施工方案是绝对安全且合理的。而悬索结构的位形与受力，在不同程度上受到预应力加载方案的影响；此外，要保证施工方案的安全，首先应在施工前进行模拟分析，其次还应考虑施工过程中的其他影响因素，如环境温度与索力的变化等。

3.2 加载方案

结构承受的荷载有永久荷载和可变荷载两种，而预应力结构除了以上两种还有预应力荷载。预应力荷载是长期作用在结构上的荷载，其性质视同永久荷载，其变异性接近可变荷载。可以在结构的不同阶段对其施加局部或整体的预应力，一般来说，有三种预应力加载方案。

先张法——在结构承受荷载以前引入预应力，使结构的峰值截面或峰值杆件中预先承受与荷载应力符号相反的预应力，改变截面或杆件承载前的应力场状态。然后结构开始承受全部荷载，使结构中的设计内力，从为负的预应力逐渐增长为设计强度值。对于刚性结构，此方案使峰值截面或杆件受益，从而节约用钢量。对于柔性结构，先张法使体系具有刚度，在荷载作用下可以承受压力，其他杆件在预张状态下继续受拉，以发挥高强材料的优势。但是，此法的缺点就在于材料的抗拉或抗压强度幅值只能被一次利用。

中张法——结构就位后先承受部分荷载，截面或杆件产生荷载应力后再施加预应力。预应力抵消或降低荷载应力水平，甚至产生与荷载应力符号相反的预应力。在此基础上，再由结构承受全部荷载并使峰值截面或杆件中的荷载应力达到设计强度，这种加载方案仅适用于刚性结构且荷载要分两批先后施加。

多张法——指多次施加预应力的工艺，其在荷载可分成若干批量的情况下，施加预应力与加载多次相间进行，即重复进行加载→张拉→再加载→再张拉的循环，因此可以反复多次地利用材料弹性范围内的强度幅值。

以上三种方案，多张法的承载力＞中张法的承载力＞先张法的承载力，而其经济效益则在于材料弹性限度内强度潜力的利用率与利用次数，越多次的利用材料弹性强度，就会产生越大的经济效果。可见构件的张拉对于整体悬索结构建筑是极其重要的，下面将着重介绍张拉方面的知识。

1. 张拉原则

施工张拉过程中，尽量不要出现某个施工步的拉索内力超过预应力设计值的情况。张拉施工结束时，要保证预应力分布情况与设计的初始预应力态一致。此外，张拉过程要尽量操作简单，避免过多或长时间在高应力状态下进行操作。

2. 张拉特点

(1) 协同考虑

即施工与设计的问题要协同考虑。在普通刚性结构中，设计师的关注重点不是施工时结构的位形和受力的控制问题。设计要求的刚度和承载力取决于张拉成型状态的预应力，因此张拉施工与结构设计要一体化分析，在设计阶段要尽量考虑张拉施工中可能出现的问题。施工张拉时应采用对应的措施满足设计提出的要求。要保证施工阶段的结构安全、准确达到设计要求的初始预应力态，必要时设计可调整结构的局部尺寸保证施工张拉的安全储备。对于复杂的悬索结构，结构设计时就要考虑施工张拉成型后在结构内部的附加初始内力，结构设计分析应该是在结构施工张拉成型分析完成后，在不退出计算的条件下继续施加荷载，进行结构服役期的荷载效应分析。

(2) 多样化

施工方案随着张拉结构形式的不同而呈多样化特点。在施工张拉过程中，结构的几何位形一般都变化较大，其间许多施工状态在几何组成分析上是不稳定的机构。所以，在实际施工前，就应该做好模拟计算和分析，对施工的张拉进行预研，尤其是研究分批分级张拉时，钢结构与拉索之间的相互作用以及先后张拉的拉索之间的相互影响，评估可能产生的预应力损失及制定相应的对策。

3. 张拉工艺

确定张拉工艺就是确定施工技术和措施，以便高效、经济地把索头连接到设计规定的锚固端，并顺利卸掉工装索具等。张拉工艺包含着许多内容，并且与结构的形式和场地条件密切相关，主要包括工装索具和夹具的设计、千斤顶数量和吨位的选择、分级张拉顺序及张拉量的确定。结构类型不同，其张拉方法也不同，以下是几种常用的拉索张拉方法。

（1）千斤顶张拉法：沿拉索轴向采用千斤顶对索张拉，通过拉索中的张力对结构构件产生压紧预应力。预应力值达到设计要求后，即可锚固拉索端头，完成在结构内引入预应力的工序。

（2）千斤顶推顶法：适用于环形连续拉索，按设计要求制造的连环索套呈环形或∞形，一端套在结构的固定支托上，另一端套在可动支托上。顶推千斤顶位于可动支托与施工支座之间，借其顶推作用张拉环套至设计位置后，将可动支托焊牢于结构之上。

（3）丝扣拧张法：预应力值不大，采用高强钢作拉索时，常在圆钢端头车制螺纹，用拧紧螺母的方法产生预应力，采用正反扣套筒的办法更为通用，旋转套筒即可拉紧或放松拉杆。经过标定后施工中采用套筒转动圈数来控制预应力，操作简便，但力度有限。

（4）横向张拉法：以上几种方法都是沿轴向加力产生伸长量，以获得预应力；从横向对索施加力产生位移，同样可获得索的伸长量，从而使拉索获得预应力。

（5）电热张拉法：在拉索通电加热膨胀后的长度下，锚固拉索两端，冷却后拉索的收缩对结构产生压紧预应力。电热法适用于圆钢拉杆，也可用于钢丝束和钢绞线。

3.3 张拉控制与分析

3.3.1 张拉构件的尺寸控制

1. 拉索长度

索的长度对张拉结构的设计和施工异常重要，所以确定其长度时应该考虑施工和使用时的各种作用与环境因素。索长有两个含义：（1）应力状态下的索长，用 L

表示；(2) 无应力状态下的索长，用 L_0 表示。无论是确定 L 还是 L_0，都应先确定初始态下的拉索线形。单根拉索沿着索长布满竖向荷载，线形为悬链线；而在沿着水平跨度布满竖向荷载，线形为抛物线；对于任意荷载分布的情况，可以通过微分方程获得其线形。无论何种线形的拉索，都可以通过积分计算其在应力状态下的索长。

2. 拉索的张拉施工

绝大多数张拉结构，索头在一定范围内可调节长度。具体的应用是，索的张拉达到初始设计状态后，可进一步调整索头的螺纹套筒改变索长，从而根据施工现场实测的拉索内力进行微调，以确保拉索的内力与内力设计值相同。但是，对于一些复杂的张拉索系结构，由于拉索较多，拉索之间存在一定的相互作用。当对某索进行索力调整后，其周边拉索由于索之间的相互作用，会发生一定改变。当按顺序调整周边的索力之后，又会影响到调整过的拉索索力，进行若干轮的反复调整使得整个索系的预应力分布及幅值与设计相一致。这个调节的工作量很大，会耗费大量人力物力。为了解决这个问题，我们可以采用郭彦林教授提出的定尺定长设计与张拉施工技术。这种技术有以下优点：(1) 刚性构件的连接多采用螺栓，在工厂制作完成，以保证构件尺寸的加工精度，便于在现场实施装配式作业；将拉索索头设计为不可调节的形式，索、索头和两者间的连接在工厂一次性完成。(2) 在施工现场安装时，仅需要直接将拉索索头牵引连接到锚固端，整体结构的设计形态就能自动形成。对于拉索预应力分布及幅值控制，应满足索下料长度的精度和拉索锚固端安装位置的精准控制。(3) 有效降低索头的体量和制造难度，压缩制作费用，增加施工的可操作性，同时减小预应力分布偏差的可能性。

3. 刚性构件的制作尺寸

在悬索建筑物中，一部分索的拉力在某些方向的分量，是依靠刚性构件的压力来平衡。原则上，应按照整体结构的零应力状态确定刚性结构的制作尺寸。一些对结构成型位形的控制要求不高的预应力钢结构，预应力拉索的存在只是为刚性结构提供弹性支撑，增加结构的整体刚度，而索的施工张拉对钢结构的安装位形不大。对这类结构，是按照钢结构构件尺寸下料，因为张拉对钢结构构件形态的改变完全可以忽略。

3.3.2 张拉模拟分析方法

张拉模拟分析的方法主要是正装法和倒拆法。正装法是按照施工步骤顺序模拟拉索被张紧的过程；倒拆法是按照施工步骤的顺序逐步放松拉索，可以获得施工过程各步张拉的索力变化。正装法和倒拆法都需要用索单元进行施工张拉分析模拟，对于拉索较轻且拉索可以为直线的情况，可以用直线模拟，如图 3-1 所示的平面索单元。

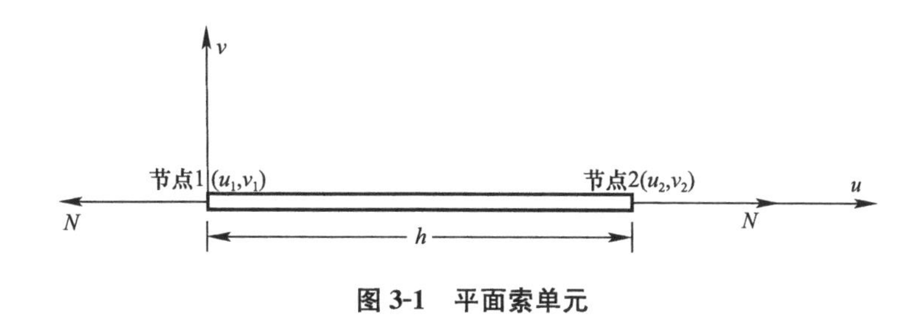

图 3-1 平面索单元

利用正装法和倒拆法分析时，不可避免地会用到生死单元技术来模拟构件的安装和拆除。有许多种方法可以给索单元施加预应力，例如可以给索单元赋予初始应变，或者是在索单元两端施加集中力，但广泛使用的是通过施加温度荷载使拉索产生预应力。拉索的连接构件会因拉力而产生变形，尤其是当多根拉索共同连接在同一个构件上时，将形成超静定结构，通过施加温度荷载使拉索产生预应力，但是这些预应力需要经过内力重分配才能得到真实的索力分配情况。想要悬索结构具有特定的索力分布，通常需要对拉索的温度荷载进行反复迭代计算。

理论上，在材料线弹性范围内，二者的计算结果是完全等效的。只是正装法与结构成型的过程更加一致，更容易被理解和接受；而倒拆法也有自己独到的优点，它以成型时悬索构件的内力和几何状态为初值，通过逐步释放内力和拆除构件来确定各个中间状态的施工控制参数（如索力、坐标等），在刚性构件（如外环梁和柱子）施工预调值的计算中具有比正装迭代法更高的效率。但是一旦结构进入弹塑性状态，应力应变状态与路径有关，二者的计算结果便迥然不同了，正装法由于与真实成型过程保持一致，得到的悬索构件应力历程和变形历程是准确的；倒拆法不能应用在弹塑性分析中。当然实际施工过程不能容许构件进入塑性，无论正装法还是倒拆法，一旦发现有构件进入塑性状态，就必须立即调整预应力加载方案。

3.4 现场监测

环境的温度对悬索结构的施工和设计有着极大的影响，制索的环境温度对索下料的长度有较大的影响，施工现场的温度变化对张拉完成后的成型形态以及现场的悬索力量测也有影响。但是温度的变化很难监测和控制，如何评估温度变化对成型结构的影响，是施工后的一个重点。当某类悬索结构的安装与连接存在大量的现场焊接作业时，焊接时的温度变化也会影响到构件的安装尺寸和定位坐标，故以索力值为控制目标而放松对位形的控制要求。此外，环境温度的变化对索力的量测也会有影响，因此现场的实测索力值为忽略温度影响后的值。

对于悬索结构，不管是在张拉过程，还是在其工作期间，实际的索力量测都是必不可少的。所以，索力识别理论的研究和索力测试设备的开发是悬索结构建设工程中的重要内容。悬索结构与传统的钢结构相比，更能体现出施工过程的“一体化”和“精细化”的趋势。对于刚性结构，在施工过程中它的变形是相对较小的，很少考虑其在成型状态和施工过程的受力及位形差异。但是影响悬索结构成型状态的因素比较多且比较敏感，成型后的结构不能满足设计上对其位形和内力的要求，实际的成型与设计目标存在一定的差异。除了在施工上的考虑，悬索结构还要更加注重设计与施工的“一体化”，即在悬索结构施工张拉模拟分析后，继续进行设计过程的荷载效应分析，直到结构满足各种功能要求。这种反映施工各种因素影响的有限元结构分析模型，在不中断分析的情况下进入结构设计阶段。

第二篇 PART TWO

石家庄国际展览中心悬索结构建造技术

第 4 章
PPP 模式及项目运作

4.1 PPP 模式介绍

4.1.1 PPP 模式的概念

PPP 是公私伙伴关系（Public-Private-Partnerships）的简称，广义的 PPP 模式，即公私合作模式，是公共基础设施的一种项目融资模式。政府公共部门在与民营部门合作过程中，让非公共部门所掌握的资源参与提供公共产品和服务，从而实现政府公共部门的职能，并同时为民营部门带来利益。其管理模式包含与此相符的诸多具体形式。通过这种合作和管理过程，可以在不排除并适当满足民营部门的投资营利目标的同时，为社会更有效率地提供公共产品和服务，使有限的资源发挥更大的作用。

狭义的 PPP 是指政府与民营部门组成特殊目的机构 SPV（Special-Purpose-Vehicle），引入社会资本，共同设计开发，共同承担风险，全过程合作，期满后再移交给政府的公共服务开发运营方式。

4.1.2 PPP 模式的起源

众所周知，民营部门做事的内在动力是获取利益或利润，如果没有利润，民营部门不会愿意做本该公共部门做的事情。利润的获得一般有两种主要途径：一种是政府直接给予民营部门；另一种是民营部门通过向用户收费获得。第一种很容易理解，为政府做事，必然由政府付费。而第二种途径是要经过用户认可的，就是说所做事情对用户而言是有益的，用户能够从中获得好处，只有这样用户才愿意付费。这就会让我们联想到修路或供水，这两种服务都能为用户带来直接的利益，通过向用户提供服务而收取费用，用户较容易接受。而我们考察 PPP 的起源时，的确可以从民营部门修路和参与供水开始。

在英文中最早的公路之所以被称为 turnpike，是因为路段上布置了可移动的路障，其通常由一根水平的长杆（pike）或栅栏组成，管理人可以通过移动横杆来阻断路面交通。15 世纪时，欧洲人设置这样的路障通常出于安全考虑，在战时可以减缓骑兵的袭击速度，起到一定的防御作用。到了 17 世纪，税务机构开始推行公路收费政策，turnpike 的作用发生变化，开始用来阻挡过往车辆，收取“过路费”后再放行。

由此可以说，PPP 起源于收费公路的诞生。当然，在当时人们还没有明确提出 PPP 的概念或理论来，只是实际生活中出现了“公”与“私”并实际形成了互动、交易关系而共同维系收费公路运行的模式。

4.1.3　PPP 模式的特征

PPP 的运行具有三个重要特征：伙伴关系、利益共享和风险分担。

1. 伙伴关系：项目目标一致

伙伴关系是 PPP 第一大特征，所有成功实施的 PPP 项目都是建立在伙伴关系之上的。可以说，伙伴关系是 PPP 中最为首要的问题，没有伙伴关系就没有 PPP。政府购买商品和服务，给予授权，征收税费和收取罚款，这些事务的处理并不必然表明合作伙伴关系的真实存在和延续。在某个具体项目上，以最少的资源，实现最多的产品或服务，民营部门是以此目标实现自身利益的追求，而公共部门则是以此目标实现公共福利和利益的追求。

形成伙伴关系要落实到项目目标一致之上，但这还是不够的，为了能够保持这种伙伴关系的长久与发展，还需要伙伴之间相互为对方考虑问题，具备另外两个显著特征：利益共享和风险分担。

2. 利益共享

利益共享是 PPP 的第二个特征。需要明确的是，PPP 中公共部门与民营部门并不是分享利润，公共部门需要对民营部门可能的高额利润进行控制，即不允许民营部门在项目执行过程中形成超额利润。其主要原因是，任何 PPP 项目都是公益性项目，不以利润最大化为目的。如果双方想从中分享利润，其实是很容易的，只要允许提高价格，就可以使利润大幅度提高。不过，这样做必然会带来社会公众的不满，最终还可能会引起社会的混乱。既然形式上不能与民营部门分享利润，那么如何与民营部门共享利益呢？共享利益在这里除了指共享PPP的社会成果之外，也包括使作为参与者的私人部门、民营企业或机构取得相对平和、稳定的投资回报。

因此，利益共享显然是伙伴关系的基础之一，如果没有利益共享，同样也不会有可持续的PPP类型的伙伴关系。

3. 风险分担

PPP的第三个特征是风险分担。与市场经济规则兼容的PPP中，利益与风险也有对应性，风险分担是利益共享之外伙伴关系的另一个基础。如果没有风险分担，也不可能形成这种伙伴关系。

无论是市场经济或计划经济、无论是民营部门或公共部门、无论是个人或企业，没有谁会喜欢风险。即使最具冒险精神的冒险家，其实也不会喜欢风险，而是会为了利益千方百计地来避免风险。在PPP中，公共部门与民营部门合理分担风险的这一特征，是其区别于公共部门与民营部门其他交易形式的显著标志。如政府采购过程，之所以还不能称为PPP，是因为双方在此过程中是让自己尽可能小地承担风险。而在PPP中，公共部门却是尽可能大地承担自己有优势方面的伴生风险，而让对方承担的风险尽可能小。一个明显的例子就是在隧道、桥梁、干道建设中，如果因车流量不够而导致民营部门达不到基本的预期收益，这时公共部门可以对其进行现金流量补贴，这种做法可以在“分担”框架下有效控制民营部门因车流量不足而引起的经营风险。与此同时，民营部门实际会按其相对优势承担较多的、甚至全部的具体管理职责，而这个领域，对于公共部门而言，却正是管理层“道德风险”的易发领域，这种风险由此而得以规避。

如果每一种风险都能由最善于应对该风险的合作方承担，那么毫无疑问，整个基础设施建设项目的成本就能最小化。PPP管理模式中，更多是考虑双方风险的最优应对、最佳分担，而将整体风险最小化。事实证明，追求整个项目风险最小化的管理模式，要比公私双方各自追求风险最小化更能化解准公共产品领域内的风险。所以，我们强调，PPP所带来的“1+1>2”的机制效应，需要从管理模式创新的层面上理解和总结。

4.1.4 PPP模式的内涵

在我国，PPP的概念内涵并没有完全统一，在政策口径和学理口径有所不同：

1. 政策口径

（1）财政部口径

根据财政部发布的《关于推广运用政府和社会资本合作模式有关问题的通知》（财

金〔2014〕76号）规定："政府和社会资本合作模式（Public-Private-Partnerships，PPP）是指在基础设施及公共服务领域建立的一种长期合作关系"。通常模式是由社会资本承担设计、建设、运营、维护基础设施的大部分工作，并通过"使用者付费"及必要的"政府付费"获得合理投资回报；政府部门负责基础设施及公共服务价格和质量监管，保证公共利益最大化。

（2）国家发展改革委口径

根据国家发展改革委发布《关于开展政府和社会资本合作的指导意见》(发改投资[2014] 2724号）规定："PPP模式是指政府为增强公共产品和服务供给能力、提高供给效率，通过特许经营、购买服务、股权合作等方式，与社会资本建立的利益共享、风险分担及长期合作关系。"项目实务中，财政部和国家发展改革委均称PPP模式为"政府和社会资本合作模式"，其中参与主体中"Public"指政府；"Private"指社会资本。

2. 学理口径

在学理方面，PPP模式通常被表述为"公共私营合作制"，是指政府与私人组织之间，合作建设城市基础设施项目。或是为了提供某种公共物品和服务，以特许权协议为基础，彼此之间形成一种伙伴式的合作关系，并通过签署合同来明确双方的权利和义务，以确保合作的顺利完成，最终使合作各方达到比单独行动更为有利的结果。

我国PPP领域知名学者王守清教授基于我国经济所有制的特殊理解，提出适合中国国情的PPP概念："政企合作"，也即政府和企业为提供公共产品或服务而建立的长期合作关系。需要特别说明的是，我国PPP中的"Private"并不是单指私营经济主体；经济主体的外在形式只是资本性质的载体，所谓"Public"与"Private"的区别更应强调的是追求不同资本目的的"Public"与"Private"；在我国，"Public"应该指追求社会公益性，"Private"应该指追求经济利益，两者的根本区别不是经济主体性质之间的区别，而是追求公共利益与追求经济利益的区别。

当前，国有企业是国内PPP市场上最重要的主体，具有较高程度的逐利性，并非以追求公共利益为最高目的，因此可以认定为PPP中的"Private"；但若该国企直接受签约方政府直接管辖操控（也即政府平台公司），根据《政府和社会资本合作模式操作指南（试行）》第二条的规定，本级政府所属融资平台公司及其他控股国有企业不应作为本级政府实施的PPP项目社会资本方。正因为"Private"在中国具有的独特的含义，故有外媒报道称，中国的PPP不同于西方的PPP，准确地说应该是PSP（S指Social Capital)。

4.2 石家庄国际展览中心项目与PPP模式

4.2.1 项目最初模式

石家庄国际展览中心项目于2008年立项，地处“南北通衢、燕晋咽喉”——河北省省会石家庄市正定县，距首都北京273km，距天津312km，距千年大计未来之城雄安新区194km，本项目作为河北省重点项目，受到省、市两级高度关注，省委书记、市委书记等领导先后多次亲临项目视察指导。

石家庄国际展览中心起初由石家庄正定新区管委会负责投资兴建，并确立为施工总承包模式。但自2008年石家庄国际展览中心项目立项至2014年，6年间融资难题始终未能解决，工程没有得到实质性推进（图4-1）。

图4-1　2008年至2014年“施工总承包”模式时石家庄国际展览中心项目方案图

（本方案最终未采用）

4.2.2 项目新机遇

自2014年国务院发布43号文（即《国务院关于加强地方政府性债务管理的意见》）以来，国家媒体大力宣传PPP模式，财政部会同发改委强力推荐PPP，发布了首批PPP示范项目。通过一系列政策解读与尝试，PPP成为基础设施投资新模式。对于PPP模式，国务院及相关部委发布了一系列政策性文件，其中具有代表性的有：

1. 国务院发布

《国务院关于加强地方政府性债务管理的意见》(国发〔2014〕43 号)

《国务院关于深化预算管理制度改革的决定》(国发〔2014〕45 号)

《国务院关于创新重点领域投融资机制鼓励社会投资的指导意见》(国发〔2014〕60 号);

2. 财政部发布

《财政部关于推广运用政府和社会资本合作模式有关问题的通知》(财金〔2014〕76 号)

《财政部关于印发政府和社会资本合作模式操作指南（试行）的通知》(财金〔2014〕113 号)

3. 国家发展改革委员会发布

《国家发展改革委关于开展政府和社会资本合作的指导意见》(发改投资〔2014〕2724 号)

《基础设施和公用事业特许经营管理办法》(国家发展改革委等六部委令第 25 号)

4.2.3 PPP 模式落地

PPP 模式改制以来，中建钢构有限公司紧跟国家政策导向，积极参与，协同正定新区推进项目 PPP 模式。期间，中建钢构有限公司组织基建咨询机构六家、金融机构（银行、基金、信托等）十余家、会展运营商五家，进行工程建设方案比选与论证，协同政府完成《石家庄国际展览中心项目物有所值评价报告》《石家庄国际展览中心项目财政承受能力论证报告》《石家庄国际展览中心项目 PPP 实施方案》(通常称为“两评一方案”)(图 4-2～图 4-4)。

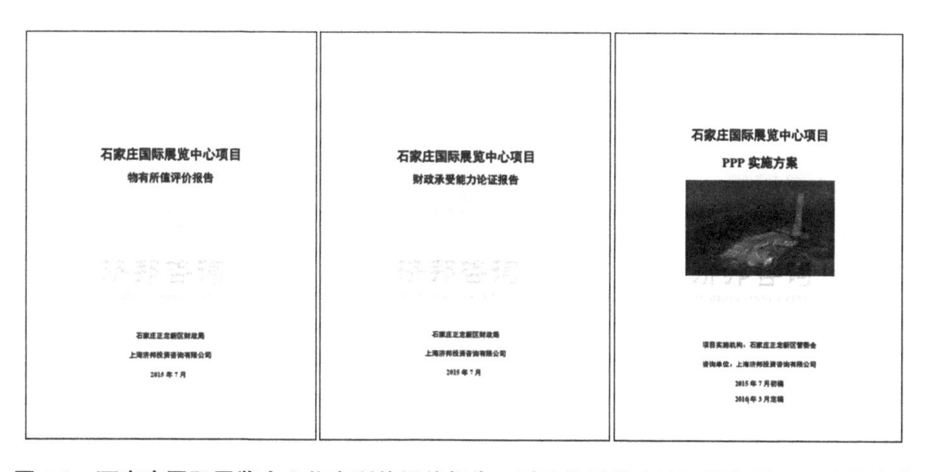

石家庄国际展览中心项目
物有所值评价报告

石家庄正定新区财政局
上海济邦投资咨询有限公司
2015 年 7 月

石家庄国际展览中心项目
财政承受能力论证报告

石家庄正定新区财政局
上海济邦投资咨询有限公司
2015 年 7 月

石家庄国际展览中心项目
PPP 实施方案

项目实施机构：石家庄正定新区管委会
咨询单位：上海济邦投资咨询有限公司
2015 年 7 月初稿
2016 年 3 月定稿

图 4-2　石家庄国际展览中心物有所值评价报告、财政承受能力论证报告及 PPP 实施方案

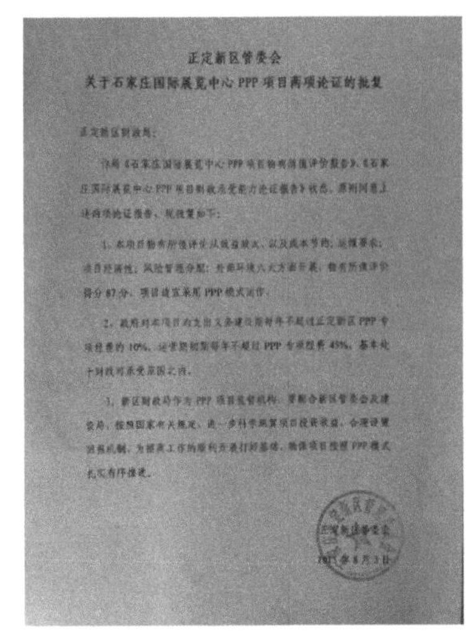

正定新区管委会
关于石家庄国际展览中心PPP项目两项论证的批复

正定新区财政局：

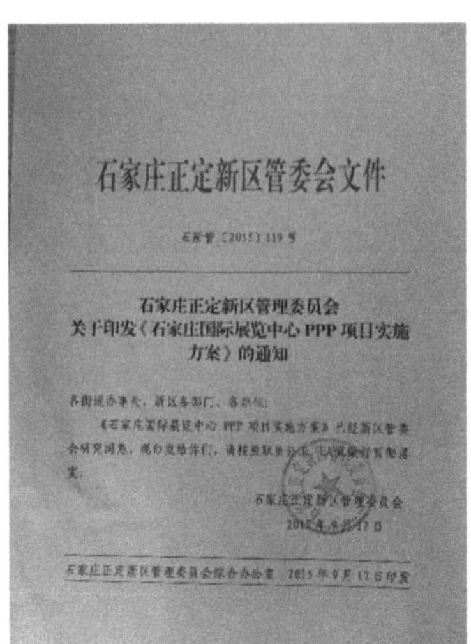

石家庄正定新区管委会文件

石家庄正定新区管理委员会
关于印发《石家庄国际展览中心PPP项目实施方案》的通知

石家庄正定新区管理委员会
2015年9月17日

石家庄正定新区管理委员会综合办公室　2015年9月17日印发

图 4-3　石家庄国际展览中心项目“两评一方案”的批复

图 4-4　中建钢构有限公司协同政府推进石家庄国际展览中心项目 PPP 改制

2015 年 9 月，石家庄市财政局发布《关于石家庄国际展览中心项目进行 PPP 模式改制的意见》（图 4-5）。

石 家 庄 市 财 政 局

石家庄市财政局
关于石家庄国际展览中心项目
进行 PPP 模式改制的意见

图 4-5　石家庄市财政局关于石家庄国际展览中心项目进行 PPP 模式改制的意见

2016 年 1 月 5 日，石家庄正定新区管理委员会发布石家庄国际展览中心 PPP 项目资格预审公告（图 4-6）。

2016 年 3 月 1 日，石家庄正定新区管理委员公布资格预审中标公告，中建钢构有限公司在内的 4 家公司资格预审中标（图 4-7）。

石家庄正定新区管理委员会石家庄国际展览中心PPP项目资格预审公告

2016年01月05日 11:10 来源：中国政府采购网 【打印】【显示公告正文】

图 4-6　石家庄国际展览中心 PPP 项目资格预审公告

石家庄正定新区管理委员会石家庄国际展览中心PPP项目资格预审中标公告

2016年03月01日 16:17 来源：中国政府采购网 【打印】【显示公告正文】

资格预审通过的单位分别有：
1. 中建钢构有限公司
2. 中国航天建设集团有限公司
3. 山河建设集团有限公司
4. 江苏省建工集团有限公司
评标委员会：　郭新禄、高彦尊、程九旭、范云平、李金田

图 4-7　石家庄国际展览中心 PPP 项目资格预审中标公告

2016 年 4 月 8 日，石家庄正定新区管理委员会发布石家庄国际展览中心 PPP 项目公开招标公告（图 4-8）。

石家庄正定新区管理委员会石家庄国际展览中心PPP项目公开招标公告

2016年04月08日 15:14 来源：中国政府采购网 【打印】【显示公告正文】

图 4-8　石家庄国际展览中心 PPP 项目公开招标公告

2016 年 5 月 5 日，石家庄正定新区管理委员会公布石家庄国际展览中心 PPP 项目中标公告，中建钢构有限公司中标（图 4-9）。

石家庄正定新区管理委员会石家庄国际展览中心PPP项目中标公告

2016年05月05日 10:06 来源：中国政府采购网 【打印】【显示公告正文】

中标供应商名称：中建钢构有限公司

中标供应商地址：深圳市福田区车公庙滨河大道深业泰然水松大厦17层17A号

中标价格：年可用性服务费报价：363640000元

运营绩效补贴下浮率：第1档下浮：0%　第2档下浮：3.75%　第3档下浮：5.71%

第4档下浮：8.33%　第5档下浮：12%　第6档上浮：10%　第7档上浮：10%

图 4-9　石家庄国际展览中心 PPP 项目中标公告

4.3 石家庄国际展览中心SPV公司的组建与运营

4.3.1 SPV公司的概念及功能

1. PPP项目中SPV公司的基本概念

PPP项目公司即公司型SPV（Special-Purpose-Vehicle），是指由政府方和社会资本方或单纯由社会资本方合资设立的用于运作具体PPP项目的载体或工具。需要注意的是，PPP项目公司并不是PPP项目中必然存在的主体，因为PPP项目也可采用不设立项目公司的形式进行运作。但如果政府方或投资人选择了以项目公司开展项目，那么项目公司便成为PPP项目合同体系的核心关键。

2. SPV公司的功能作用

在PPP项目中，SPV公司主要可以起到风险隔离和表外融资的功能。

（1）风险隔离。PPP项目公司有效运用了股东的有限责任和公司的独立财产、独立责任制度，能够有效将项目公司风险与投资人风险进行隔离。

（2）表外融资。PPP项目因其投资额巨大，导致项目公司往往背负极高的债务进行运作，通过设立项目公司的特殊设计，投资人能够有效规避合并项目公司的资产负债表，优化投资人财务报表。

4.3.2 石家庄国际展览中心SPV公司的组建

1. 股债融资奠基础

2016年6月—2018年1月，各股东方按阶段完成资本金出资，中建钢构有限公司、中国对外经济贸易信托有限公司、石家庄浩运建设投资有限公司作为石家庄国际展览中心SPV公司（中建浩运有限公司）的三大股东，持股分别占比35%、35%、30%，股权融资平稳落地，为债权融资夯实基础（图4-10、图4-11）。

2. 组织架构建体系

为确保石家庄国际展览中心项目工程建设及后期运营的顺利开展，SPV公司（中建浩运有限公司）按照建设期和运营期分别设置对应的组织架构。

建设期，中建浩运有限公司设5部1室，共60人，架构设置初期就设置运营部，以运营贯穿项目全周期管理（图4-12）。

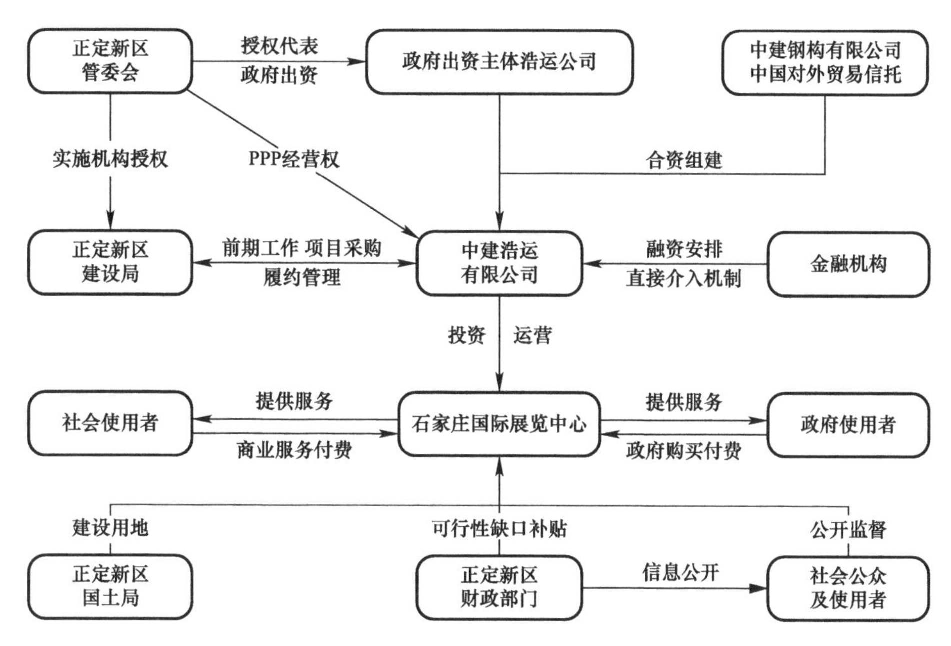

图 4-10　石家庄国际展览中心投融资结构图

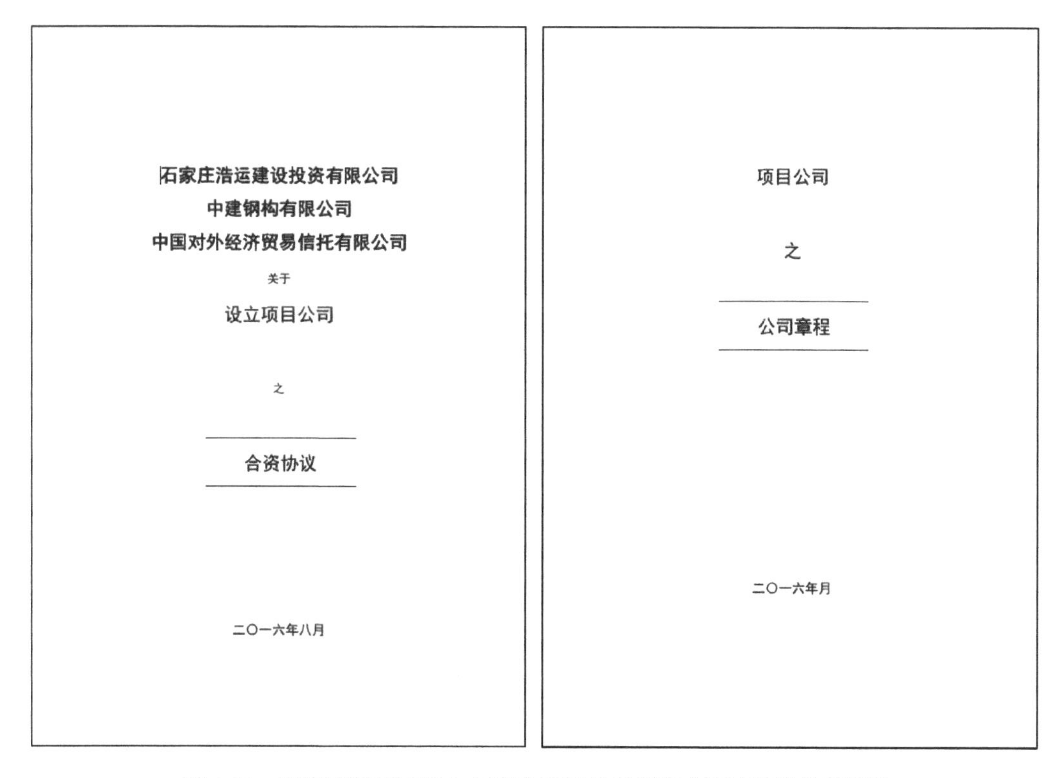
石家庄浩运建设投资有限公司
中建钢构有限公司
中国对外经济贸易信托有限公司
关于
设立项目公司
之
合资协议

二〇一六年八月

项目公司
之
公司章程

二〇一六年月

图 4-11　石家庄国际展览中心项目 SPV 公司股东合资协议及公司章程

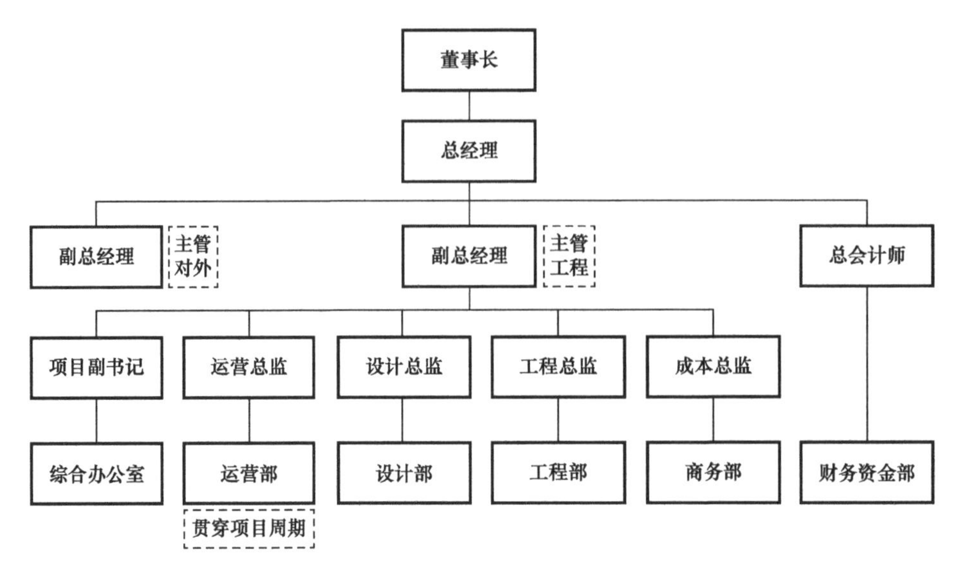

图 4-12　建设期中建浩运有限公司组织架构

运营期，中建浩运有限公司参考北京国家会议中心架构，设 12 部 1 室，组建 74 人的国展运营团队（图 4-13）。

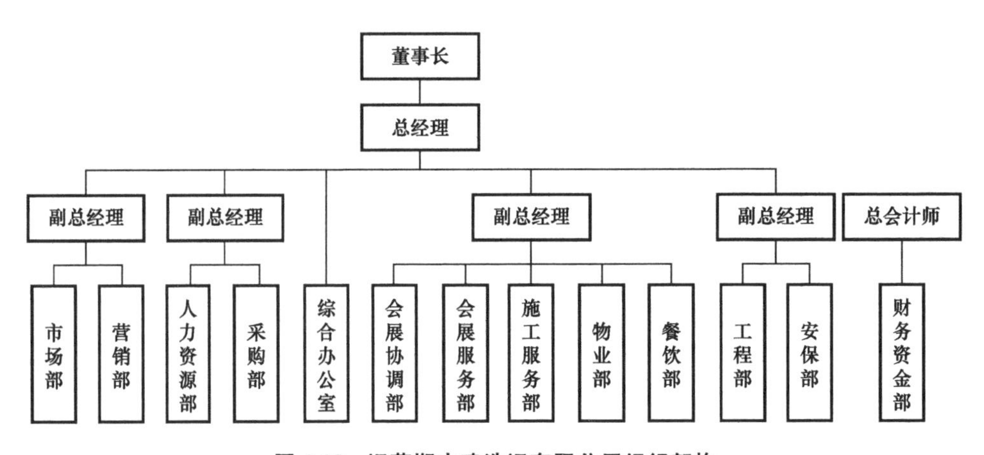

图 4-13　运营期中建浩运有限公司组织架构

3. 注册成立 SPV 公司

2016 年 10 月 11 日中建浩运有限公司注册成立，经营范围：会议服务；展览展示服务；场馆租赁；策划、组织及承办文体活动；设计、制作、代理国内广告业务，发布国内外广告业务；餐饮服务；展台搭建；机械设备租赁服务；体育场馆管理；日用百货、体育用品、文化用品、电子产品的批发零售；票务代理；打字复印服务；房屋租赁；物流服务；停车场服务（图 4-14）。

图 4-14　中建浩运有限公司注册成立

4.3.3　PPP 模式下的石家庄国际展览中心项目

在 PPP 模式的驱动下，石家庄国际展览中心项目建设工作得到快速推进，2015 年 9 月末，石家庄国际展览中心项目入选财政部第二批 PPP 示范项目名单，为实施提供保障（图 4-15）。

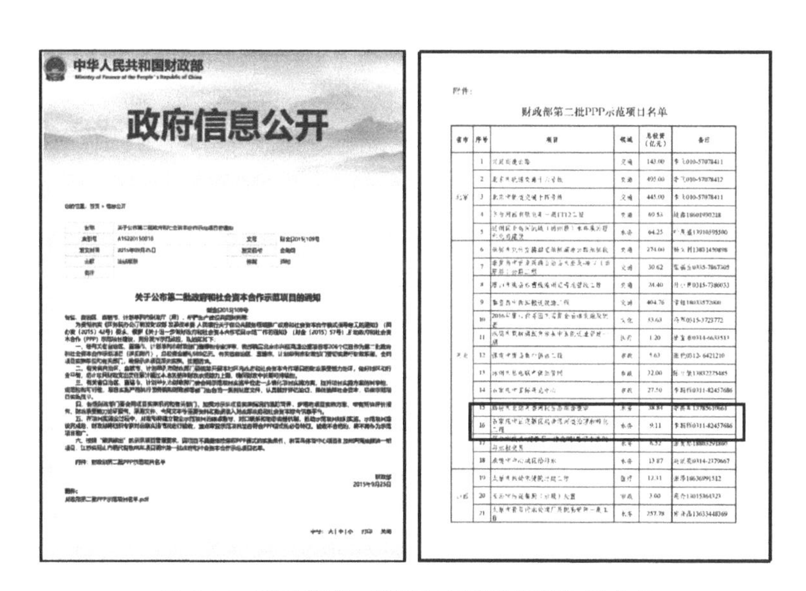

中华人民共和国财政部

政府信息公开

关于公布第二批政府和社会资本合作示范项目的通知

附件：

财政部第二批PPP示范项目名单

省市	序号	项目	领域	总投资（亿元）	备注
北京	1	[illegible]	交通	143.00	李飞010-57078411
	2	[illegible]	交通	495.00	李飞010-57078412
	3	[illegible]	交通	445.00	李飞010-57078411
	4	[illegible]	交通	60.53	[illegible]18601930218
	5	[illegible]	水务	64.25	[illegible]13910395500
河北	6	[illegible]	交通	274.00	[illegible]
	7	[illegible]	交通	30.62	[illegible]0335-7867305
	8	[illegible]	交通	34.40	[illegible]0315-7386033
	9	[illegible]	交通	404.76	[illegible]
	10	[illegible]	文化	33.63	[illegible]0315-3723772
	11	[illegible]	医疗	1.20	[illegible]0314-6633513
	12	[illegible]	[illegible]	5.63	[illegible]0312-6421210
	13	[illegible]	[illegible]	32.00	[illegible]13832275485
	14	石家庄市国际展览中心	[illegible]	27.50	[illegible]0311-82457686
	15	[illegible]	水务	38.84	[illegible]
	16	[illegible]	水务	9.11	[illegible]0311-82457686
	17	[illegible]	[illegible]	[illegible]	[illegible]
	18	[illegible]	水务	13.87	[illegible]0314-2379667
山西	19	[illegible]	医疗	12.31	[illegible]18636991512
	20	[illegible]	[illegible]	3.60	[illegible]13015364323
	21	[illegible]	水务	257.78	[illegible]13633448369

图 4-15　财政部第二批 PPP 示范项目通知及名单

石家庄国际展览中心项目工程建设于 2017 年 3 月正式开始，并于 2018 年 4 月 26 日举办首个会展项目——中国·石家庄（正定）国际博览会，标志着工程建设顺利完工，并进入项目运营阶段（图 4-16、图 4-17）。

图 4-16　石家庄国际展览中心项目工程建设期间照片

图 4-17　2018 年 4 月 26 日石家庄国际展览中心首展——中国·石家庄（正定）国际博览会

第5章 工程概况

5.1 项目介绍

石家庄国际展览中心位于石家庄市的正定新区，项目规划用地面积64.44公顷，总建筑面积35.92万m^2，是由周边展厅和中间核心会议区组成的集展览、会议于一体的大型会展中心，展厅建筑效果及位置如图5-1所示，平面布置如所图5-2所示，建筑主要参数见表5-1。

本项目由3组标准展厅（A、C、E）、1组大型展厅（D）及核心区会议中心（B）组成，平面总长度约648m，总宽度约352m；标准展厅E的结构体系构造与A、C展厅完全相同，只是沿横向多出一跨；D展厅与标准展厅的结构体系基本相同，但其下部支承结构无边拉索，为平衡索端水平拉力，屋面系统中设置了水平传力桁架，各展厅主体结构组成如图5-3所示（以A展厅为例，其他展厅结构类似）。其中，A展厅的

图5-1 建筑效果及平面位置示意图（一）

图 5-1 建筑效果及平面位置示意图（二）

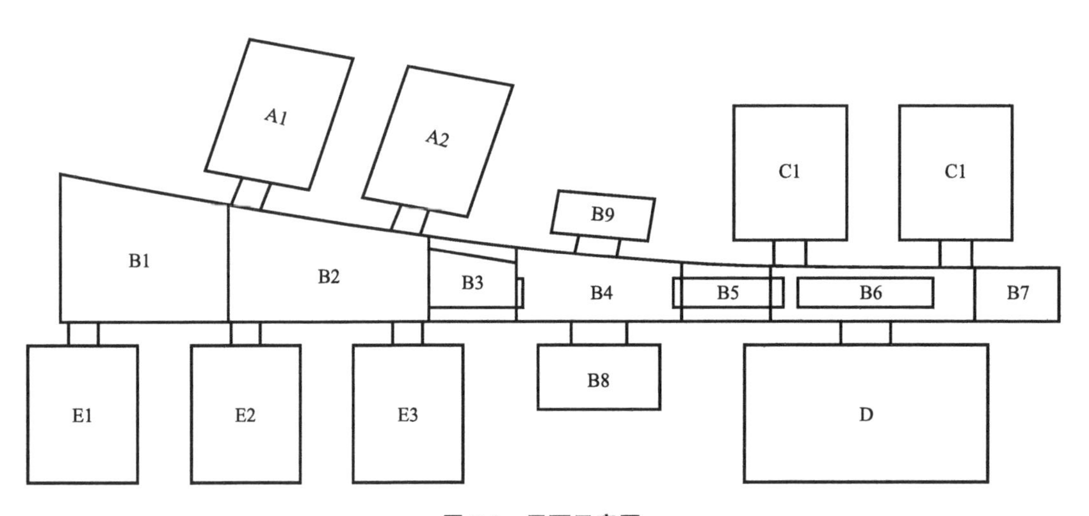

图 5-2 平面示意图

建筑主要参数表 表 5-1

项次		展厅（A）	展厅（C、E）	展厅（D）	核心会议区（B）
高度		28.65m	28.65m	30.80m	32.67m
层数	地上	1	1	1	2
	地下	1	—	1	1
层高	地上	28.65m		30.80m	首层 8.40m， 二层 4.8～24.27m
	地下	7.50m	—	7.50m	

主承重结构与次承重结构立面图，如图 5-4 和图 5-5 所示。

展厅部分（A、C、D、E）地上 1 层，屋面采用悬山形式、双向索体系，建筑面积约 11.3 万 m^2，主要建筑功能为展览；其中展厅 A、D 设一层地下室，建筑面积约

4.5 万 m^2，主要建筑功能为车库；核心区会议中心（B）地上 2 层，采用钢框架结构体系（在本书中不作详细介绍），主要建筑功能为会议、办公及观众通道，地下设一层地下室，主要建筑功能为车库和设备用房。核心会议区（B）中庭部位设观光塔，塔高 75.0m，采用筒中筒体系，核心筒为钢筋混凝土筒体，外筒为钢结构筒体。

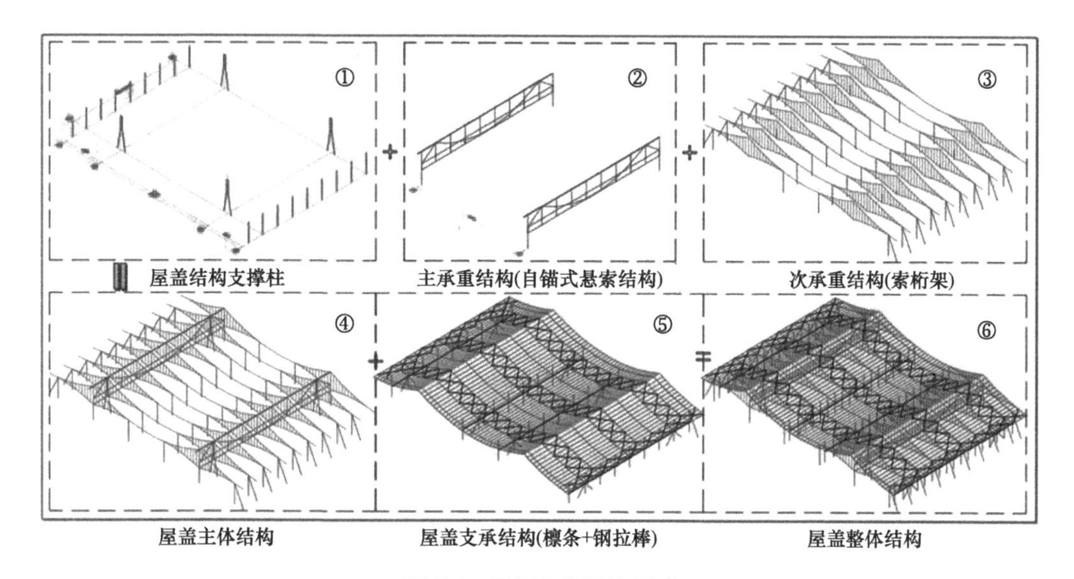

图 5-3 展厅主体结构组成

注：展厅主体结构主要由屋盖结构支承柱、水平主承重结构（自锚式悬索结构）、水平次承重结构（索桁架）组成，索体上为刚性铝镁锰屋面（构造：①+②+③=④，④+⑤=⑥=屋盖整体结构）。

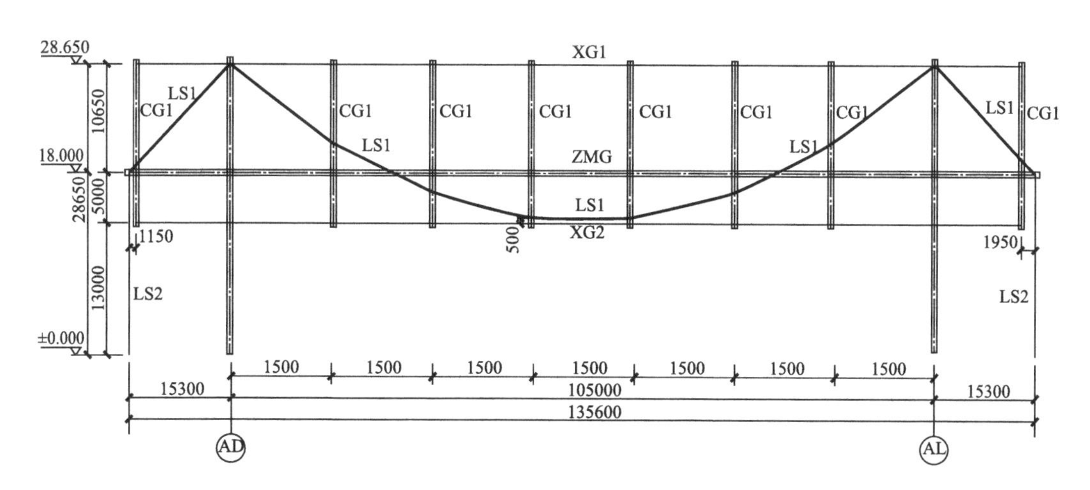

图 5-4 A 展厅的主承重结构

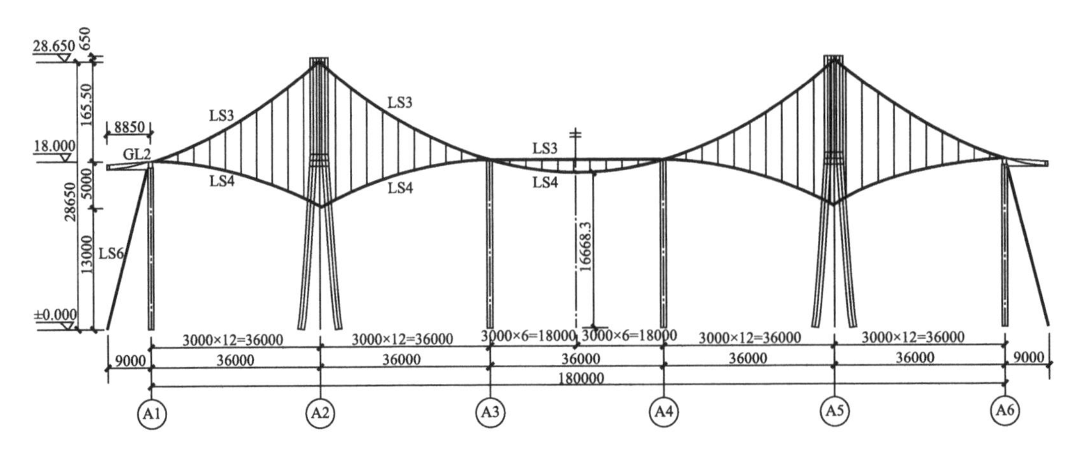

图 5-5 A 展厅的次承重结构

5.2 场地条件

本工程勘察最大深度 35.0m，主要地层由素填土及第四系冲洪积形成的黄土状粉土、粉土、粉质黏土、砂类土等构成，地层层位比较稳定，根据其岩性及物理力学性质自上而下主要分为 8 层，地层岩性特征详细描述及分布见表 5-2。

地层岩性特征及分布表　　表 5-2

成因年代	土层编号	土层岩性及序号	各土层层顶标高变化范围（m）	埋深（m）	厚度（m）	稠度/密实度
人工堆积层	1	①素填土	64.89～67.61	现状地面	0.30～2.80	稍密
第四纪冲洪积层	2	②黄土状粉土	64.12～66.26	1.24～3.38	0.60～8.90	稍密～中密
	3	③细砂	52.84～66.53	0.97～14.66	1.70～12.80	稍密～中密
		③1 粉质黏土	52.84～57.49	10.01～14.66	0.80～6.30	可塑～硬塑
	4	④中粗砂	49.73～56.14	11.36～17.77	1.60～8.10	中密～密实
	5	⑤粉质黏土	45.54～51.89	15.61～21.96	1.30～3.60	可塑～硬塑
	6	⑥中砂	43.44～49.73	17.77～24.06	1.20～9.40	中密～密实
		⑥1 粉土	38.45～46.59	20.91～29.05	0.90～3.10	中密～密实
	7	⑦粗砂	36.49～44.87	22.63～31.01	1.80～8.60	中密～密实
	8	⑧粉质黏土	33.39～40.35	27.15～34.11	大于 1	可塑～硬塑

注：③1 粉质黏土和⑥1 粉土均为局部钻孔揭露。

除地层特性描述以外，地勘报告还给出了其他评价如下：

（1）地形地貌：勘察场地区域地貌单元属太行山山前洪冲积平原，场地地形较平坦；

(2) 水文地质：勘察钻探 50.0m 深度内未见地下水，根据区域水文地质资料，地下水呈逐年下降趋势；

(3) 地震影响基本参数：根据《建筑抗震设计规范》GB 50011—2010，场区抗震设防烈度为7度，设计基本地震加速度值为0.10g，设计地震分组为第二组，场地类别为Ⅲ类；

(4) 建筑抗震地段类别划分：依据《建筑抗震设计规范》GB 50011—2010 中有关规定进行判定，该场地地基土未液化。场地地形平坦，未发现影响场地稳定性的不良地质作用，地基土层工程性质较好，建筑抗震地段，属于可进行建设的一般地段；

(5) 湿陷性评价：根据土样湿陷性试验结果，场地湿陷性土层为②黄土状粉土，湿陷下限深度为4.6m。湿陷起始压力为168～200kPa，湿陷系数为0.015～0.021。建筑基础埋深9.50m，基础已穿过湿陷性土层，故建筑地基土不具湿陷性，设计时可按一般地区规定进行设计；

(6) 不良地质作用：勘察未发现崩塌、滑坡、泥石流、岩溶、塌陷等不良地质作用；

(7) 场地稳定性分析：场地地形较平坦，未发现影响场地稳定的不良地质作用，地基土层工程性质较好，场地稳定，适宜建筑；

(8) 水、土腐蚀性评价：场地在勘察深度 50.0m 范围内未见地下水，可不考虑地下水对施工的影响；场地地基土层属正常冲洪积形成的土层，勘察时并未发现地基土有污染迹象，根据石家庄市建筑经验和场地情况，地基土对建筑材料具有微腐蚀性。

5.3 项目实施

5.3.1 建筑实施方案

1. 背景

石家庄国际展览中心由中建科工集团有限公司（前身为中建钢构有限公司）、石家庄浩运建设投资有限公司、中国对外贸易信托有限公司联合投资成立的项目公司中建浩运有限公司承建，施工总承包单位为中国建筑第八工程局有限公司，监理单位为浙江江南工程管理有限公司。

2. 方案理念

(1) 设计概念取“碧水宏桥”之意，造型独特。在创作和布局上，既借鉴了千年正定古城的建筑元素，吸取了富有地域特色的赵州桥拱和正定隆兴寺的特色，又采用现代材料的建筑表皮，将总体的设计布局以舒展的“一桥居中，两水分片”的总平面布置在场地中央。

（2）优美的悬索结构形式，结合传统文化元素的立意，使建筑本身就成为区域内重要的背景标签。展厅部分为地上一层，屋面采用悬山形式、双向悬索体系，最大程度释放展览空间，确保单个展厅有效参展面积及整体空间联通性。

（3）项目引入先进的智能化单元体系，从“公共服务系统、物业管理系统、信息安全管理系统、电子巡查系统、停车库（场）管理系统”等，近三十个子项系统内容展开贯穿设计、运营、管理全方面的全效智能化方案。

（4）项目立足可持续发展的理念，积极开展绿色建筑三星标准认定，以“节材、节水、节能、节地”为基本要求，从建筑的各个环节把控设计，降低系统维护成本，实现能源节约的同时减少环境污染等，使项目自身成为一个优质绿色建筑典范，积极响应国家绿色发展的理念。

3. 项目规划

项目位于石家庄市正定新区新城大道与滹沱河交叉口西北角，周围分布着石太高速、石安高速、京石高速、京石铁路，石家庄机场位于项目以北15km。北临规划市政府中心公园、市政府、图书馆、科技馆等建筑；南临滹沱河及河畔绿地。项目东侧为城市公共代征绿地和新城大道，南侧为滨水路，西侧为市府西路，北侧为纬一路。项目用地面积64.44公顷，包括实际建设用地面积49.44公顷和城市公共代征绿地7.15公顷（图5-6）。

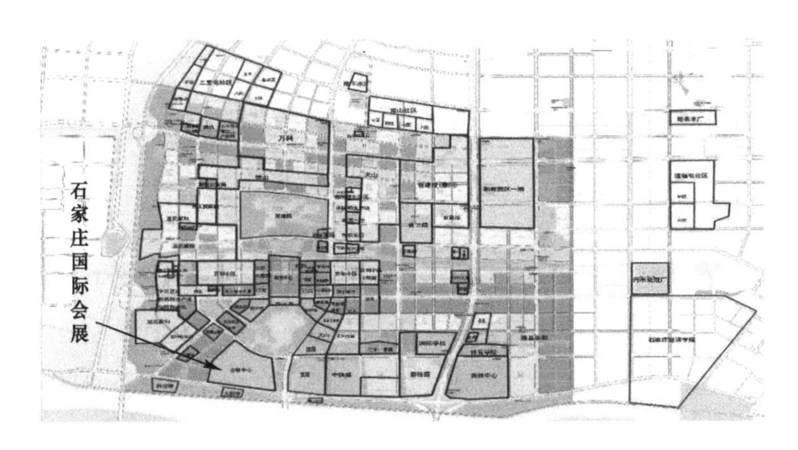

图5-6　石家庄国际展览中心规划图

4. 项目功能

石家庄国际展览中心由展览场馆、展馆辅助设施两大部分组成，形成有机结合的展览综合体，共同打造以展览、会议、文化、活动为主的现代化服务业聚集区。总建筑面积约 35.92 万 m^2，划分为特大型展览建筑。其中地上建筑面积约 22.98 万 m^2，地下建筑面积约 12.94 万 m^2。

5. 抗震设防专项审查

本工程主体结构体系为双向悬索结构。屋盖结构由屋面、横向双层索桁架及纵向自锚式悬索桁架组成，并设置水平交叉支撑。支承系统，展厅（A、C、E）由 A 型柱、边立柱、中立柱和边拉斜索组成，边立柱、中立柱间设置交叉撑。展厅 D 由 A 型柱、边立柱组成，边立柱间设置交叉撑。本工程 A 型柱、主索、次索及次索对应的边柱下布置钢筋混凝土灌注桩基础，其余部位采用钢筋混凝土天然基础。

木工程采用了“非常用”结构形式（跨度未超过 120m），按照住房和城乡建设部《超限高层建筑工程抗震设防专项审查技术要点》(建质〔2015〕67 号)，属于超限高层建筑工程。根据住房和城乡建设部《高层建筑抗震设防管理规定》(原建设部 111 号)，应在初步设计阶段进行超限高层建筑工程抗震设防专项审查。

专家组认为本工程地处抗震一般地段，结构体系基本可行，基础形式合理。建筑抗震设防类别（重点设防类）正确，抗震设防目标、性能化设计、计算分析方法和抗震措施基本符合要求。经认真研究讨论，审查结论为：通过。

本项目聘请中国建筑科学研究院有限公司为结构第三方复核单位。

审查会议纪要见图 5-7。

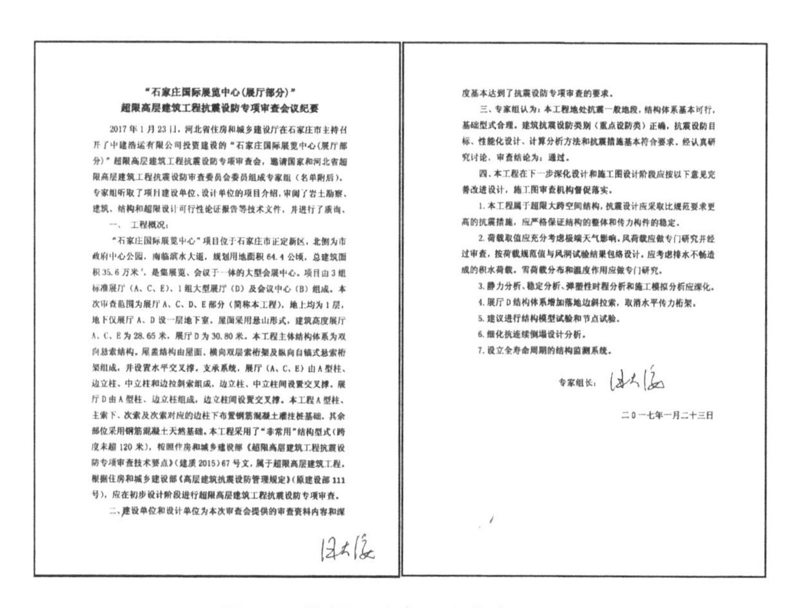

“石家庄国际展览中心(展厅部分)”
超限高层建筑工程抗震设防专项审查会议纪要

2017 年 1 月 23 日，河北省住房和城乡建设厅在石家庄市主持召开了中建浩运有限公司投资建设的“石家庄国际展览中心(展厅部分)”超限高层建筑工程抗震设防专项审查会，邀请国家和河北省超限高层建筑工程抗震设防审查委员会委员组成专家组（名单附后）。专家组听取了项目建设单位、设计单位的项目介绍，审阅了岩土勘察、建筑、结构和超限设计可行性论证报告等技术文件，并进行了质询。

一、 工程概况：

“石家庄国际展览中心”项目位于石家庄市正定新区，北侧为市政府中心公园，南临滨水大道，规划用地面积 64.4 公顷，总建筑面积 35.6 万米²，是集展览、会议于一体的大型会展中心。项目由 3 组标准展厅（A、C、E）、1 组大型展厅（D）及会议中心（B）组成。本次审查范围为展厅 A、C、D、E 部分（简称本工程），地上均为 1 层，地下仅展厅 A、D 设一层地下室，屋面采用悬山形式，建筑高度展厅 A、C、E 为 28.65 米，展厅 D 为 30.80 米。本工程主体结构体系为双向悬索结构。屋盖结构由屋面、横向双层索桁架及纵向自锚式悬索桁架组成，并设置水平交叉撑。支承系统，展厅（A、C、E）由 A 型柱、边立柱、中立柱和边拉斜索组成，边立柱、中立柱间设置交叉撑。展厅 D 由 A 型柱、边立柱组成，边立柱间设置交叉撑。本工程 A 型柱、主索下、次索及次索对应的边柱下布置钢筋混凝土灌注桩基础，其余部位采用钢筋混凝土天然基础。本工程采用了“非常用”结构型式（跨度未超 120 米），按照住房和城乡建设部《超限高层建筑工程抗震设防专项审查技术要点》（建质 2015）67 号文，属于超限高层建筑工程。根据住房和城乡建设部《高层建筑抗震设防管理规定》（原建设部 111 号），应在初步设计阶段进行超限高层建筑工程抗震设防专项审查。

二、建设单位和设计单位为本次审查会提供的审查资料内容和深度基本达到了抗震设防专项审查的要求。

三、专家组认为：本工程地处抗震一般地段，结构体系基本可行，基础型式合理，建筑抗震设防类别（重点设防类）正确，抗震设防目标、性能化设计、计算分析方法和抗震措施基本符合要求。经认真研究讨论，审查结论为：通过。

四、本工程在下一步深化设计和施工图设计阶段应按以下意见完善改进设计，施工图审查机构督促落实。

1. 本工程属于超限大跨空间结构，抗震设计应采取比规范要求更高的抗震措施，应严格保证结构的整体和传力构件的稳定。

2. 荷载取值应充分考虑极端天气影响，风荷载应做专门研究并经过审查，按荷载规范值与风洞试验结果包络设计，应考虑排水不畅造成的积水荷载，雪荷载分布和温度作用应做专门研究。

3. 静力分析、稳定分析、弹塑性时程分析和施工模拟分析应深化。

4. 展厅 D 结构体系增加落地边斜拉索，取消水平传力桁架。

5. 建议进行结构模型试验和节点试验。

6. 细化抗连续倒塌设计分析。

7. 设立全寿命周期的结构监测系统。

专家组长：

二0一七年一月二十三日

图 5-7 抗震设防专项审查会议纪要

5.3.2 工程大事记

此项目在实施过程中的关键事件记录如下：

(1) 于2015年12月10日通过建设项目环境影响评估；

(2) 于2016年3月14日组织完成消防超限专家论证会，评审结果为“通过”；

(3) 于2016年3月28日取得消防超限论证批复；

(4) 于2016年3月30日设计院向新区提交了概念设计方案，因总平面与之前方案发生了较大的变化，新区在接到新方案后立即组织地勘单位按照新方案进行了补勘工作；

(5) 于2016年4月15日新区将地勘报告提交设计院；

(6) 于2016年4月30日设计院提交了方案设计文本，新区确定后开展进一步深化及初步设计、施工图设计工作；

(7) 于2016年5月1日设计院根据新的地勘报告提交了开槽图，施工单位开始进行新方案的土方开挖工作；

因石家庄国际展览中心项目功能特殊，建筑规模大，需要进行风洞试验、消防性能化审查、结构超限审查等多个专项审查工作，按照常规，这三个专项审查需要在初步设计完成后方可进行，为加快设计进度，新区多次与设计院、图审单位、市消防支队沟通协调，采取了审查与设计并联进行的方式。

(8) 于2016年7月8日市政府专门召开协调会，指定专人服务于石家庄国际展览中心项目的消防审查工作。

(9) 于2016年8月20日提交桩基图纸（为不影响施工，结合现场工程进展采取分步出图审查的方式）；

(10) 于2016年8月30日风洞试验完成；

(11) 于2016年9月18日结构超限审查完成；

(12) 于2016年9月30日提交结构底板图纸；

(13) 于2016年10月20日全部初步设计完成；

(14) 于2016年11月23日提交地下室顶板图纸；

(15) 于2016年12月通过社会稳定风险评估；

(16) 于2016年12月8日通过用地预审；

(17) 于2016年12月20日通过节能评估；

(18) 于2017年1月2日提交全部展厅施工图纸；

（19）于 2017 年 1 月 19 日提交全部施工图纸；

（20）于 2017 年 3 月 29 日获得建设用地规划许可证；

（21）于 2017 年 3 月 24 日获得建设项目选址意见书；

（22）于 2017 年 4 月通过石家庄会展中心交通影响评估；

（23）于 2017 年 8 月 11 日获得国有建设用地划拨决定书。

石家庄国际展览中心的施工照片如图 5-8～图 5-19 所示。

图 5-8　索桁架安装

图 5-9　主桁架锚地索的张拉

图 5-10　索桁架边斜索的张拉

图 5-11　主桁架主悬索张拉

图 5-12　索桁架稳定索的张拉

图 5-13　胎架支撑

图 5-14　胎架支撑体系

图 5-15　檩条＋钢拉棒吊装单元

图 5-16　檩条施工现场图

图 5-17　檩条和钢拉棒安装完毕

图 5-18　屋面板铺装

图 5-19　金属屋面施工

5.3.3　科技成果

石家庄国际展览中心项目悬索结构应用中各类关键技术的科研课题已得到相关部门的验收，达到国际先进水平，部分成果达到国际领先水平。截至目前，已有 10 余项发明专利，10 余项实用型专利，2 项 PCT 国际专利，工法 10 余篇，论文 20 余篇，并获得多项省部级科技进步奖。

第 6 章 施工关键技术

6.1 施工思路

石家庄国际展览中心一共有四组展厅，每组展厅将布置一套作业力量，即四组展厅同时施工，平行作业。

每组展厅总体施工思路为：安装临时支撑体系→铺放主桁架拉索→安装主桁架钢结构和边部排架柱→安装主桁架拉索并预紧→然后从中间往两边依次安装 10 榀索桁架。每安装完一榀索桁架将该榀拉索张拉到位，最后张拉主桁架拉索使主桁架建立刚度，实现支撑结构自动卸载，最后安装屋面檩条。

本书以 A 展厅为例，其详细的施工过程如表 6-1 所示。

A 展厅单榀索桁架施工过程 **表 6-1**

步骤	内容	图示
1	安装支撑胎架	
2	安装主桁架钢结构和主桁架拉索，边柱用缆风绳临时固定	

续表

步骤	内容	图示
3	地面组装中间部分索桁架，并将边跨索桁架与边柱一端连接	
4	利用工装索和主桁架将索桁架的上弦连接	
5	提升索桁架上弦离开地面	
6	将中间部分索桁架的吊索和下弦连接	
7	索桁架上弦提升就位	
8	将索桁架下弦放松，然后安装销轴	 放松200mm，安装销轴
9	张拉锚地索	
10	索桁架下弦拉索张拉就位	
11	第1批索桁架安装张拉到位	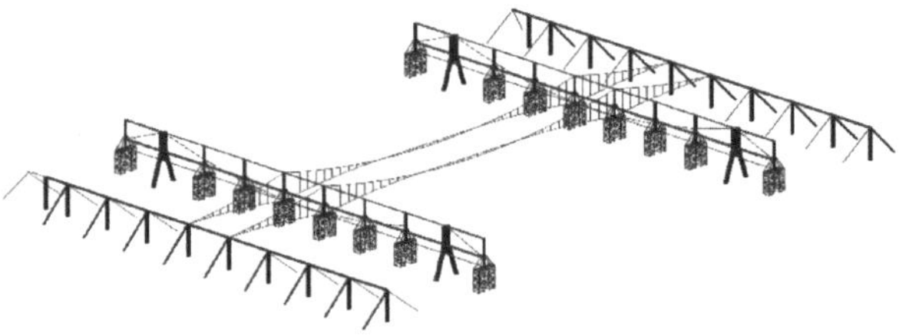
12	第2批索桁架安装张拉到位	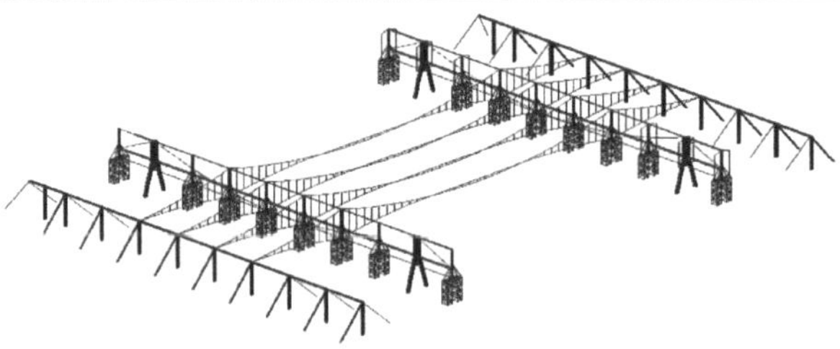

续表

步骤	内容	图示
13	第 3 批索桁架安装张拉到位	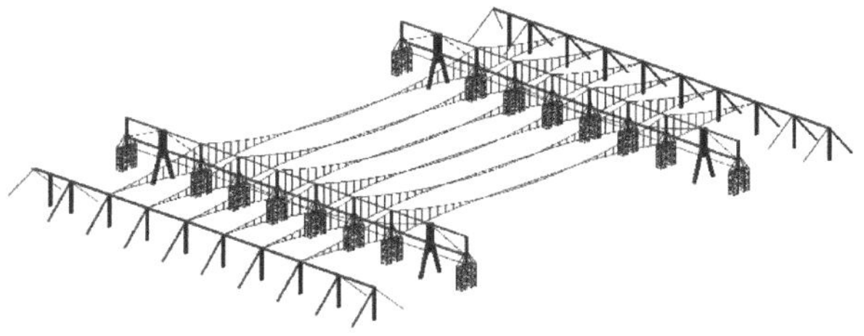
14	第 4 批索桁架安装张拉到位	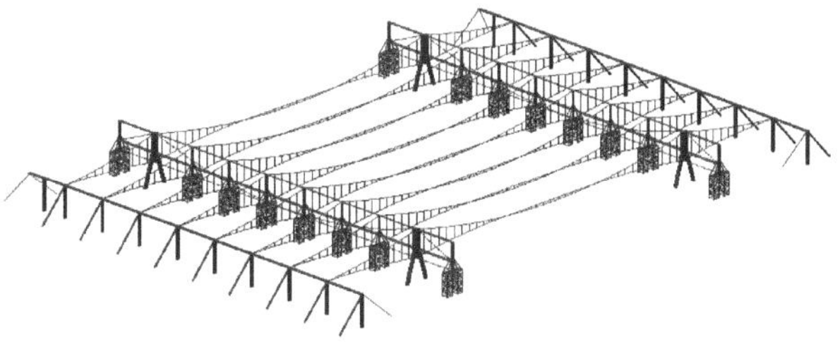
15	第 5 批索桁架安装张拉到位	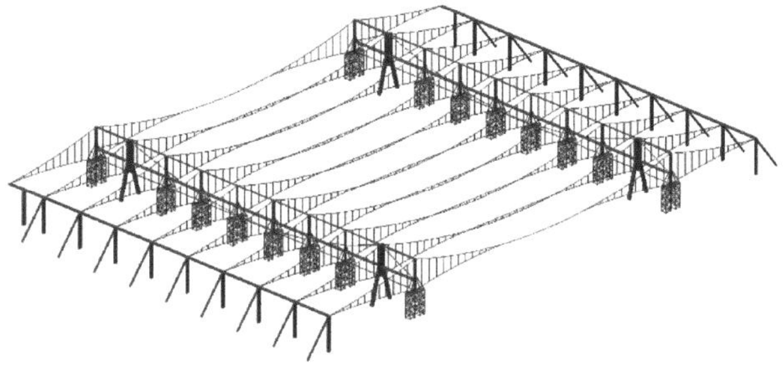
16	张拉主桁架端部斜拉索	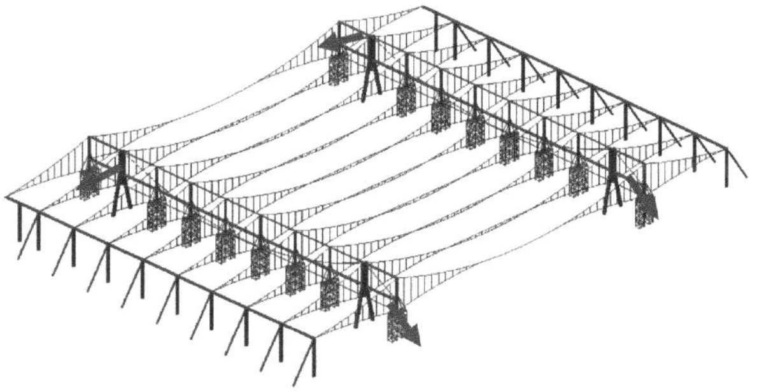
17	卸载主桁架端部支撑架，张拉主桁架端部锚地索	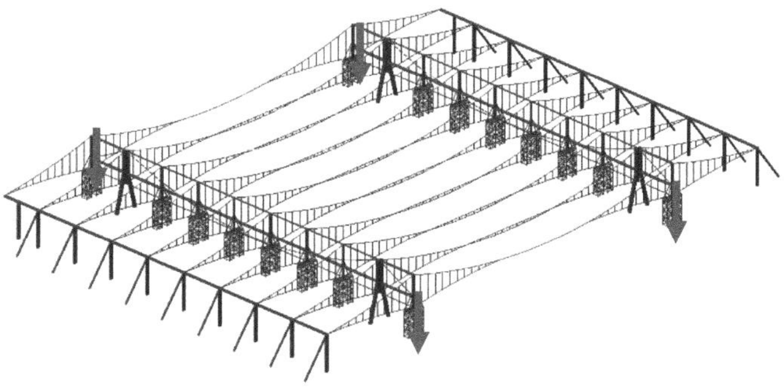

续表

步骤	内容	图示
18	张拉主桁架主悬索	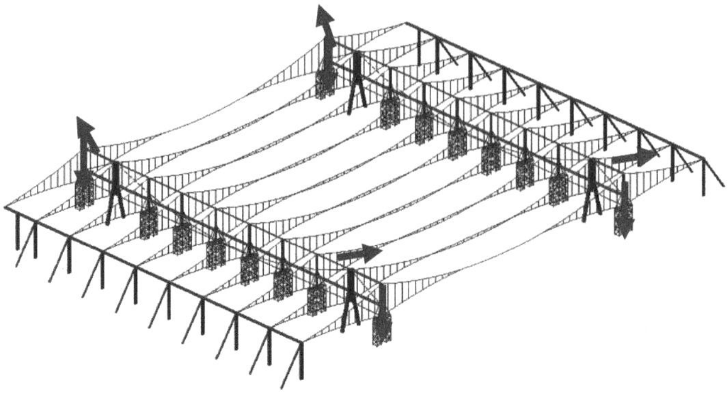
19	安装摇摆柱	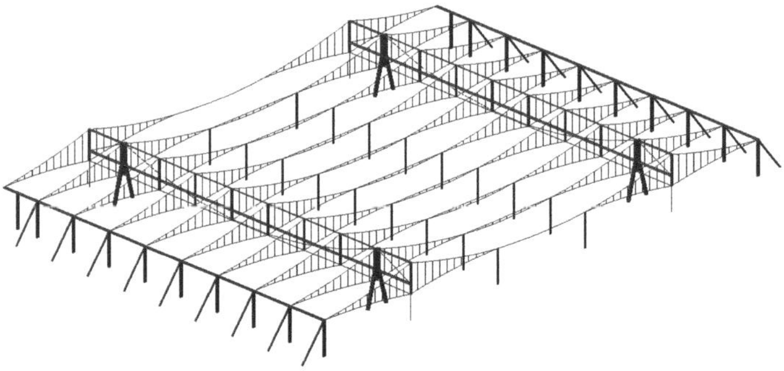
20	安装屋面檩条和屋面板	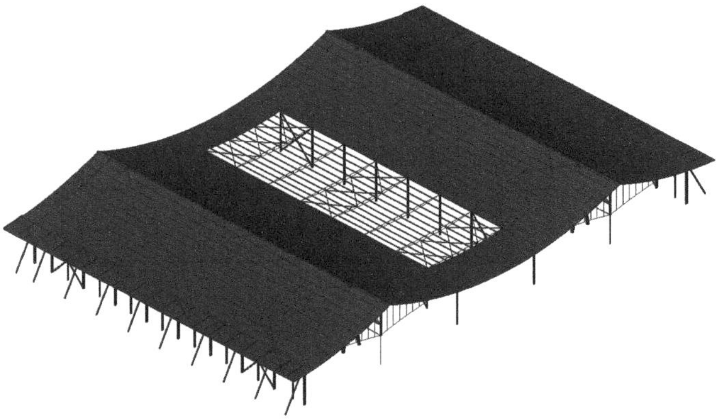

6.2 施工流程

按照第 6.1 节所述施工思路，绘制了整个施工阶段的流程图，如图 6-1 所示。

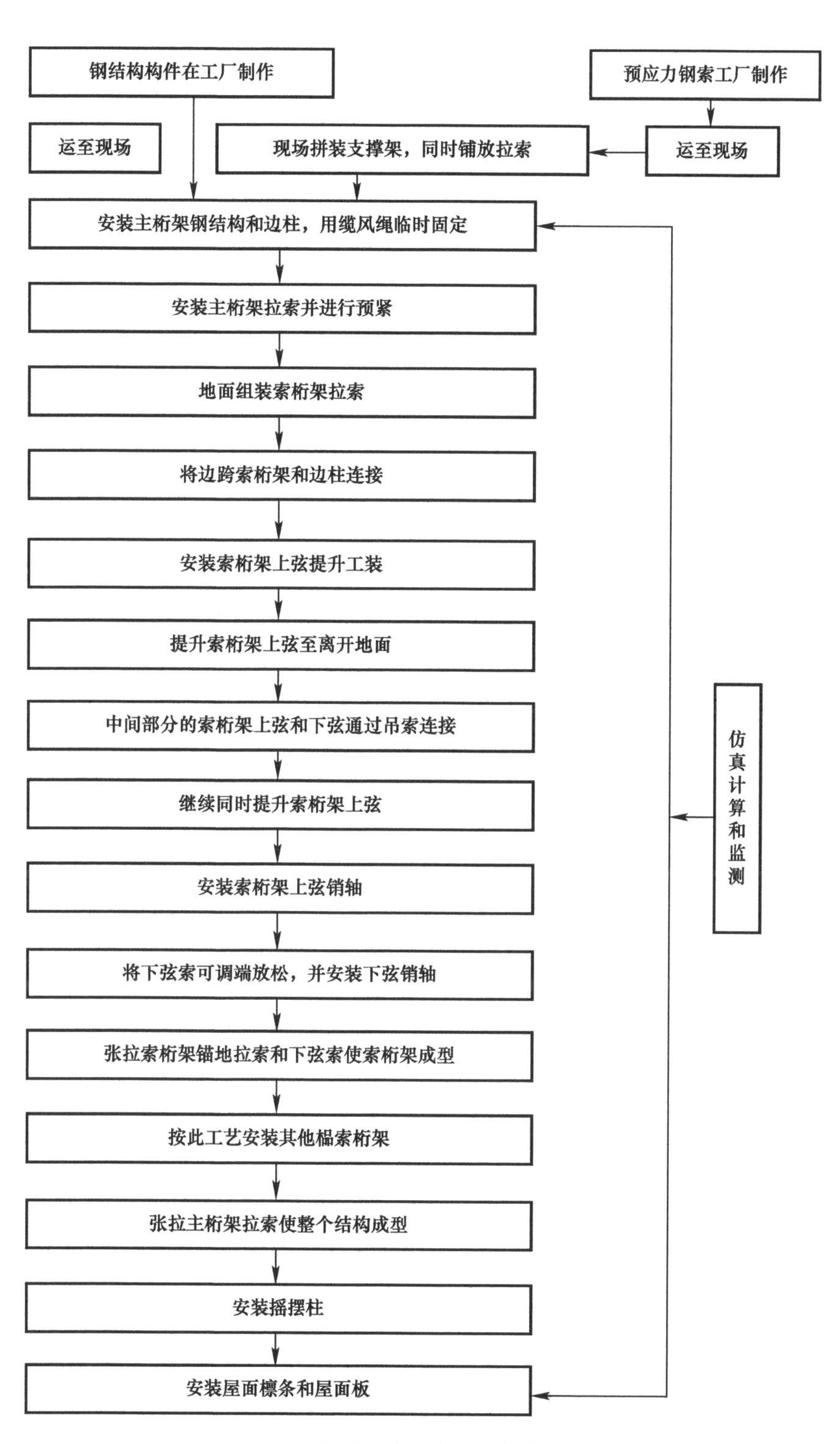
钢结构构件在工厂制作
预应力钢索工厂制作
运至现场
现场拼装支撑架，同时铺放拉索
运至现场
安装主桁架钢结构和边柱，用缆风绳临时固定
安装主桁架拉索并进行预紧
地面组装索桁架拉索
将边跨索桁架和边柱连接
安装索桁架上弦提升工装
提升索桁架上弦至离开地面
中间部分的索桁架上弦和下弦通过吊索连接
继续同时提升索桁架上弦
安装索桁架上弦销轴
将下弦索可调端放松，并安装下弦销轴
张拉索桁架锚地拉索和下弦索使索桁架成型
按此工艺安装其他榀索桁架
张拉主桁架拉索使整个结构成型
安装摇摆柱
安装屋面檩条和屋面板
仿真计算和监测

图 6-1　施工阶段流程图

6.3 实施方案

屋盖索系的施工是本工程的难点，也是突出本工程施工技术创新的一个亮点，因此需要对结构进行深化设计，需进行施工全过程仿真计算分析，合理组织施工流程，确保施工安全顺利进行。

6.3.1 节点深化设计

深化设计工作主要是结合结构自身特点以及施工工艺，设计合理的索头节点、索夹、张拉节点等。

根据结构受力特点及张拉施工工艺，节点设计形式如图 6-2 所示。

另外，柔性结构对拉索长度非常敏感，因此需要对拉索进行应力下的精确下料，该工作的前提是钢结构和拉索的深化设计工作完成，且设计院提供的拉索计算模型已经确定，同时也是拉索生产的前提条件。

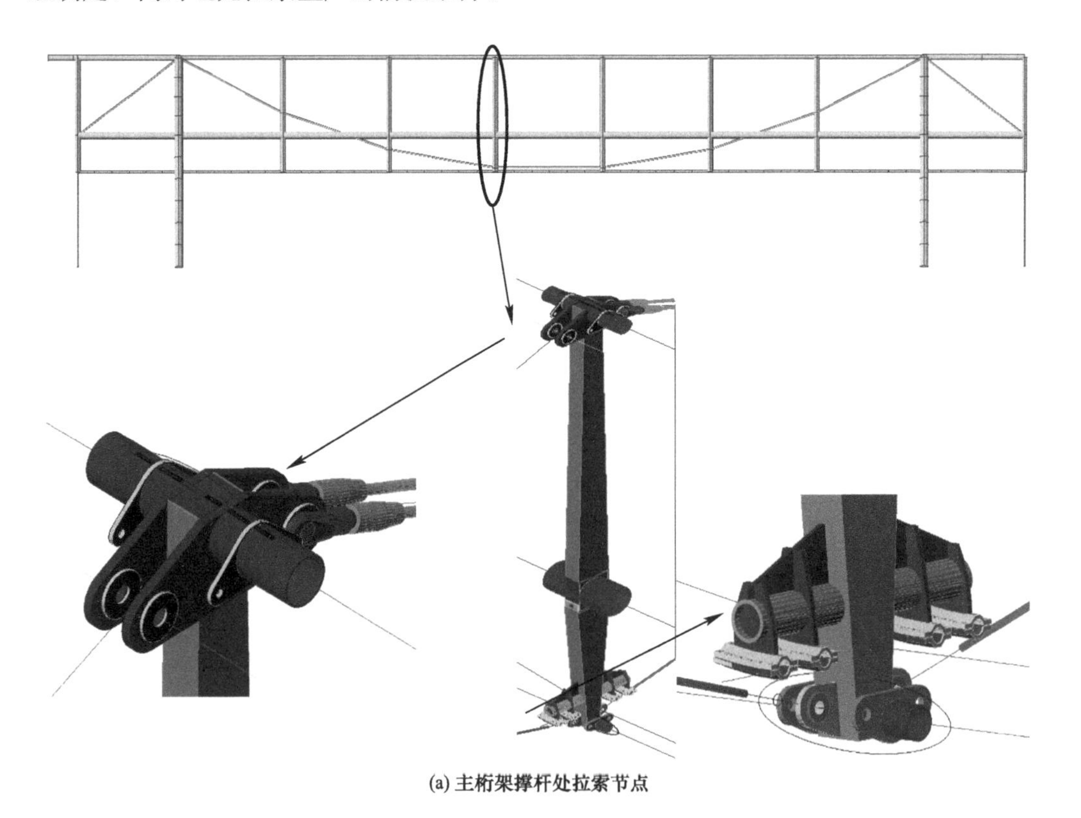

(a) 主桁架撑杆处拉索节点

图 6-2 各节点深化设计（一）

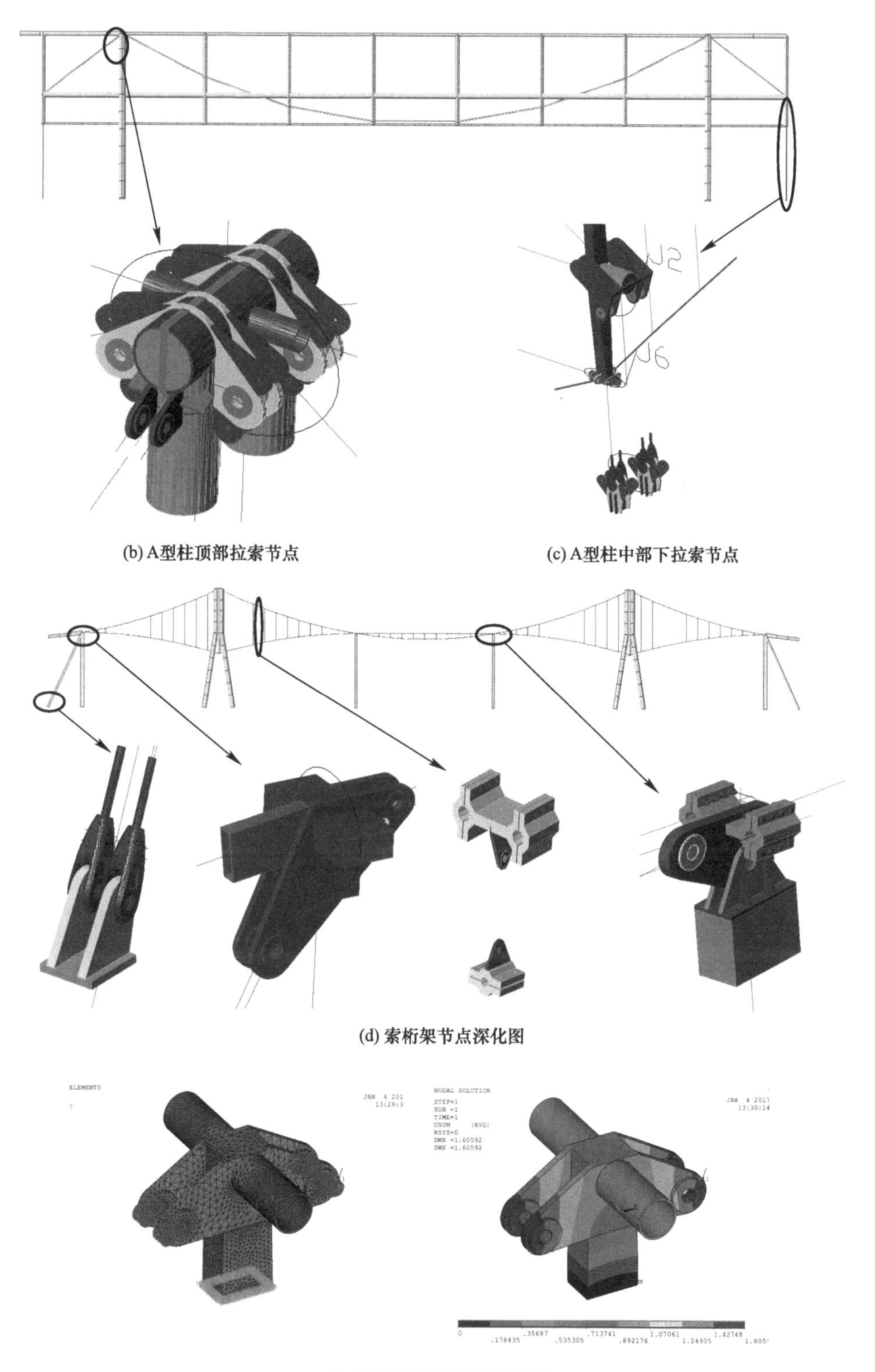

(b) A型柱顶部拉索节点

(c) A型柱中部下拉索节点

(d) 索桁架节点深化图

(e) 部分节点有限元分析结果

图 6-2　各节点深化设计（二）

6.3.2 拉索地面铺放

本项目最大拉索规格为D133，单根拉索最大长度达到110m，拉索的铺放和安装都具有一定难度，铺放和安装拉索过程中必须采取措施保证索体不受损害。

为便于现场施工，在索体制作时，每根索体都单独成盘，在加工厂内将索体缠绕成盘，到现场后吊装到事先加工好的放索盘上，放索盘示意图如图6-3所示。

图6-3 放索盘示意

索在地面开盘，根据拉索规格的大小，采用卷扬机、平板车或吊车牵引放索。放索前将索盘吊至该索所在榀一端端头，借助放索车，由一端向另一端牵引。在放索过程中因索盘自身的弹性和牵引产生的偏心力，索盘转动会使转盘时产生加速，导致散盘，易危及工人安全，因此对转盘设置刹车和限位装置。为防止索体在移动过程中与地面接触，损坏拉索防护层或损伤索股，索头用布袋包住，将索逐渐放开，在地面沿放索方向铺设一些圆钢管，以保证索体不与地面接触，同时减少了与地面的摩擦力，圆钢管的长度不小于1m，间距为2.5m左右。由于索的长度要大于跨度，索展开后应与轴线倾斜一定角度才能放下，因此牵引方向要与轴线倾斜一定角度，并且在牵引时使索基本保持直线状移动（图6-4）。

6.3.3 安装主桁架的拉索和钢结构

在主桁架钢结构拼装完毕以后安装主桁架拉索，并进行钢结构安装节点焊接。主桁架拉索分为5段，每段为4根拉索并排布置（图6-5）。

(a) 将拉索吊至放索盘上

(b) 索盘放索

(c) 平板车放索

(d) 吊车放索

图 6-4　各类工程照片

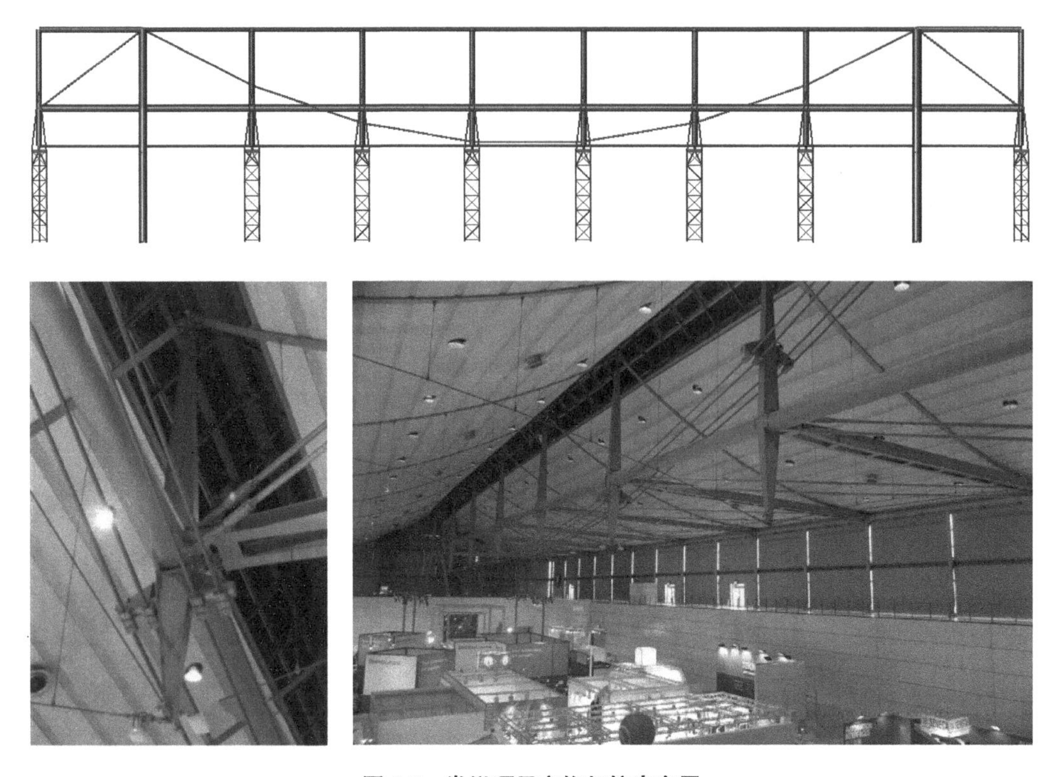

图 6-5　类似项目主桁架拉索布置

在拉索安装前，将拉索的调节端全部旋出 200mm，确保每根拉索在索力较小的前提下安装销轴。该过程需要借助放索盘展开拉索，借助吊车进行拉索安装。

为了方便主桁架跨中拉索的安装，待拉索安装完成后，再安装支撑胎架顶部的斜撑。主桁架拉索和钢结构安装顺序如图 6-6 所示。

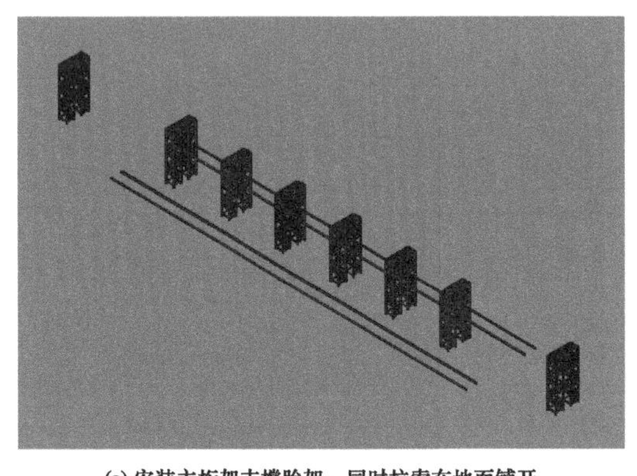

(a) 安装主桁架支撑胎架，同时拉索在地面铺开

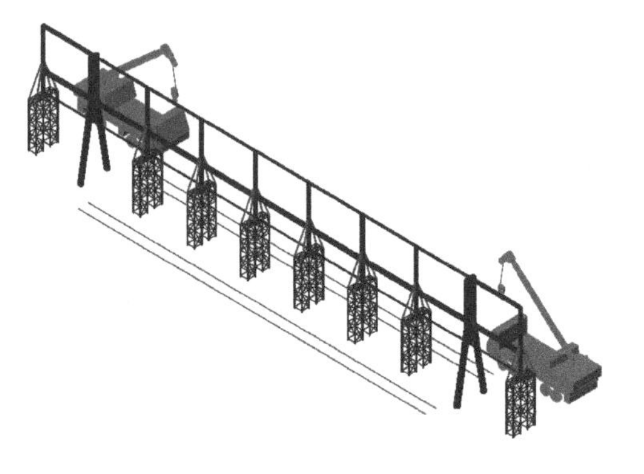

(b) 利用吊车、捯链等设备和工具安装索夹和索头

图 6-6　主桁架拉索和钢结构安装示意图（一）

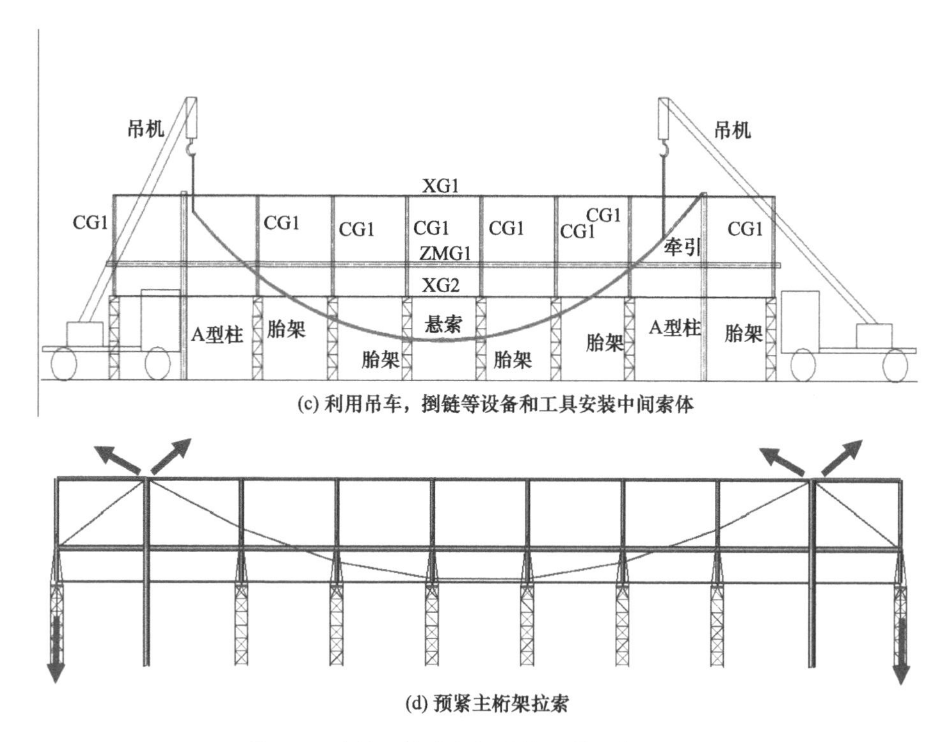

(c) 利用吊车，捯链等设备和工具安装中间索体

(d) 预紧主桁架拉索

图 6-6　主桁架拉索和钢结构安装示意图（二）

6.3.4　安装边柱及锚地拉索

主桁架钢结构安装的同时，可以安装索桁架端部的排架柱，排架柱柱底为铰接，为了减小边跨索桁架安装完成以后对主桁架的水平力，在锚地索安装时将锚地索的可调量调长，使边柱安装完成以后柱顶可以朝内偏移。由于此时边柱另一边的索桁架拉索还没安装，因此需要对边柱增加侧向缆风绳（图 6-7）。

(a) 类似项目锚地索

图 6-7　锚地索及仿真内力图（一）

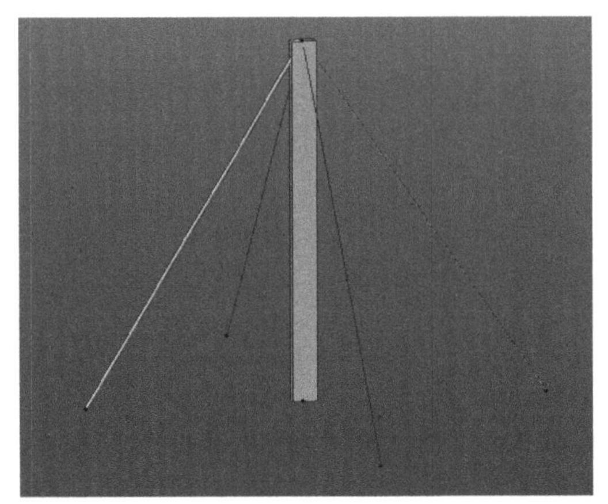

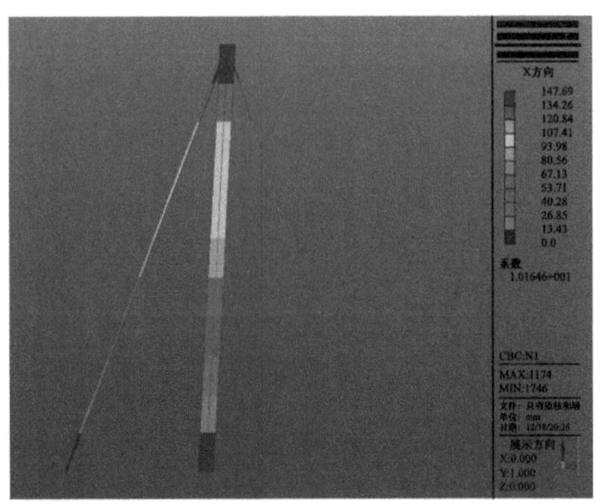

(b) 柱顶向内侧偏147mm

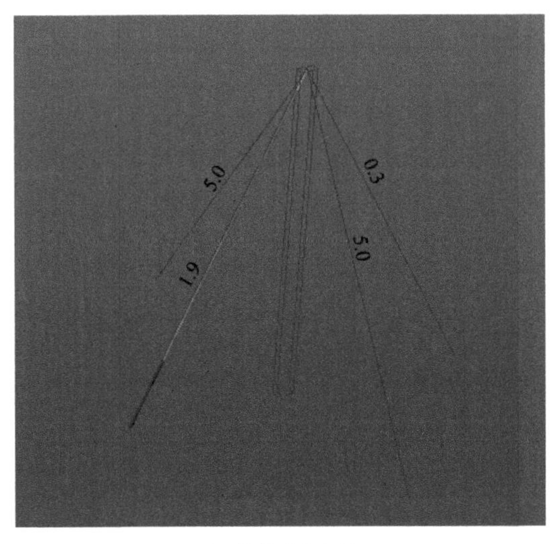

(c) 缆风绳内力(t)

图 6-7　锚地索及仿真内力图（二）

6.3.5　安装边跨拉索

先将边跨拉索在地面组装，然后安装和边柱相连的一端。该工序需要借助吊车，操作平台在边柱吊装前搭设（图 6-8）。

6.3.6　地面组装中间索桁架

第 1 步：在地面铺放下弦索和索夹；

第 2 步：在地面搭设拼装架，高度 1.2m，宽度 2m，拼装架设置在下索正上方（图 6-9）；

第 3 步：在地面和拼装架上铺放上弦索，并安装索夹；

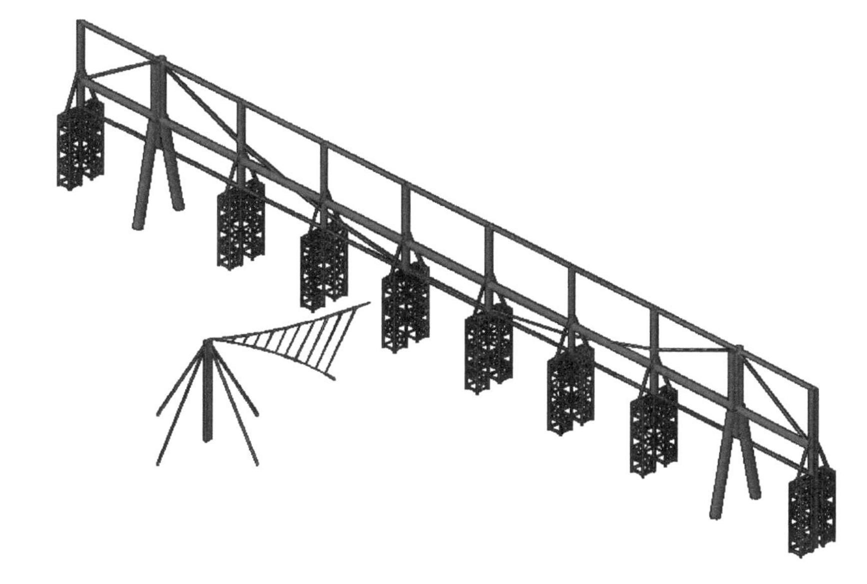

图 6-8　安装边跨拉索

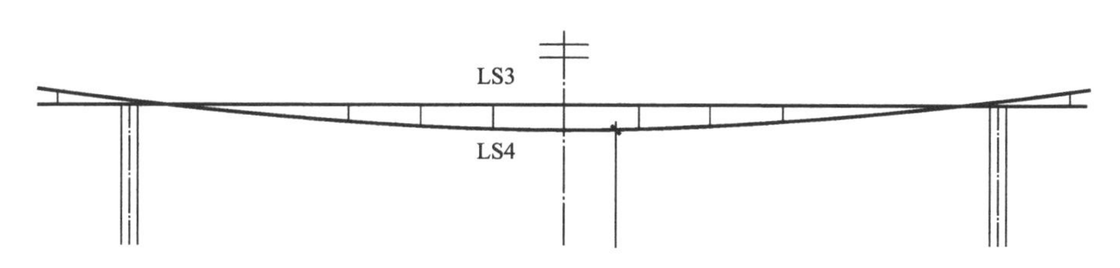

图 6-9　搭设拼装架示意图

第 4 步：将吊索上端和上弦索夹连接；

第 5 步：在将上弦提离地面的过程中利用吊索将上弦索夹和下弦索夹连接（图 6-10）。

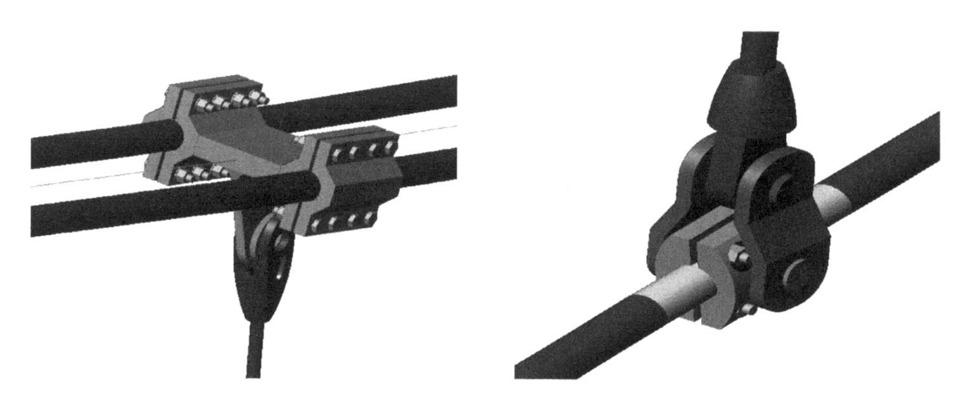

(a) 上、下索节点

图 6-10　节点示意图（一）

(b) 类似项目下弦节点

图 6-10　节点示意图（二）

6.3.7　梁及摇摆柱安装

1. 悬挑梁安装

(1) 悬挑梁布置

根据拉索安装需要，展厅部分悬挑钢梁布置如图 6-11 所示。

(2) 悬挑梁安装顺序（表 6-2）

安 装 顺 序　　　　**表 6-2**

编号（名称）	1（悬挑梁）	2（悬挑梁）	3（悬挑封边梁）
安装时间	附属用房安装完毕后进行安装和焊接	索桁架安装 2 榀后进行所有悬挑梁的安装和焊接	拉索张拉完毕后进行安装和焊接

2. 摇摆柱安装

(1) 安装顺序

1) 以标准展厅为例，展厅摇摆柱在索桁架安装就位后进行安装，安装时将摇摆柱顶部销轴和底部支座安装就位，安装完毕后在垂直于索桁架方向（东西方向）拉设缆风绳固定（图 6-12）。

2) 相邻 2 个摇摆柱安装完毕后，安装摇摆柱顶部水平连梁。水平连梁只作临时固定，不得焊接（图 6-13）。

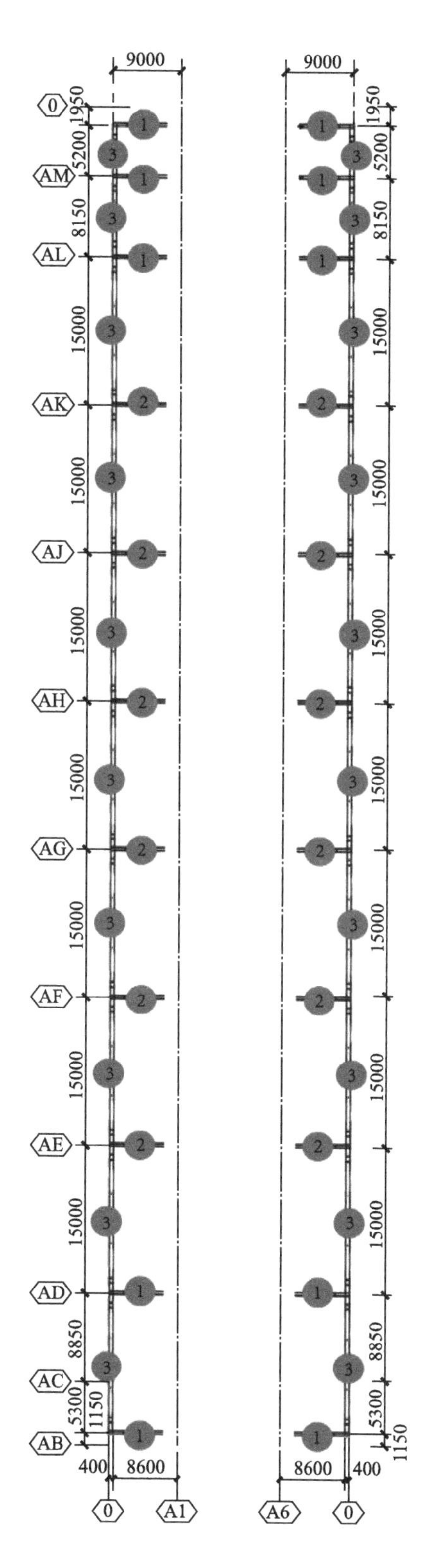

图 6-11　A 展厅悬挑钢梁布置图

图 6-12　安装摇摆柱

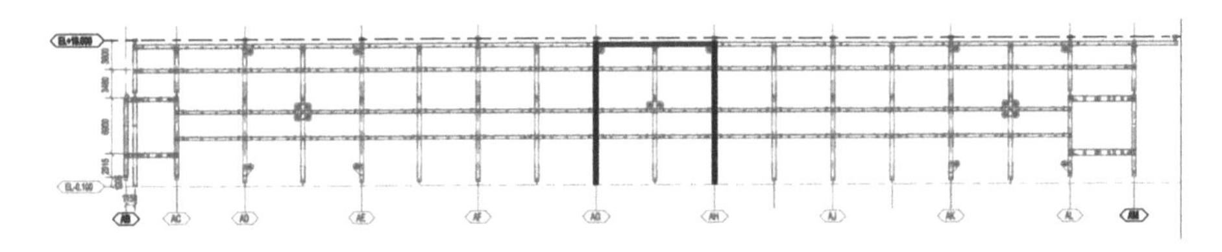

图 6-13　安装水平连梁

3）安装摇摆柱间幕墙柱，幕墙柱与顶部水平梁焊接，底部与铰支座连接（图 6-14）。

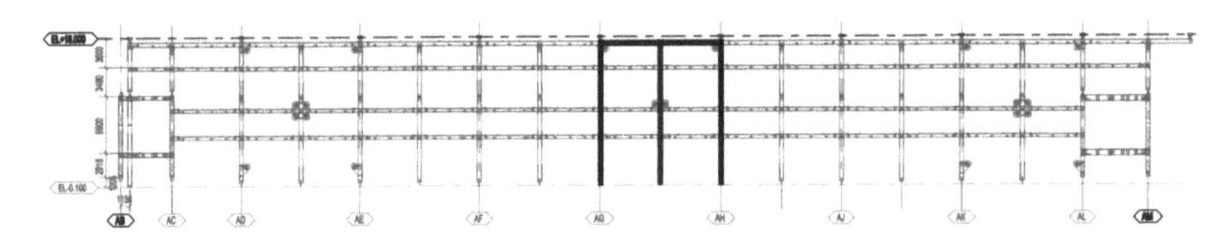

图 6-14　安装摇摆柱间幕墙柱

4）安装幕墙柱与摇摆柱间钢梁，钢梁与钢柱临时固定（图 6-15）。

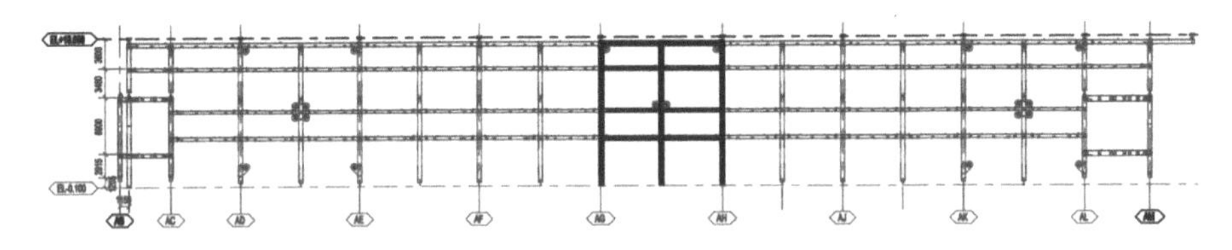

图 6-15　安装幕墙柱与摇摆柱间钢梁

5）依次完成南北附属用房间摇摆柱、幕墙柱及梁的安装和临时固定（图 6-16）。

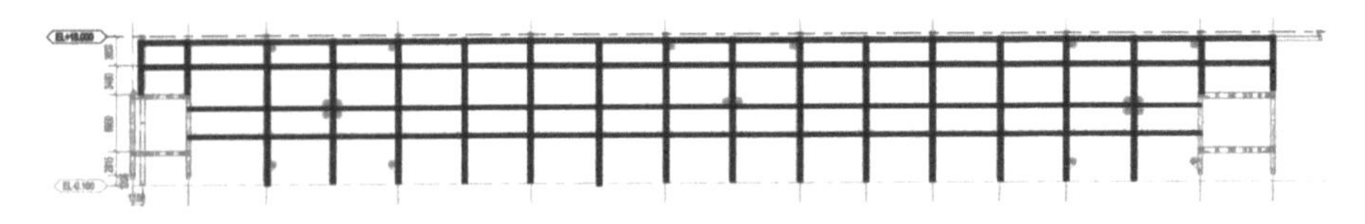

图 6-16　安装南北附属用房间摇摆柱、幕墙柱及梁

6）安装过程中有遇到立面支撑的，随结构进度进行安装（图 6-17）。

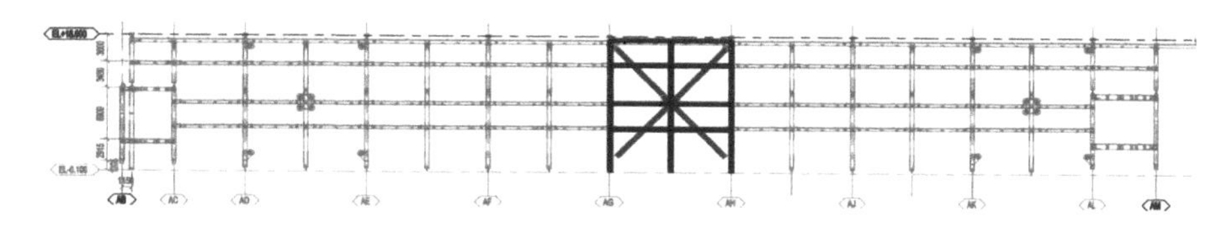

图 6-17 安装立面支撑

7）跟随拉索张拉进度，相邻 2 榀拉索张拉完毕后，对摇摆柱垂直度和钢梁整体垂直度和平面外弯曲进行检查，检查无误后对此区域节点进行焊接。

8）按照此流程完成所有钢柱钢梁焊接工作。

（2）注意事项

1）为避免拉索张拉过程中构件变形，索桁架安装就位后，对边柱摇摆柱底部临时固定措施进行切除；

2）为防止张拉过程中未焊接的构件发生坠落，H 形构件采取连接板加螺栓的形式进行固定，箱形构件采用临时连接节点连接，不得直接用马板临时固定；

3）施工过程中若采取所有摇摆柱间钢梁一次焊接的方式，为减少焊缝收缩对结构的影响，焊接时应采用焊缝节点跳焊的方式进行；

4）利用汽车式起重机进行卸车前应对吊装绳索进行检查，合格后方可使用，禁止出现钢丝绳断丝现象。卸车时应保证构件绑扎牢固，对带棱角的构件要使用护角；

5）焊接时必须采取可靠防护措施避免焊接对拉索索体造成破坏；

6）其他未尽事宜参考吊装方案和焊接方案相关交底内容；

7）边柱混凝土在拉索张拉完毕后进行浇筑，浇筑完毕经验收合格后对柱顶部浇筑孔钢盖板进行焊接。

6.4 施工仿真分析

为了验证施工过程的合理性和可行性，并为整个拉索提升过程提供理论依据，须对施工过程进行详细的仿真模拟计算，对于柔性结构体系，其计算的难度和复杂性均较一般工程大得多。对于本工程，采用大型通用有限元分析软件 ANSYS 对施工过程模拟计算，以保证施工质量和施工过程的安全。

6.4.1 情况说明

鉴于总体施工方案为：先张拉拉索，使主桁架和次桁架（含摇摆柱）成型；然后安装檩条、屋面交叉撑和屋面板。经反复分析，檩条（多跨连续梁）和屋面交叉撑安装对次桁架线形和索力影响大。

为确保檩条和屋面交叉撑安装时仅作为荷载，而不参与结构刚度，施工时应采取措施保证檩条安装时呈简支梁受力状态，即檩条两端铰接，且一端可滑动，屋面交叉撑也如此；待屋面安装完成且结构位形稳定后，固定檩条和屋面交叉撑，达到设计连接状态。如此可做到在安装过程中各榀次桁架相对独立，相互影响小，只要主结构和次结构的构件原长一定，则施工方法和步骤的变化对最终完成态无影响。

6.4.2 具体步骤（表 6-3）

施工步骤 **表 6-3**

STEP-1	胎架上组装主桁架钢构
STEP-2	主桁架拉索预紧
STEP-3	索桁架承重索提升张拉到位、外斜索预紧、稳定索松弛
STEP-4	张拉次桁架外斜索
STEP-5	张拉次桁架稳定索
STEP-6	安装摇摆柱（按设计原长），固定支座
STEP-7	张拉主桁架外斜索
STEP-8	张拉主桁架锚地索
STEP-9	张拉主桁架悬索，胎架脱离
STEP-10	安装主檩条及屋面交叉撑（一端铰接，另一端滑动）
STEP-11	安装结构屋面板
STEP-12	固定主檩条和屋面交叉撑的两端连接，紧固主桁架悬索的索夹

6.4.3 分析软件和参数

（1）分析软件：有限元分析软件 ANSYS V12.0。

（2）分析模型：初始线模型建立有限元模型。

（3）分析荷载：结构自重＋主檩条（H500×300×12×20)＋屋面钢拉杆＋屋面板，其中钢拉杆和屋面板总重 0.7kN/m^2，按照节点实际重量施加节点荷载，另考虑节点自重附加系数 1.02（注：主檩条新增重量以及屋面钢拉杆和屋面板的总重为 1kN/m^2）。

（4）支座约束：A 型柱底支座全约束，其余均为铰约束。

（5）弹性模量：钢构件弹模为 2.06×10^5 MPa；拉索弹模为 1.6×10^5 MPa。

6.4.4 施工过程分析

为便于施工工况的说明，将展厅平面展开如图 6-18 所示。

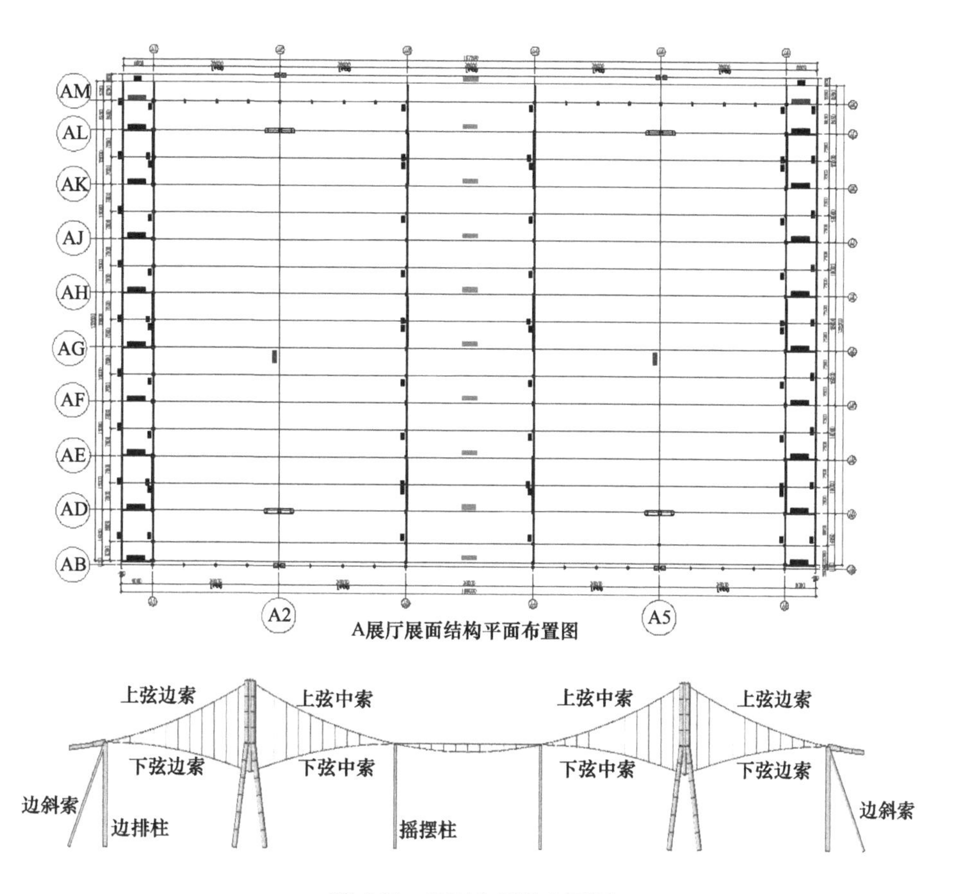

图 6-18 平面布置及立面图

1. 工况设置

进行施工模拟分析时，将施工过程分解为 27 个工况，如表 6-4 所示。

施工工况说明 表 6-4

施工工况	工作内容
gk1	安装胎架、主桁架钢结构拼装，边柱及其连系钢构件
gk2	安装主桁架拉索并预紧
gk3	AG、AH 轴线索桁架整体提升，索桁架上索安装就位
gk4	AG、AH 轴线索桁架摇摆柱安装就位
gk5	AG、AH 轴线索桁架外斜索安装就位
gk6	AG、AH 轴线索桁架下索安装就位
gk7	AF、AJ 轴线索桁架整体提升，索桁架上索安装就位
gk8	AF、AJ 轴线索桁架摇摆柱安装就位
gk9	AF、AJ 轴线索桁架外斜索安装就位
gk10	AF、AJ 轴线索桁架下索安装就位
gk11	AE、AK 轴线索桁架整体提升，索桁架上索安装就位
gk12	AE、AK 轴线索桁架摇摆柱安装就位

续表

施工工况	工作内容
gk13	AE、AK 轴线索桁架外斜索安装就位
gk14	AE、AK 轴线索桁架下索安装就位
gk15	AD、AL 轴线索桁架整体提升，索桁架上索安装就位
gk16	AD、AL 轴线索桁架摇摆柱安装就位
gk17	AD、AL 轴线索桁架外斜索安装就位
gk18	AD、AL 轴线索桁架下索安装就位
gk19	AB、AM 轴线索桁架整体提升，索桁架上索安装就位
gk20	AM 轴线索桁架摇摆柱安装就位
gk21	AB、AM 轴线索桁架外斜索安装就位
gk22	AB、AM 轴线索桁架下索安装就位
gk23	主桁架外斜索安装就位
gk24	主桁架锚地索安装就位
gk25	主桁架主悬索安装就位
gk26	安装檩条及水平撑
gk27	安装屋面板

2. 分析结果

经有限元分析软件计算完毕后，可得到施工模拟分析工况下的结果。

(1) 位移结果（mm）

位移结果见图 6-19～图 6-25。

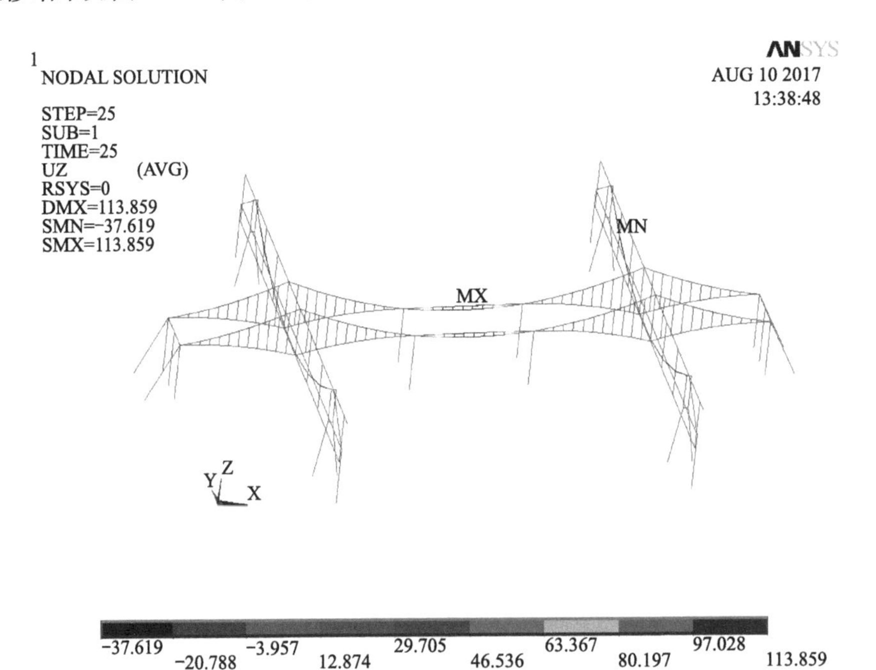

图 6-19　AG、AH 轴线索桁架下索安装张拉完成（竖向位移）

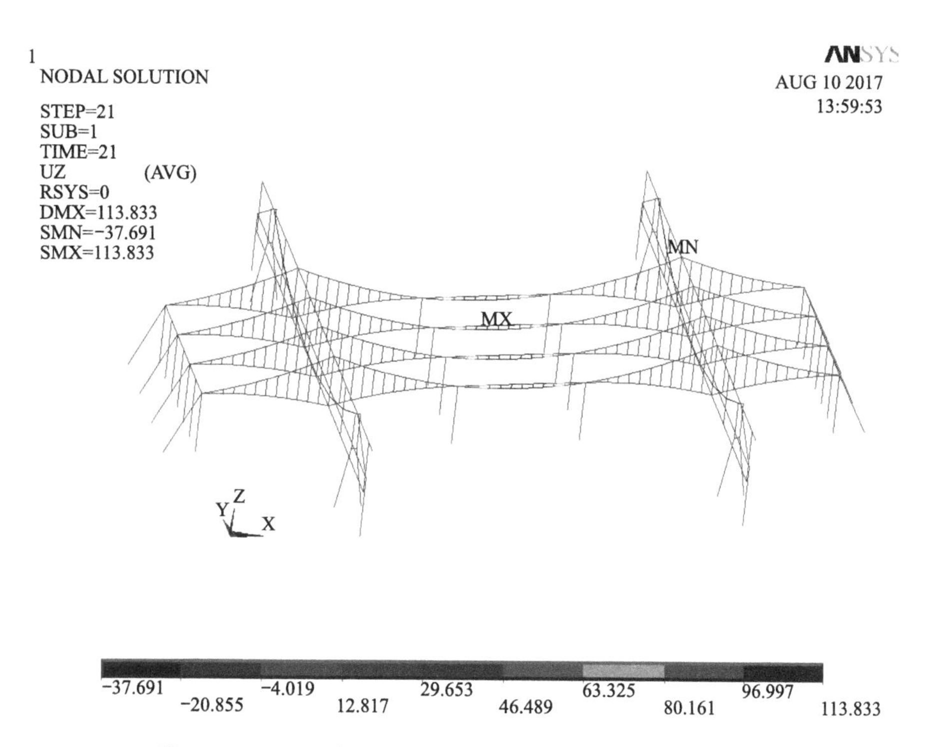

图 6-20　AF、AJ 轴线索桁架下索安装张拉完成（竖向位移）

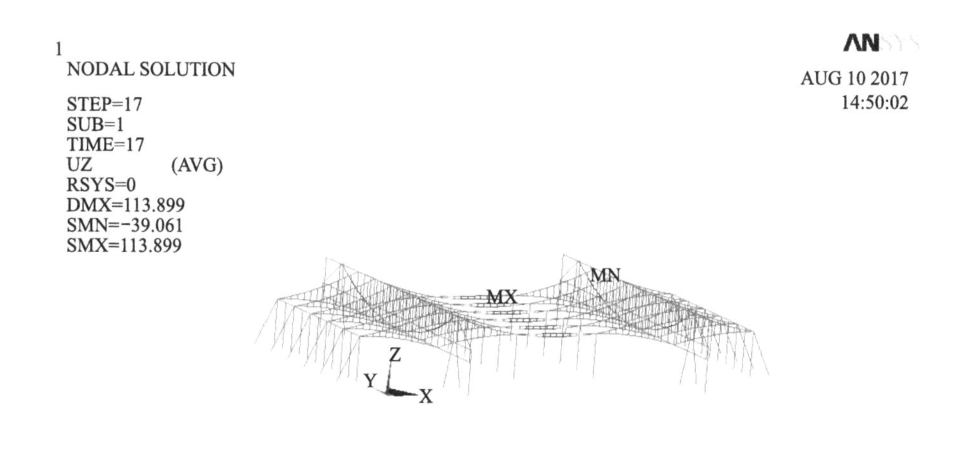

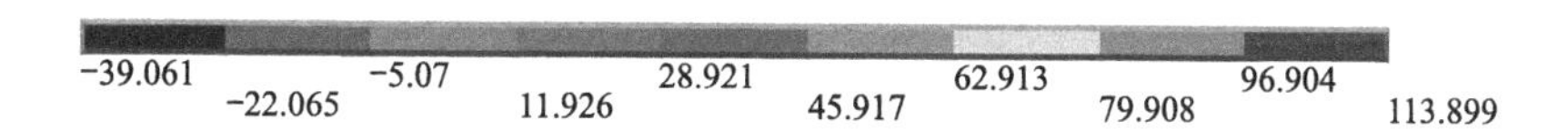

图 6-21　AE、AK 轴线索桁架下索安装张拉完成（竖向位移）

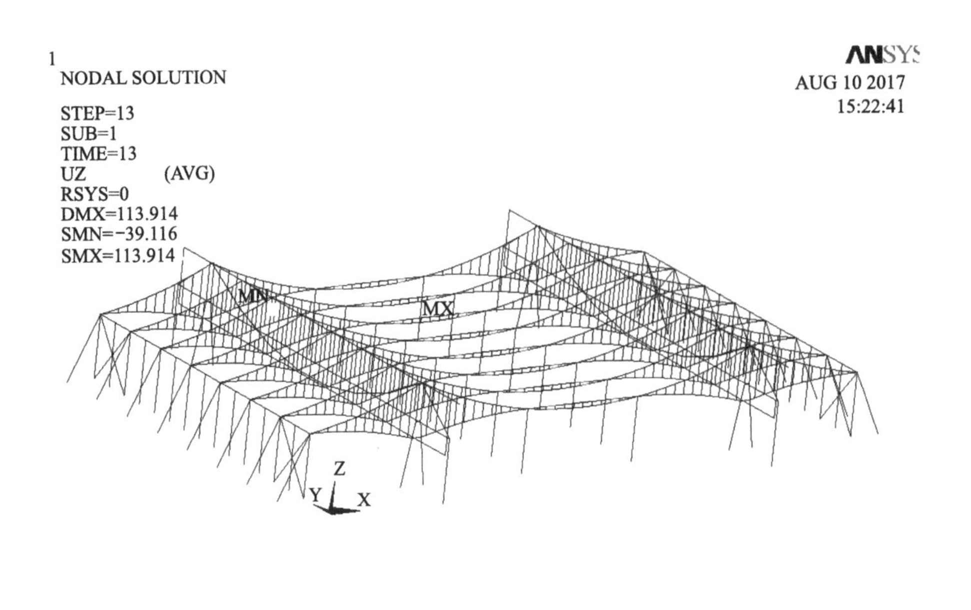

图 6-22 AD、AL 轴线索桁架下索安装就位（竖向位移）

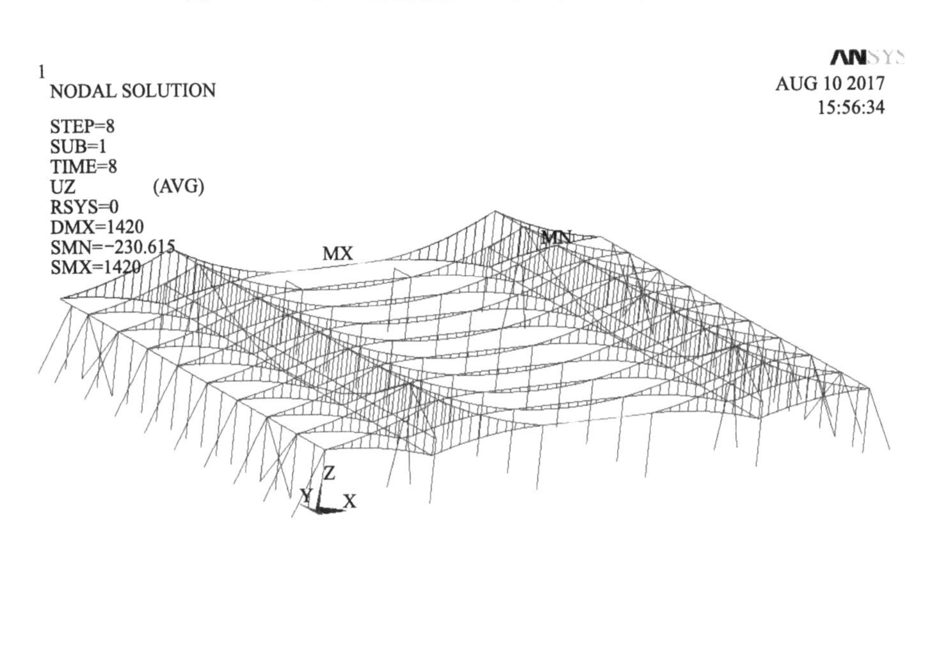

图 6-23 AB、AM 轴线索桁架下索安装就位（竖向位移）

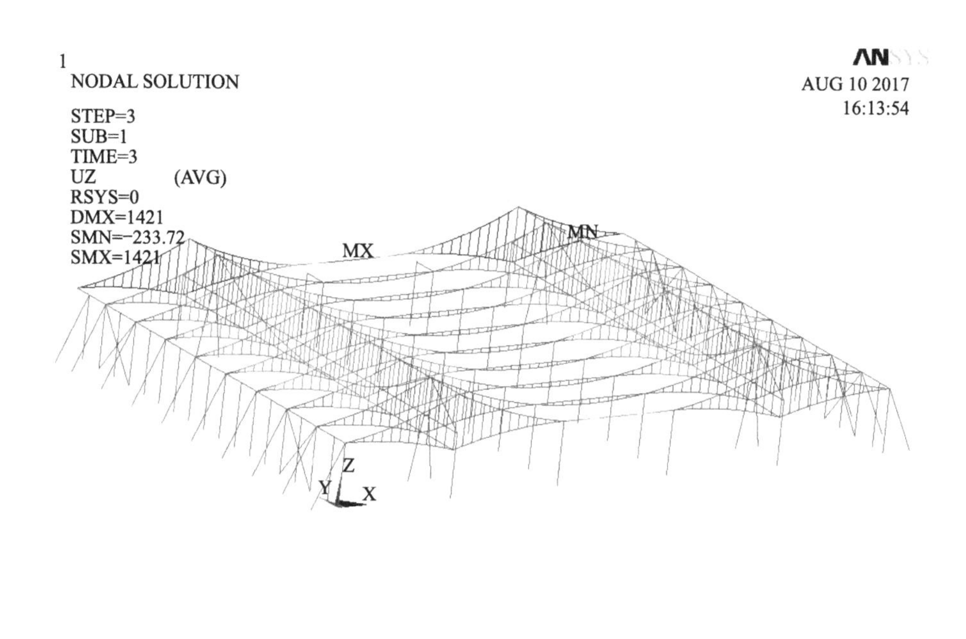

图 6-24 主桁架主悬索张拉完成（竖向位移）

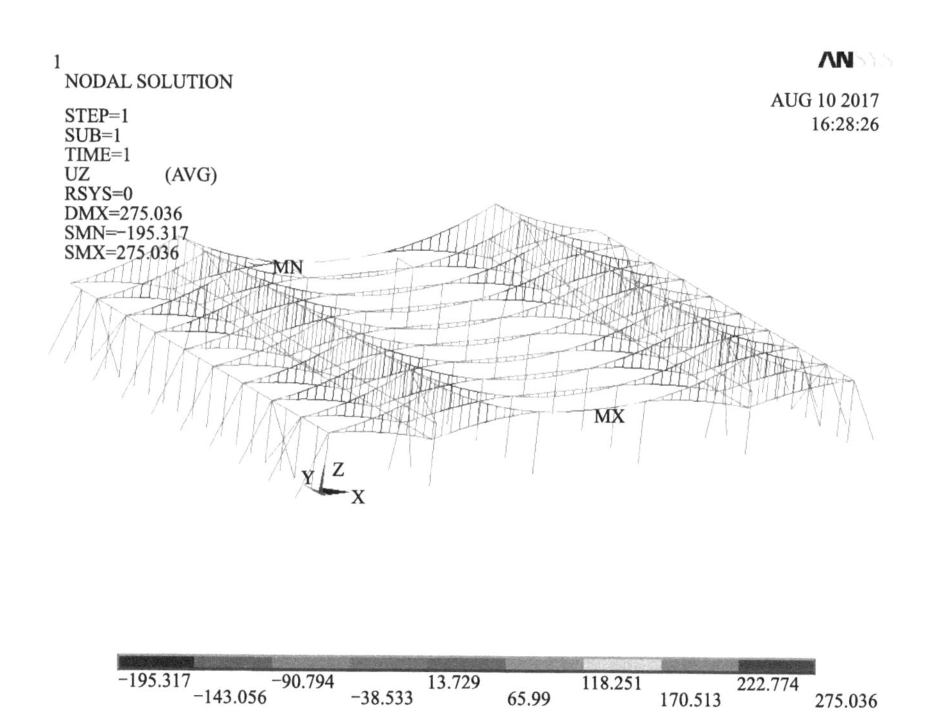

图 6-25 屋面板安装完成（竖向位移）

（2）索力结果（N）（更详细的索力结果，详见本章后面的表格）

索力结果见图 6-26～图 6-32。

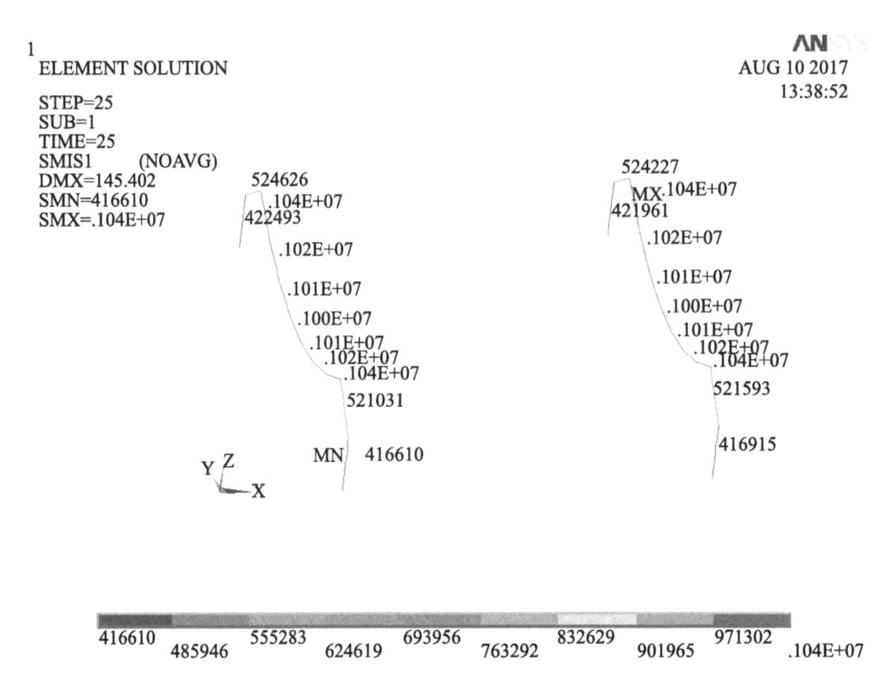

图 6-26　AG、AH 轴线索桁架下索安装张拉完成（主索索力）

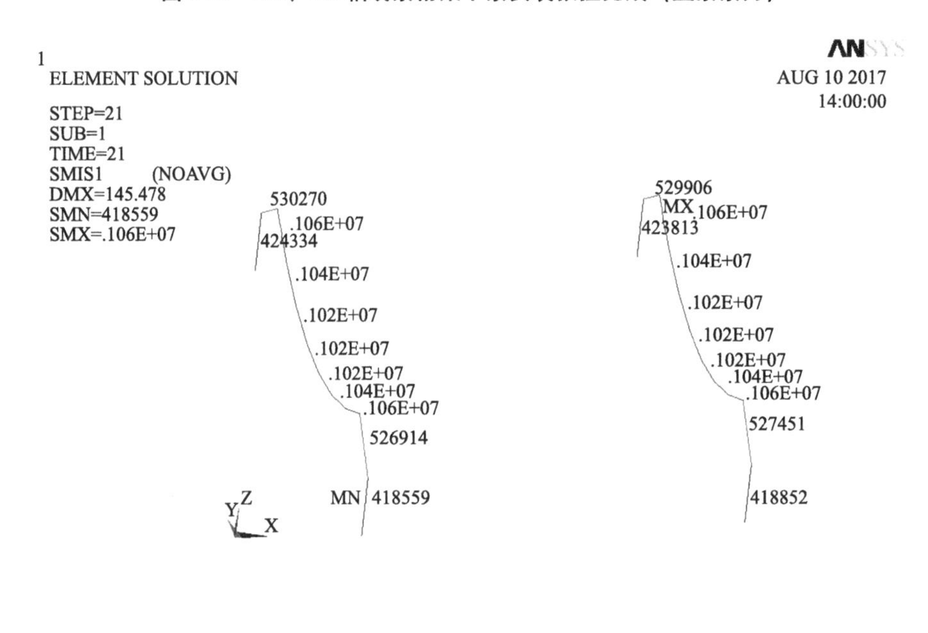

图 6-27　AF、AJ 轴线索桁架下索安装张拉完成（主索索力）

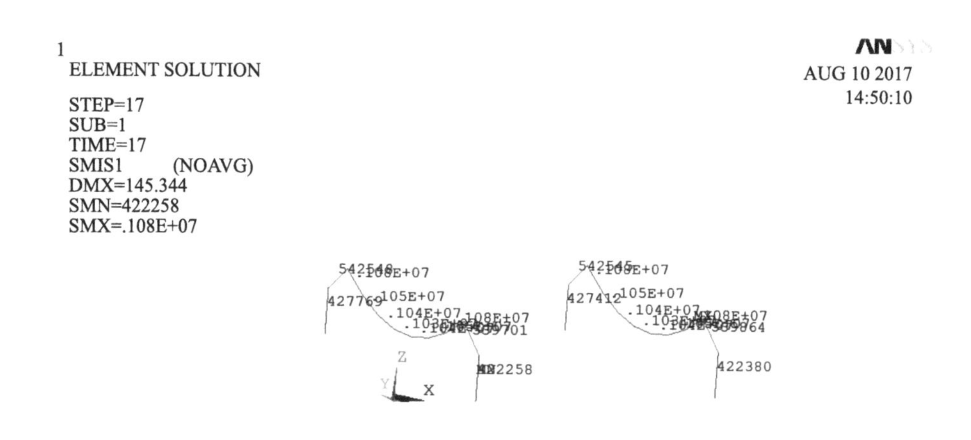

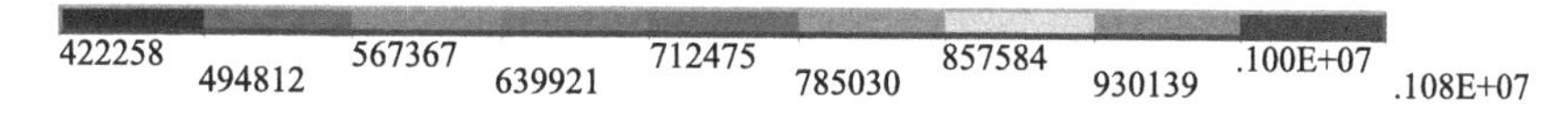

图 6-28　AE、AK 轴线索桁架下索安装张拉完成（主索索力）

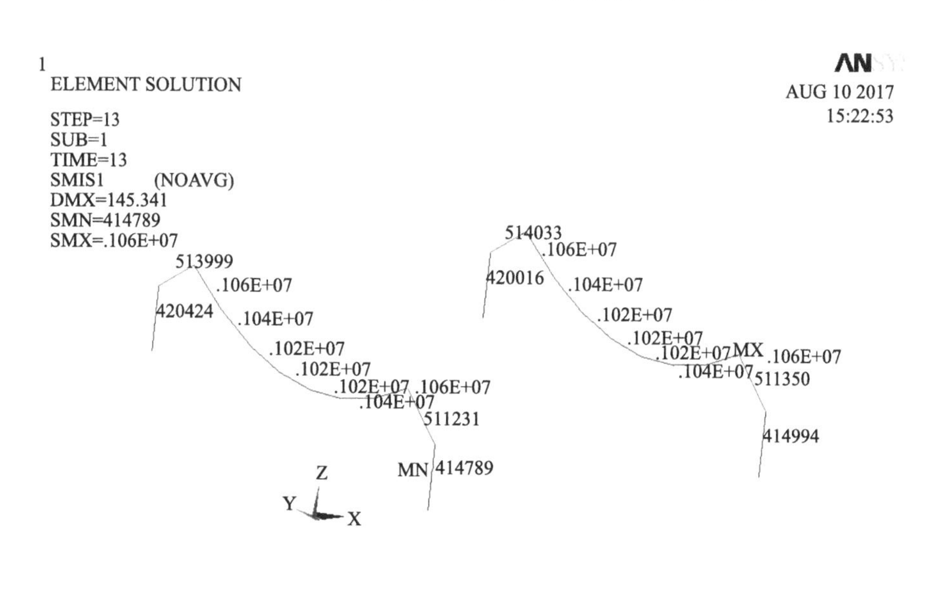

图 6-29　AD、AL 轴线索桁架下索安装就位（主索索力）

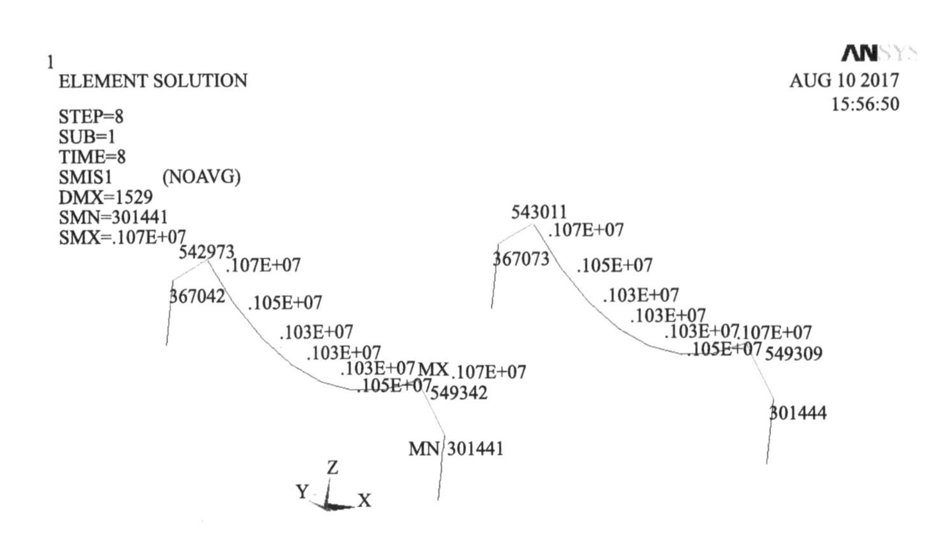

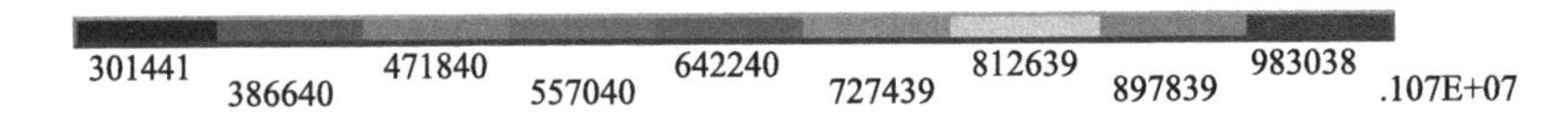

图 6-30　AB、AM 轴线索桁架下索安装就位（主索索力）

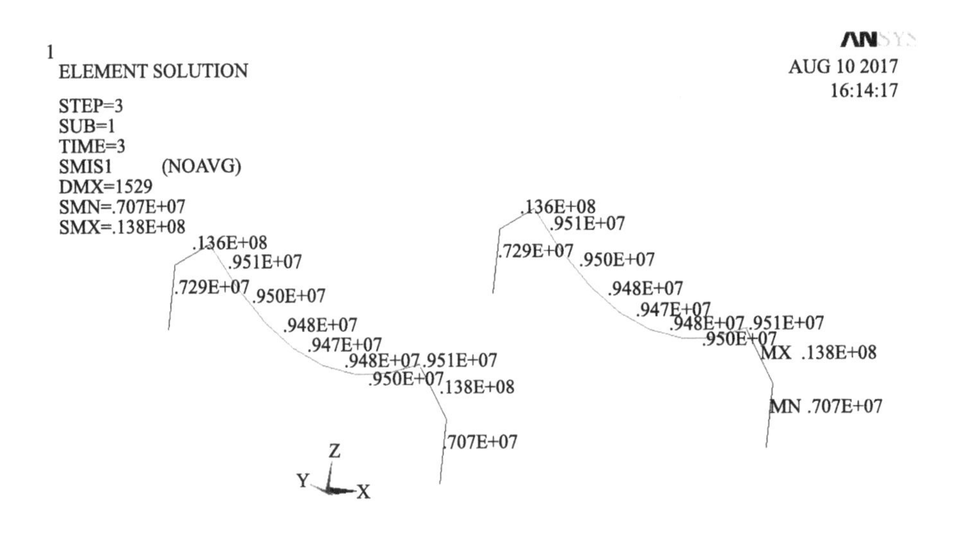

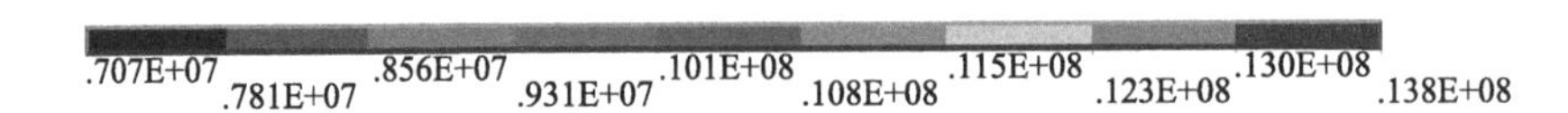

图 6-31　主桁架主悬索张拉完成（主索索力）

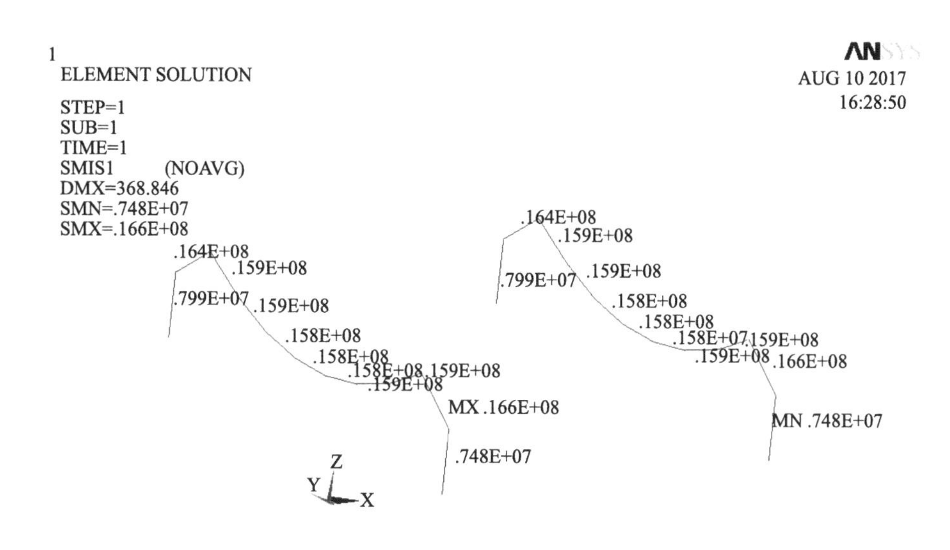

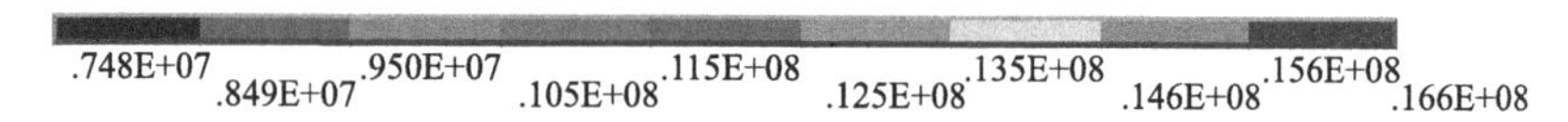

图 6-32　屋面板安装完成（主索索力）

(3) 钢结构应力结果（MPa）

钢结构应力结果见图 6-33～图 6-39。

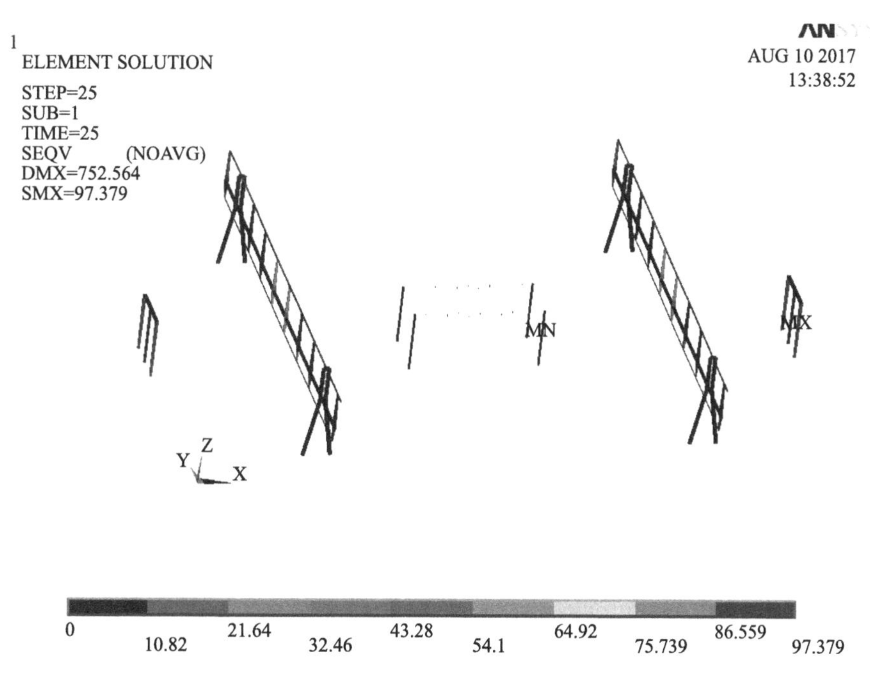

图 6-33　AG、AH 轴线索桁架下索安装张拉完成（钢结构应力）

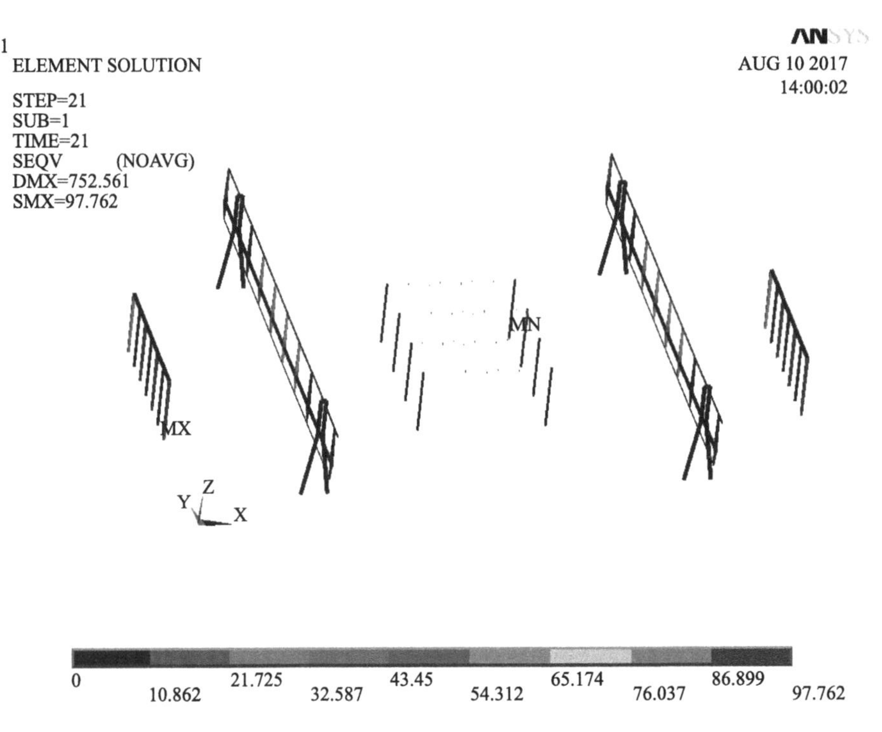

图 6-34　AF、AJ 轴线索桁架下索安装张拉完成（钢结构应力）

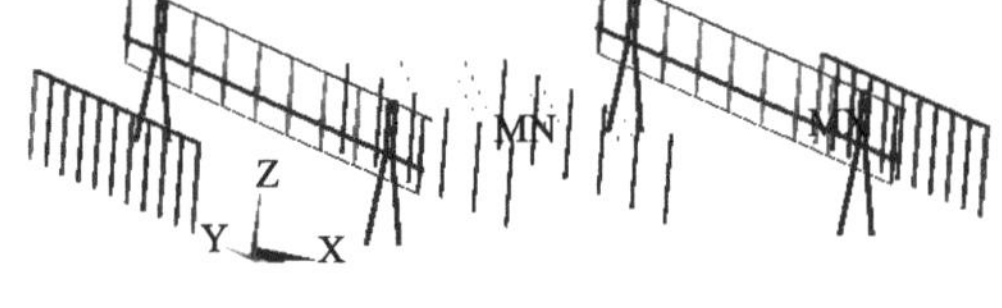

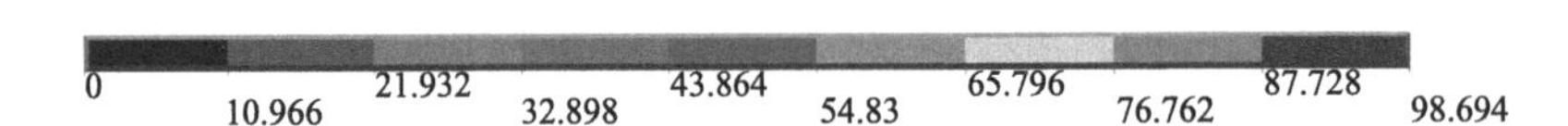

图 6-35　AE、AK 轴线索桁架下索安装张拉完成（钢结构应力）

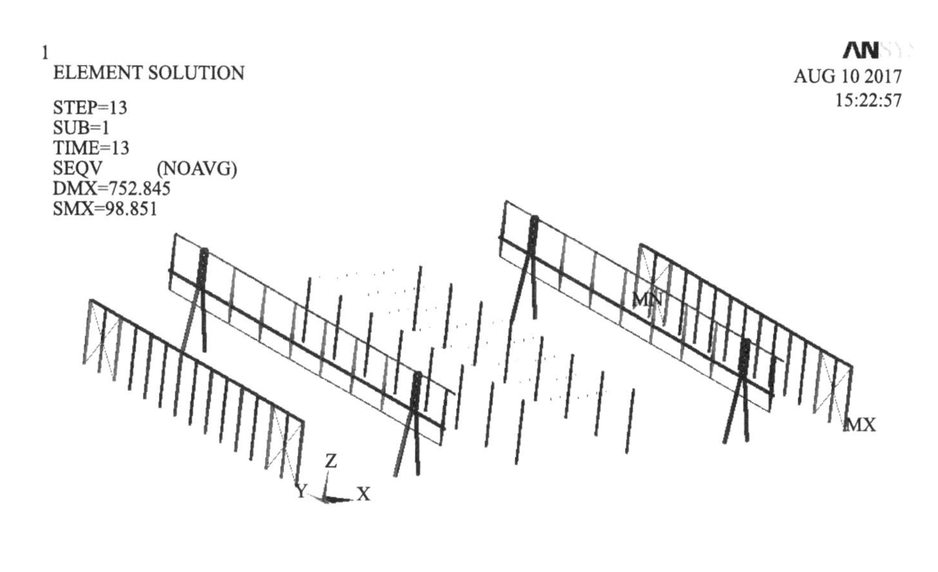

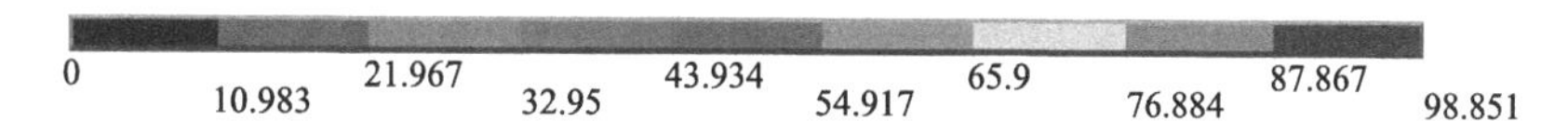

图 6-36　AD、AL 轴线索桁架下索安装就位（钢结构应力）

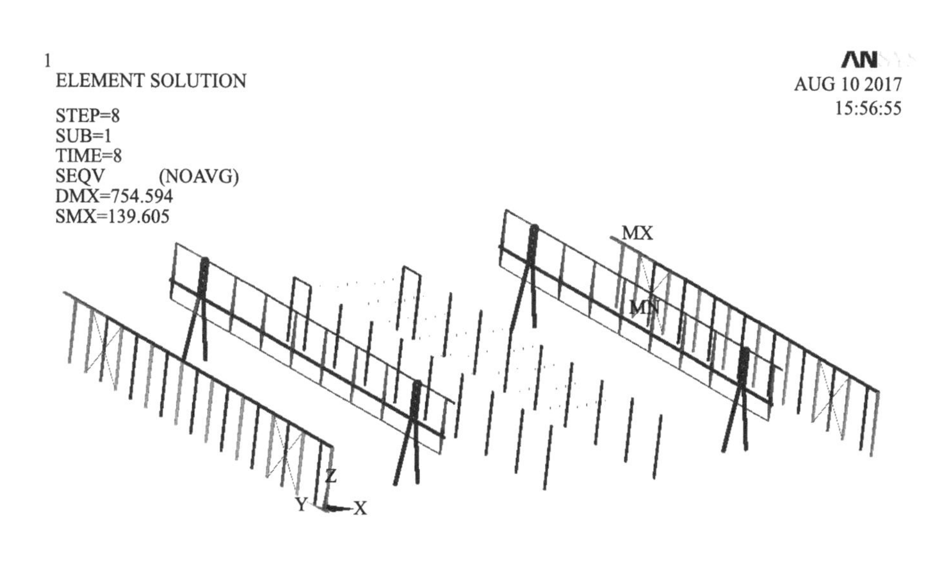

图 6-37　AB、AM 轴线索桁架下索安装就位（钢结构应力）

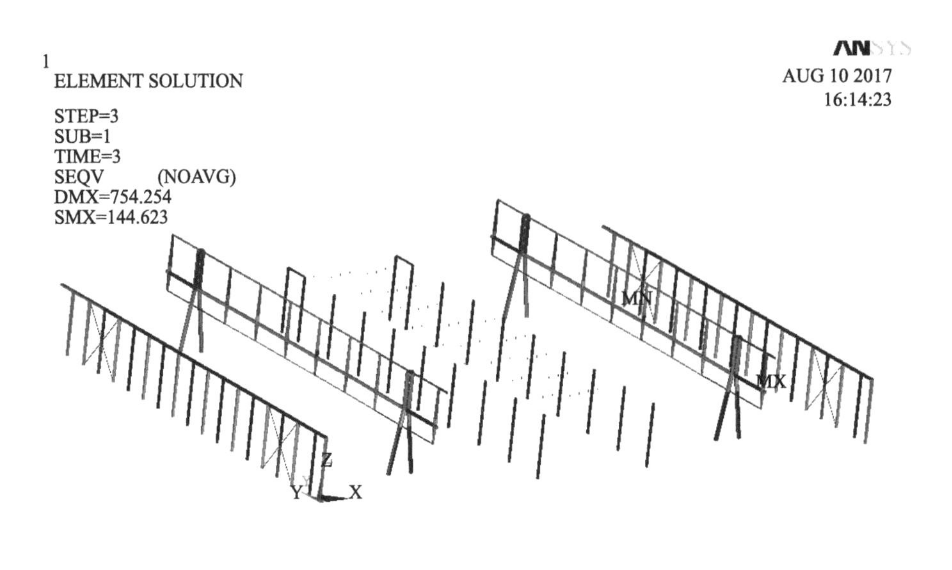

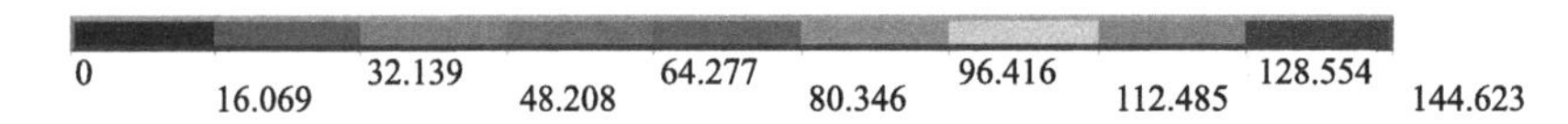

图 6-38　主桁架主悬索张拉完成（钢结构应力）

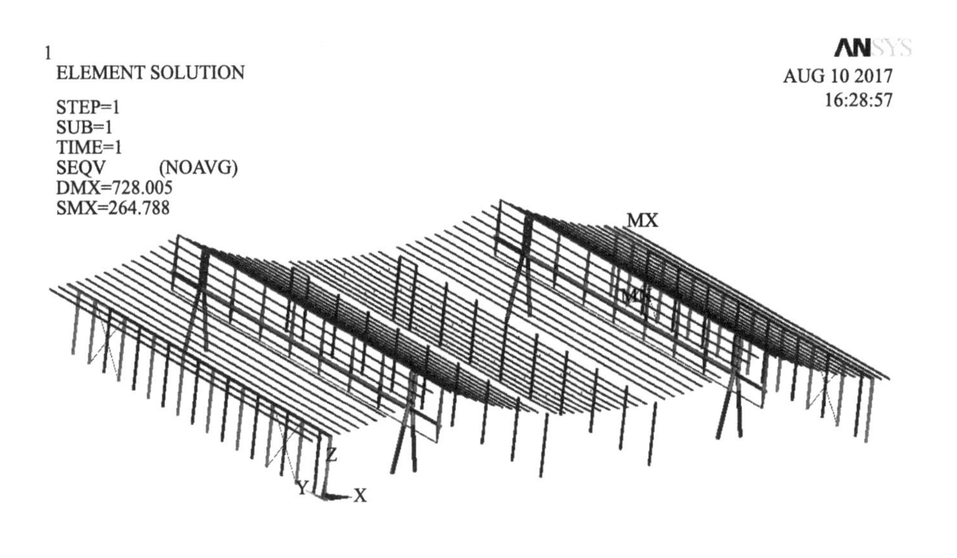

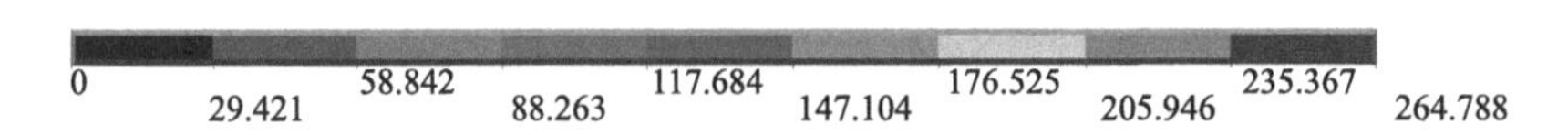

图 6-39　屋面板安装完成（钢结构应力）

各施工工况下，各榀主桁架及次桁架的拉索索力值如表 6-5～表 6-14 所示。

展厅主桁架拉索（四索）索力　　表 6-5

施工工况	主桁架中间悬索（kN）		主桁架边斜索（kN）		主桁架锚地索（kN）	
	最大值	最小值	最大值	最小值	最大值	最小值
gk1	0	0	0	0	0	0
gk2	985	985	518	514	420	415
gk3	991	991	521	517	421	415
gk4	991	991	521	517	421	415
gk5	994	994	523	519	422	416
gk6	1000	1000	525	521	422	417
gk7	1007	1007	527	523	423	417
gk8	1007	1007	527	523	423	417
gk9	1009	1009	529	526	424	418
gk10	1018	1018	530	527	424	419
gk11	1023	1023	534	531	425	420
gk12	1024	1024	535	531	426	420
gk13	1025	1025	538	535	426	421
gk14	1035	1035	543	540	428	422
gk15	1031	1031	536	534	426	421
gk16	1031	1031	536	533	426	421
gk17	1029	1029	531	527	425	419
gk18	1019	1019	514	511	420	415
gk19	1024	1024	532	530	379	366
gk20	1024	1024	532	531	379	365
gk21	1024	1024	535	535	372	353
gk22	1028	1028	549	543	367	301
gk23	3133	3133	9584	9396	4811	4565
gk24	3777	3777	12156	11986	6334	6118
gk25	9467	9467	13785	13643	7293	7066
gk26	11896	11896	14866	14722	7490	7199
gk27	15827	15827	16574	16404	7993	7480

表 6-6

展厅次桁架上弦边索（双索）索力（kN）

施工工况	AB轴		AD轴		AE轴		AF轴		AG轴		AH轴		AJ轴		AK轴		AL轴		AM轴	
	最大值	最小值	最大值	最小值	最大值	最小值	最大值	最小值	最大值	最小值	最大值	最小值	最大值	最小值	最大值	最小值	最大值	最小值	最大值	最小值
gk1	0	0	0	0	0	0	0	0	0	0	0	0	0	0	0	0	0	0	0	0
gk2	0	0	0	0	0	0	0	0	0	0	0	0	0	0	0	0	0	0	0	0
gk3	0	0	0	0	0	0	0	0	286	267	286	267	0	0	0	0	0	0	0	0
gk4	0	0	0	0	0	0	0	0	311	290	311	290	0	0	0	0	0	0	0	0
gk5	0	0	0	0	0	0	0	0	536	516	541	521	0	0	0	0	0	0	0	0
gk6	0	0	0	0	0	0	0	0	1806	1682	1810	1686	0	0	0	0	0	0	0	0
gk7	0	0	0	0	0	0	305	286	1807	1683	1810	1686	305	286	0	0	0	0	0	0
gk8	0	0	0	0	0	0	307	288	1808	1684	1811	1687	307	288	0	0	0	0	0	0
gk9	0	0	0	0	0	0	564	543	1813	1689	1816	1692	562	541	0	0	0	0	0	0
gk10	0	0	0	0	0	0	1807	1683	1806	1683	1810	1686	1805	1681	0	0	0	0	0	0
gk11	0	0	0	0	299	280	1796	1672	1812	1688	1815	1691	1795	1671	299	280	0	0	0	0
gk12	0	0	0	0	316	297	1804	1680	1810	1686	1813	1689	1803	1679	317	297	0	0	0	0
gk13	0	0	0	0	591	570	1822	1696	1794	1671	1797	1674	1820	1695	594	574	0	0	0	0
gk14	0	0	0	0	1818	1693	1799	1676	1809	1685	1812	1688	1798	1674	1821	1696	0	0	0	0
gk15	0	0	311	292	1813	1688	1804	1680	1808	1685	1811	1687	1804	1680	1813	1688	308	289	0	0
gk16	0	0	314	294	1814	1689	1804	1680	1808	1685	1811	1687	1804	1680	1814	1690	320	295	0	0
gk17	0	0	831	808	1851	1724	1779	1657	1812	1688	1815	1691	1779	1657	1852	1725	737	718	0	0
gk18	0	0	1927	1795	1816	1691	1802	1679	1808	1685	1811	1687	1802	1678	1816	1692	1862	1735	0	0
gk19	291	267	1918	1787	1820	1695	1801	1678	1809	1685	1811	1688	1802	1678	1818	1693	1905	1775	237	212

续表

施工工况	AB轴		AD轴		AE轴		AF轴		AG轴		AH轴		AJ轴		AK轴		AL轴		AM轴	
	最大值	最小值	最大值	最小值	最大值	最小值	最大值	最小值	最大值	最小值	最大值	最小值	最大值	最小值	最大值	最小值	最大值	最小值	最大值	最小值
gk20	294	271	1918	1787	1820	1695	1801	1678	1809	1685	1811	1688	1802	1678	1818	1693	1905	1775	240	212
gk21	433	414	1981	1846	1792	1668	1807	1683	1808	1684	1809	1685	1813	1689	1760	1638	2107	1966	349	329
gk22	1363	1266	1987	1852	1816	1691	1803	1680	1816	1692	1818	1694	1814	1689	1823	1697	2081	1941	774	707
gk23	1409	1310	1972	1838	1819	1695	1805	1682	1818	1694	1820	1696	1815	1691	1827	1702	2069	1930	784	716
gk24	1346	1250	1976	1842	1821	1696	1805	1682	1818	1694	1820	1696	1816	1692	1828	1703	2068	1929	774	706
gk25	1361	1264	1943	1811	2024	1895	2332	2197	2539	2400	2540	2401	2342	2206	2035	1905	2030	1893	785	716
gk26	1943	1798	2371	2198	2446	2271	2633	2453	2778	2596	2780	2598	2645	2464	2458	2281	2455	2278	1353	1247
gk27	2663	2451	3066	2818	3096	2840	3112	2858	3192	2937	3194	2939	3123	2869	3102	2849	3178	2927	1833	1688

展厅次桁架上弦中索（双索）索力（kN）　　**表 6-7**

施工工况	AB轴		AD轴		AE轴		AF轴		AG轴		AH轴		AJ轴		AK轴		AL轴		AM轴	
	最大值	最小值	最大值	最小值	最大值	最小值	最大值	最小值	最大值	最小值	最大值	最小值	最大值	最小值	最大值	最小值	最大值	最小值	最大值	最小值
gk1	0	0	0	0	0	0	0	0	0	0	0	0	0	0	0	0	0	0	0	0
gk2	0	0	0	0	0	0	0	0	0	0	0	0	0	0	0	0	0	0	0	0
gk3	0	0	0	0	0	0	0	0	280	29	280	29	0	0	0	0	0	0	0	0
gk4	0	0	0	0	0	0	0	0	346	91	346	91	0	0	0	0	0	0	0	0
gk5	0	0	0	0	0	0	0	0	476	215	481	222	0	0	0	0	0	0	0	0
gk6	0	0	0	0	0	0	0	0	2602	1685	2607	1689	0	0	0	0	0	0	0	0
gk7	0	0	0	0	0	0	346	81	2592	1679	2596	1682	346	82	0	0	0	0	0	0
gk8	0	0	0	0	0	0	349	99	2589	1678	2593	1680	349	100	0	0	0	0	0	0

续表

施工工况	AB轴		AD轴		AE轴		AF轴		AG轴		AH轴		AJ轴		AK轴		AL轴		AM轴	
	最大值	最小值	最大值	最小值	最大值	最小值	最大值	最小值	最大值	最小值	最大值	最小值	最大值	最小值	最大值	最小值	最大值	最小值	最大值	最小值
gk9	0	0	0	0	0	0	478	233	2631	1711	2634	1713	477	233	0	0	0	0	0	0
gk10	0	0	0	0	0	0	2594	1680	2604	1687	2607	1689	2595	1680	0	0	0	0	0	0
gk11	0	0	0	0	279	28	2592	1679	2607	1689	2610	1691	2594	1679	279	28	0	0	0	0
gk12	0	0	0	0	343	94	2573	1669	2612	1691	2615	1693	2575	1669	343	94	0	0	0	0
gk13	0	0	0	0	447	199	2661	1738	2579	1665	2582	1667	2663	1739	450	203	0	0	0	0
gk14	0	0	0	0	2551	1655	2608	1690	2601	1684	2604	1686	2610	1691	2554	1657	0	0	0	0
gk15	0	0	278	27	2548	1653	2612	1693	2601	1684	2604	1686	2614	1694	2549	1653	278	27	0	0
gk16	0	0	336	88	2541	1652	2614	1693	2600	1684	2603	1686	2617	1694	2542	1653	343	94	0	0
gk17	0	0	356	107	2588	1690	2591	1675	2602	1686	2605	1688	2595	1677	2585	1688	372	129	0	0
gk18	0	0	2317	1499	2560	1662	2607	1689	2601	1685	2604	1687	2611	1691	2558	1661	2341	1521	0	0
gk19	327	293	2316	1494	2564	1666	2607	1689	2601	1685	2604	1687	2610	1690	2562	1664	2348	1527	266	244
gk20	333	304	2316	1494	2564	1667	2607	1689	2601	1685	2604	1687	2610	1690	2562	1664	2348	1527	266	244
gk21	394	365	2337	1509	2536	1646	2609	1690	2601	1685	2606	1688	2610	1692	2513	1626	2398	1569	270	248
gk22	2299	1250	2348	1508	2554	1663	2610	1690	2609	1691	2613	1693	2621	1699	2570	1670	2393	1564	1454	656
gk23	2338	1291	2344	1504	2556	1667	2612	1692	2610	1693	2615	1695	2623	1701	2573	1674	2389	1561	1455	657
gk24	2272	1229	2345	1505	2558	1668	2612	1692	2610	1693	2615	1696	2623	1701	2575	1675	2388	1559	1447	653
gk25	2290	1242	2335	1496	2722	1870	3040	2207	3200	2399	3203	2400	3052	2216	2742	1879	2377	1550	1466	660
gk26	2793	1784	2557	1958	2585	2254	2758	2460	2875	2595	2881	2598	2773	2470	2594	2265	2532	2031	2034	1250
gk27	3287	2441	2929	2694	3082	2829	3116	2863	3191	2937	3194	2939	3127	2873	3090	2838	3039	2733	2343	1706

展厅次桁架下弦边索索力（kN）　表 6-8

施工工况	AB 轴		AD 轴		AE 轴		AF 轴		AG 轴		AH 轴		AJ 轴		AK 轴		AL 轴		AM 轴	
	最大值	最小值	最大值	最小值	最大值	最小值	最大值	最小值	最大值	最小值	最大值	最小值	最大值	最小值	最大值	最小值	最大值	最小值	最大值	最小值
gk1	0	0	0	0	0	0	0	0	0	0	0	0	0	0	0	0	0	0	0	0
gk2	0	0	0	0	0	0	0	0	0	0	0	0	0	0	0	0	0	0	0	0
gk3	0	0	0	0	0	0	0	0	0	0	0	0	0	0	0	0	0	0	0	0
gk4	0	0	0	0	0	0	0	0	1	0	1	0	0	0	0	0	0	0	0	0
gk5	0	0	0	0	0	0	0	0	5	4	7	6	0	0	0	0	0	0	0	0
gk6	0	0	0	0	0	0	0	0	1487	1434	1489	1437	0	0	0	0	0	0	0	0
gk7	0	0	0	0	0	0	2	0	1486	1434	1488	1436	2	0	0	0	0	0	0	0
gk8	0	0	0	0	0	0	1	0	1486	1434	1488	1436	1	0	0	0	0	0	0	0
gk9	0	0	0	0	0	0	13	12	1497	1444	1499	1447	12	11	0	0	0	0	0	0
gk10	0	0	0	0	0	0	1490	1436	1488	1435	1490	1438	1487	1434	0	0	0	0	0	0
gk11	0	0	0	0	0	0	1482	1430	1492	1439	1494	1441	1480	1427	0	0	0	0	0	0
gk12	0	0	0	0	1	0	1485	1432	1491	1438	1493	1440	1483	1430	1	0	0	0	0	0
gk13	0	0	0	0	13	12	1512	1458	1476	1424	1478	1426	1509	1456	14	13	0	0	0	0
gk14	0	0	0	0	1505	1451	1485	1433	1489	1437	1492	1439	1483	1430	1506	1452	0	0	0	0
gk15	0	0	0	0	1501	1447	1489	1437	1489	1436	1491	1438	1488	1435	1500	1447	0	0	0	0
gk16	0	0	0	0	1501	1448	1489	1436	1489	1436	1491	1438	1488	1435	1501	1447	3	0	0	0
gk17	0	0	37	35	1535	1480	1468	1416	1492	1440	1494	1442	1467	1415	1534	1479	10	9	0	0
gk18	0	0	1592	1535	1504	1451	1487	1435	1489	1437	1491	1438	1486	1433	1504	1450	1532	1478	0	0
gk19	2	0	1584	1528	1508	1454	1487	1434	1489	1437	1491	1439	1485	1433	1505	1452	1563	1507	3	0

续表

施工工况	AB轴		AD轴		AE轴		AF轴		AG轴		AH轴		AJ轴		AK轴		AL轴		AM轴	
	最大值	最小值	最大值	最小值	最大值	最小值	最大值	最小值	最大值	最小值	最大值	最小值	最大值	最小值	最大值	最小值	最大值	最小值	最大值	最小值
gk20	2	0	1584	1528	1508	1454	1487	1434	1489	1437	1491	1439	1485	1433	1505	1452	1563	1507	4	0
gk21	7	7	1631	1573	1485	1432	1491	1438	1489	1436	1490	1437	1495	1442	1459	1407	1708	1645	6	6
gk22	1119	1081	1635	1576	1504	1451	1488	1436	1495	1442	1496	1444	1495	1442	1510	1456	1689	1627	797	778
gk23	1127	1088	1630	1572	1505	1452	1488	1436	1495	1442	1496	1444	1495	1442	1511	1458	1686	1625	799	779
gk24	1123	1086	1635	1576	1505	1452	1488	1436	1495	1442	1496	1443	1495	1442	1511	1458	1687	1625	802	782
gk25	1129	1091	1613	1556	1499	1442	1498	1436	1511	1445	1512	1446	1506	1443	1508	1451	1663	1603	814	794
gk26	1074	1040	1385	1342	1296	1253	1281	1237	1288	1241	1290	1243	1291	1246	1305	1262	1402	1357	830	806
gk27	892	868	1077	1048	1015	986	1002	976	1001	974	1003	976	1013	987	1023	997	1090	1063	685	666

展厅次桁架下弦中索索力（kN） **表 6-9**

施工工况	AB轴		AD轴		AE轴		AF轴		AG轴		AH轴		AJ轴		AK轴		AL轴		AM轴	
	最大值	最小值	最大值	最小值	最大值	最小值	最大值	最小值	最大值	最小值	最大值	最小值	最大值	最小值	最大值	最小值	最大值	最小值	最大值	最小值
gk1	0	0	0	0	0	0	0	0	0	0	0	0	0	0	0	0	0	0	0	0
gk2	0	0	0	0	0	0	0	0	0	0	0	0	0	0	0	0	0	0	0	0
gk3	0	0	0	0	0	0	0	0	231	0	231	0	0	0	0	0	0	0	0	0
gk4	0	0	0	0	0	0	0	0	231	0	231	0	0	0	0	0	0	0	0	0
gk5	0	0	0	0	0	0	0	0	234	0	234	0	0	0	0	0	0	0	0	0
gk6	0	0	0	0	0	0	0	0	1494	502	1496	503	0	0	0	0	0	0	0	0
gk7	0	0	0	0	0	0	231	0	1491	501	1493	501	231	0	0	0	0	0	0	0
gk8	0	0	0	0	0	0	231	0	1490	500	1492	501	231	0	0	0	0	0	0	0

续表

施工工况	AB轴		AD轴		AE轴		AF轴		AG轴		AH轴		AJ轴		AK轴		AL轴		AM轴	
	最大值	最小值	最大值	最小值	最大值	最小值	最大值	最小值	最大值	最小值	最大值	最小值	最大值	最小值	最大值	最小值	最大值	最小值	最大值	最小值
gk9	0	0	0	0	0	0	234	0	1507	507	1509	507	234	0	0	0	0	0	0	0
gk10	0	0	0	0	0	0	1489	501	1494	503	1496	503	1490	501	0	0	0	0	0	0
gk11	0	0	0	0	231	0	1488	501	1496	503	1497	504	1490	501	231	0	0	0	0	0
gk12	0	0	0	0	231	0	1483	498	1497	504	1498	504	1485	498	231	0	0	0	0	0
gk13	0	0	0	0	233	0	1519	512	1483	499	1484	499	1521	512	234	0	0	0	0	0
gk14	0	0	0	0	1463	494	1496	503	1493	502	1494	503	1497	504	1464	495	0	0	0	0
gk15	0	0	231	0	1461	494	1497	504	1493	502	1494	503	1499	504	1462	494	231	0	0	0
gk16	0	0	231	0	1462	493	1497	504	1493	502	1494	502	1499	505	1462	493	231	0	0	0
gk17	0	0	231	0	1480	500	1488	501	1493	502	1495	503	1490	501	1479	500	232	0	0	0
gk18	0	0	1340	457	1467	496	1495	503	1493	502	1494	503	1497	504	1466	495	1347	461	0	0
gk19	0	0	1338	457	1470	496	1495	503	1493	502	1494	503	1497	503	1468	496	1350	462	0	0
gk20	0	0	1338	457	1470	496	1495	503	1493	502	1494	503	1497	503	1468	496	1350	462	0	0
gk21	0	0	1344	461	1458	492	1495	503	1493	502	1495	503	1497	504	1446	488	1368	470	0	0
gk22	1119	1082	1343	462	1468	495	1496	504	1496	503	1498	504	1502	505	1471	497	1366	469	822	804
gk23	1119	1081	1342	462	1468	495	1496	504	1496	504	1498	504	1502	506	1471	498	1365	469	822	803
gk24	1112	1075	1342	462	1468	495	1496	504	1496	504	1498	504	1502	506	1472	498	1365	469	818	800
gk25	1116	1079	1339	460	1466	522	1505	574	1513	602	1514	602	1512	576	1472	525	1361	467	830	811
gk26	1065	1032	1166	528	1271	865	1287	912	1290	924	1292	924	1295	914	1282	883	1177	619	817	793
gk27	887	863	957	873	999	921	1005	925	1001	931	1004	932	1015	927	1009	923	992	944	667	648

展厅次桁架边斜索（双索）索力（kN） 表 6-10

施工工况	AB 轴	AD 轴	AE 轴	AF 轴	AG 轴	AH 轴	AJ 轴	AK 轴	AL 轴	AM 轴
gk1	0	0	0	0	0	0	0	0	0	0
gk2	0	0	0	0	0	0	0	0	0	0
gk3	0	0	0	0	588	589	0	0	0	0
gk4	0	0	0	0	637	638	0	0	0	0
gk5	0	0	0	0	1133	1147	0	0	0	0
gk6	0	0	0	0	6916	6928	0	0	0	0
gk7	0	0	0	591	6945	6964	587	0	0	0
gk8	0	0	0	601	6949	6968	597	0	0	0
gk9	0	0	0	1360	6799	6819	1347	0	0	0
gk10	0	0	0	6924	6915	6936	6908	0	0	0
gk11	0	0	576	6969	6892	6914	6951	578	0	0
gk12	0	0	606	6990	6887	6909	6972	609	0	0
gk13	0	0	1438	6656	7039	7061	6638	1448	0	0
gk14	0	0	6975	6910	6919	6940	6893	6982	0	0
gk15	0	608	7026	6886	6922	6945	6860	7048	590	0
gk16	0	612	7029	6885	6922	6945	6859	7051	592	0
gk17	0	1995	6769	7034	6903	6927	7005	6797	1727	0
gk18	0	7381	6988	6907	6920	6943	6879	7015	7107	0
gk19	537	7427	6958	6911	6920	6942	6884	6998	6963	772
gk20	545	7428	6958	6911	6920	6942	6884	6998	6963	772
gk21	1110	7185	7129	6888	6921	6942	6844	7330	6227	2034
gk22	5389	7159	6982	6893	6867	6889	6804	6948	6323	4869
gk23	5465	7169	6985	6894	6869	6892	6807	6950	6323	4874
gk24	5364	7144	6984	6897	6872	6895	6809	6951	6318	4866
gk25	5336	7243	7499	7940	8256	8277	7841	7434	6431	4846
gk26	6211	7758	7826	8060	8246	8259	7942	7749	7089	5800
gk27	7159	8494	8380	8381	8425	8435	8247	8288	7811	6487

展厅钢结构内力 表 6-11

施工工况	主桁架上弦杆轴力（kN）		主桁架自锚杆轴力（kN）		主桁架下弦杆轴力（kN）		摇摆柱轴力（kN）		主桁架钢结构应力(MPa)	
	最大值	最小值	最大值	最小值	最大值	最小值	最大值	最小值	最大值	最小值
gk1	－4.0	－14.4	10.9	－102.0	55.3	4.8	0.0	0.0	91.8	－2.2
gk2	4.2	－478.0	－403.8	－560.2	19.8	－17.5	0.0	0.0	90.5	－4.7
gk3	4.2	－481.2	－406.2	－563.0	19.3	－17.7	0.0	0.0	90.5	－4.7
gk4	4.2	－481.5	－406.3	－563.3	19.2	－17.6	0.0	－54.0	90.5	－4.7
gk5	4.2	－481.7	－408.0	－565.3	19.8	－17.9	0.0	－53.8	90.4	－4.7
gk6	4.3	－486.1	－409.7	－565.9	19.6	－17.9	155.8	－53.0	90.5	－4.7
gk7	4.3	－488.8	－412.1	－568.6	20.5	－18.2	146.2	－49.8	90.4	－4.8
gk8	4.3	－488.8	－412.2	－568.8	20.6	－18.1	143.0	－64.9	90.6	－4.8
gk9	4.3	－487.6	－414.6	－571.2	20.8	－18.8	150.1	－64.7	90.5	－4.8
gk10	4.3	－495.1	－415.3	－573.8	22.0	－18.9	153.8	－64.2	90.4	－4.8
gk11	4.3	－500.2	－418.1	－575.8	20.9	－18.9	153.4	－64.2	90.4	－4.8
gk12	4.3	－500.4	－418.3	－576.2	21.0	－18.7	143.8	－64.8	90.3	－4.8
gk13	4.4	－500.2	－420.4	－578.4	21.0	－19.2	155.5	－64.6	90.7	－4.9
gk14	4.4	－511.4	－420.5	－580.3	21.9	－18.9	150.5	－64.1	90.4	－4.9
gk15	4.4	－511.8	－417.0	－576.8	22.0	－18.7	149.7	－64.1	90.4	－4.8
gk16	4.4	－511.7	－416.9	－576.7	22.0	－18.7	144.1	－61.7	90.4	－4.8
gk17	4.4	－513.1	－413.4	－573.2	22.0	－18.6	142.2	－61.6	90.6	－6.1
gk18	4.5	－513.3	－403.1	－562.9	22.4	－18.2	143.4	－61.6	90.5	－9.5
gk19	4.4	－505.6	－413.7	－572.7	23.4	－17.1	143.1	－61.3	90.9	－9.3
gk20	4.2	－505.5	－413.8	－572.7	23.5	－17.1	143.1	－64.7	91.0	－9.3
gk21	4.3	－503.1	－415.5	－574.6	23.2	－17.0	143.5	－64.6	90.8	－9.7
gk22	5.6	－498.7	－422.5	－581.1	24.1	－16.0	145.0	－64.1	90.6	－9.8
gk23	3327.5	－244.8	－4765.3	－7858.6	－67.5	－258.7	145.4	－64.0	169.4	－82.6
gk24	4497.1	－229.1	－6025.6	－9954.9	－148.4	－362.8	145.5	－64.1	219.6	－105.0
gk25	1646.9	－188.1	－7980.9	－11290.3	－120.9	－1158.8	359.7	－63.9	123.9	－120.3
gk26	136.1	－181.2	－8915.0	－12174.5	－118.7	－1040.5	187.5	－69.6	115.4	－130.1
gk27	－116.4	－2446.8	－10367.9	－13570.3	－119.6	－844.8	122.1	－118.4	101.6	－145.3

展厅次桁架边斜索（双索）张拉端索力（kN） **表 6-12**

施工工况	AB 轴	AD 轴	AE 轴	AF 轴	AG 轴	AH 轴	AJ 轴	AK 轴	AL 轴	AM 轴
gk1	0	0	0	0	0	0	0	0	0	0
gk2	0	0	0	0	0	0	0	0	0	0
gk3	0	0	0	0	588	589	0	0	0	0
gk4	0	0	0	0	637	638	0	0	0	0
gk5	0	0	0	0	***1133***	***1147***	0	0	0	0
gk6	0	0	0	0	6916	6928	0	0	0	0
gk7	0	0	0	591	6945	6964	587	0	0	0
gk8	0	0	0	601	6949	6968	597	0	0	0
gk9	0	0	0	***1360***	6799	6819	***1347***	0	0	0
gk10	0	0	0	6924	6915	6936	6908	0	0	0
gk11	0	0	576	6969	6892	6914	6951	578	0	0
gk12	0	0	606	6990	6887	6909	6972	609	0	0
gk13	0	0	***1438***	6656	7039	7061	6638	***1448***	0	0
gk14	0	0	6975	6910	6919	6940	6893	6982	0	0
gk15	0	608	7026	6886	6922	6945	6860	7048	590	0
gk16	0	612	7029	6885	6922	6945	6859	7051	592	0
gk17	0	***1995***	6769	7034	6903	6927	7005	6797	***1727***	0
gk18	0	7381	6988	6907	6920	6943	6879	7015	7107	0
gk19	537	7427	6958	6911	6920	6942	6884	6998	6963	772
gk20	545	7428	6958	6911	6920	6942	6884	6998	6963	772
gk21	***1110***	7185	7129	6888	6921	6942	6844	7330	6227	***2034***
gk22	5389	7159	6982	6893	6867	6889	6804	6948	6323	4869
gk23	5465	7169	6985	6894	6869	6892	6807	6950	6323	4874
gk24	5364	7144	6984	6897	6872	6895	6809	6951	6318	4866
gk25	5336	7243	7499	7940	8256	8277	7841	7434	6431	4846
gk26	6211	7758	7826	8060	8246	8259	7942	7749	7089	5800
gk27	7159	8494	8380	8381	8425	8435	8247	8288	7811	6487

注：表中加粗斜体下划线数据为拉索张拉力。

展厅次桁架稳定索边索张拉端索力（kN）　　表 6-13

施工工况	AB 轴		AD 轴		AE 轴		AF 轴		AG 轴		AH 轴		AJ 轴		AK 轴		AL 轴		AM 轴	
	边跨	中跨	边跨	中跨	边跨	中跨	边跨	中跨	边跨	中跨	边跨	中跨	边跨	中跨	边跨	中跨	边跨	中跨	边跨	中跨
gk1	0	0	0	0	0	0	0	0	0	0	0	0	0	0	0	0	0	0	0	0
gk2	0	0	0	0	0	0	0	0	0	0	0	0	0	0	0	0	0	0	0	0
gk3	0	0	0	0	0	0	0	0	0	0	0	0	0	0	0	0	0	0	0	0
gk4	0	0	0	0	0	0	0	0	0	0	0	0	0	0	0	0	0	0	0	0
gk5	0	0	0	0	0	0	0	0	5	1	7	3	0	0	0	0	0	0	0	0
gk6	0	0	0	0	0	0	0	0	***1487***	***1493***	***1489***	***1496***	0	0	0	0	0	0	0	0
gk7	0	0	0	0	0	0	0	0	1486	1491	1488	1493	0	0	0	0	0	0	0	0
gk8	0	0	0	0	0	0	0	0	1486	1490	1488	1492	0	0	0	0	0	0	0	0
gk9	0	0	0	0	0	0	13	14	1497	1507	1499	1509	11	14	0	0	0	0	0	0
gk10	0	0	0	0	0	0	***1490***	***1489***	1488	1494	1490	1496	***1486***	***1490***	0	0	0	0	0	0
gk11	0	0	0	0	0	0	1482	1488	1492	1495	1494	1497	1479	1490	0	0	0	0	0	0
gk12	0	0	0	0	1	0	1485	1483	1491	1497	1493	1498	1482	1485	1	0	0	0	0	0
gk13	0	0	0	0	13	8	1512	1519	1476	1482	1478	1484	1508	1521	14	10	0	0	0	0
gk14	0	0	0	0	***1505***	***1462***	1485	1496	1489	1493	1491	1494	1482	1497	***1505***	***1464***	0	0	0	0
gk15	0	0	0	0	1501	1461	1489	1497	1489	1493	1490	1494	1487	1499	1499	1462	0	0	0	0
gk16	0	0	0	0	1501	1461	1489	1497	1489	1493	1490	1494	1487	1499	1500	1462	0	0	0	0
gk17	0	0	37	0	1535	1480	1468	1488	1492	1493	1494	1495	1466	1490	1533	1479	10	8	0	0

续表

施工工况	AB轴		AD轴		AE轴		AF轴		AG轴		AH轴		AJ轴		AK轴		AL轴		AM轴	
	边跨	中跨	边跨	中跨	边跨	中跨	边跨	中跨	边跨	中跨	边跨	中跨	边跨	中跨	边跨	中跨	边跨	中跨	边跨	中跨
gk18	0	0	***1592***	***1340***	1504	1467	1487	1495	1489	1493	1491	1494	1485	1497	1503	1466	***1532***	***1347***	0	0
gk19	0	0	1584	1338	1508	1469	1487	1495	1489	1493	1491	1494	1485	1497	1504	1468	1563	1350	2	0
gk20	0	0	1584	1338	1508	1469	1487	1495	1489	1493	1491	1494	1485	1497	1504	1468	1563	1350	3	0
gk21	7	5	1631	1344	1485	1458	1491	1495	1489	1493	1489	1495	1494	1497	1458	1446	1708	1368	6	0
gk22	***1119***	***1119***	1635	1343	1504	1467	1488	1495	1495	1496	1496	1498	1495	1502	1509	1471	1689	1366	***797***	***822***
gk23	1127	1119	1630	1342	1505	1468	1488	1496	1495	1496	1496	1498	1495	1502	1511	1471	1686	1365	799	822
gk24	1123	1112	1635	1342	1505	1468	1488	1496	1495	1496	1496	1498	1495	1502	1511	1472	1687	1365	802	818
gk25	1129	1116	1613	1339	1499	1466	1498	1505	1511	1513	1512	1514	1506	1512	1508	1472	1663	1361	814	830
gk26	1074	1065	1385	1166	1296	1271	1281	1287	1288	1290	1290	1292	1291	1295	1305	1282	1402	1177	830	817
gk27	892	887	1074	956	1012	997	1002	1005	1001	1001	1003	1004	1013	1015	1023	1009	1090	967	685	667

注：表中加粗斜体下划线数据为拉索张拉力。

展厅主桁架拉索（四索）张拉端索力 **表 6-14**

施工工况	主桁架中间悬索张拉端（kN）		主桁架边斜索张拉端（kN）		主桁架中间锚地索张拉端（kN）	
	悬索 1	悬索 2	斜索 1	斜索 2	锚地索 1	锚地索 2
gk1	0	0	0	0	0	0
gk2	1025	1025	518	514	420	415
gk3	1031	1031	521	517	421	415
gk4	1032	1032	521	517	421	415
gk5	1034	1034	523	519	422	416
gk6	1041	1041	525	521	422	417
gk7	1047	1047	527	523	423	417
gk8	1047	1047	527	523	423	417
gk9	1049	1049	529	526	424	418
gk10	1059	1059	530	527	424	419
gk11	1064	1064	534	531	425	420
gk12	1064	1064	535	531	426	420
gk13	1065	1065	538	535	426	421
gk14	1075	1075	543	540	428	422
gk15	1072	1072	536	534	426	421
gk16	1072	1072	536	533	426	421
gk17	1069	1069	531	527	425	419
gk18	1060	1060	514	511	420	415
gk19	1064	1064	532	530	379	366
gk20	1064	1064	532	531	379	365
gk21	1065	1065	535	535	372	354
gk22	1068	1068	543	549	367	301
gk23	3178	3178	<u>***9396***</u>	<u>***9584***</u>	4811	4565
gk24	3823	3823	11986	12156	<u>***6334***</u>	<u>***6118***</u>
gk25	<u>***9511***</u>	<u>***9511***</u>	13643	13785	7293	7066
gk26	11948	11948	14722	14866	7490	7199
gk27	15900	15900	16404	16574	7993	7480

注：表中加粗斜体下划线数据为拉索张拉力。

3. 小结

本节对施工模拟过程进行了阐述，现将施工模拟的结果总结如下：

（1）索桁架张拉过程中主桁架侧向位移计算结果都在 50mm 以内。

（2）位移变形：

AM 轴（边跨）索桁架第一跨张拉完成时竖向位移为－384mm，屋面安装完成时竖向位移为－440mm，屋面安装使索系向下挠 56mm；第二跨张拉完成时竖向位移为 1250mm，屋面安装完成时竖向位移为 96mm，屋面安装使索系向下挠 1154mm；

AK 轴索桁架第一跨张拉完成时竖向位移为－114mm，屋面安装完成时竖向位移为－435mm，屋面安装使索系向下挠 321mm；第二跨（无屋面区）张拉完成时竖向位移为 59mm，屋面安装完成时竖向位移为－15mm，屋面安装使索系向下挠 74mm；第二跨（有屋面区）张拉完成时竖向位移为－109mm，屋面安装完成时竖向位移为－409mm，屋面安装使索系向下挠 300mm；

AH 轴索桁架第一跨张拉完成时竖向位移为 111mm，屋面安装完成时竖向位移为－387mm，屋面安装使索系向下挠 498mm；第二跨（无屋面区）张拉完成时竖向位移为 71mm，屋面安装完成时竖向位移为 34mm，屋面安装使索系向下挠 37mm；第二跨（有屋面区）张拉完成时竖向位移为 90mm，屋面安装完成时竖向位移为－373mm，屋面安装使索系向下挠 463mm。

（3）索力：

拉索张拉完成时：主桁架外斜索最大拉力 11080kN，锚地索最大拉力 5860kN，主桁架索最大拉力 6620kN，索桁架外斜索最大索力 6210kN；屋面安装完成时：主桁架外斜索最大拉力 14000kN，锚地索最大拉力 7140kN，主桁架索最大拉力 13870kN，索桁架外斜索最大索力 7430kN。

（4）应力：

钢结构在施工过程中（主桁架）最大应力为－207MPa，屋面结构安装完成后主桁架最大应力为－189MPa。

从以上的计算结果可以看出，该预应力张拉施工方案是安全可行的。

第7章

施工监测与健康监测

7.1 监测目的

石家庄国际展览中心双层双向悬索结构跨度较大，施工复杂，对结构变形、构件应力和索力进行监测，可及时对施工过程中结构的变化进行观测，提醒施工人员，从而对结构的安全性进行评定，对工程的顺利进行具有重要作用。结构完工投入使用后，健康监测将协助展厅管理人员掌控悬索结构屋盖构件的力学指标及其变化情况，方便运营单位掌握结构的整体健康状况。

1. 位移监测

在实际监测过程中，由于现场多工种交叉作业，工程车辆、屋面堆料繁杂，地面浇筑混凝土等原因，对某些测点的观测产生了部分影响，监测团队通过调整测站基准点、后视点等方式换算并转换坐标系，保障监测工作不中断，制定“一天集中观测一次”“及时处理数据并预警”等监测制度，较为全面地观测到测点的位移变化，掌握了结构的变形情况。

2. 应力、索力监测

作为安全考虑和数据对比，监测团队在部分测点处同时加设了振弦式钢板应变计和振弦式钢筋应变计。施工监测初期，由于现场地面混乱、供电不稳、装修施工等因素，为保障应力应变数据不中断，现场监测人员每天定时用手持式频率采集仪采集应力数据，制定“一天集中观测一次”“及时处理数据并预警”等监测制度。施工监测后期，随着专门的监测室装修完毕，具备布设自动化采集仪器的条件，监测团队配合监测设备工程师布置自动化采集设备，24h不间断离线采集。

7.2 监测方案

重点对A、D展厅索结构进行施工监测和健康监测方案制定。施工监测主要包含索力、应力应变和结构位移。索力监测包括主桁架端斜索、端竖索和承重索、索桁架的稳定索的索力监测，应力应变监测包括主桁架上弦和自锚杆的应力应变监测，结构位移监测包括主桁架上弦节点、下弦节点和主桁架、索桁架关键位置的位移监测。健康监测同施工监测，同时记录环境温度。

1. 位移测点

根据施工方案，对全部主桁架进行监测，每榀主桁架布置10个测点，A展厅共20个测点，D展厅共30个测点；A展厅选取AB、AG轴处索桁架进行监测，每根上弦索布置4个测点，共8个测点，两榀索桁架共20个测点；D展厅选取DA、DE轴处索桁架进行监测，每根上弦索布置6个测点，共12个测点，两榀索桁架共28个测点（图7-1～图7-3）。

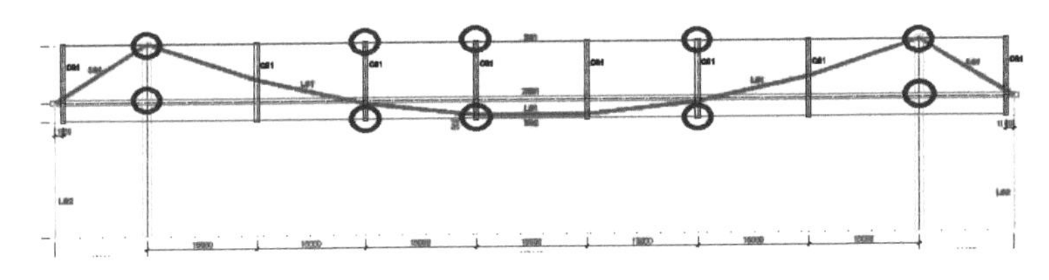

图7-1 主桁架位移监测测点布置示意图

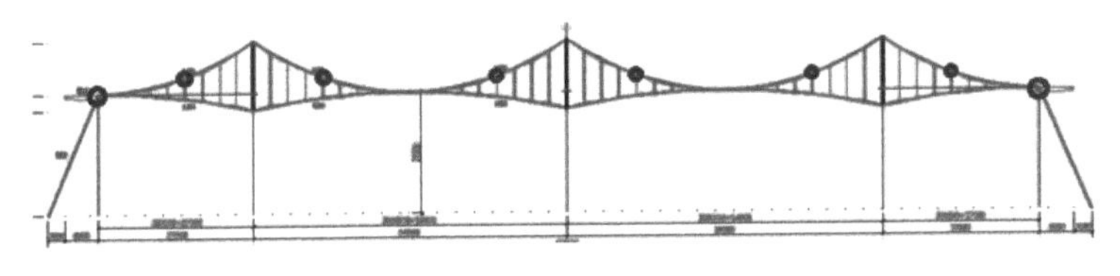

图7-2 A展厅索桁架位移监测测点布置示意图

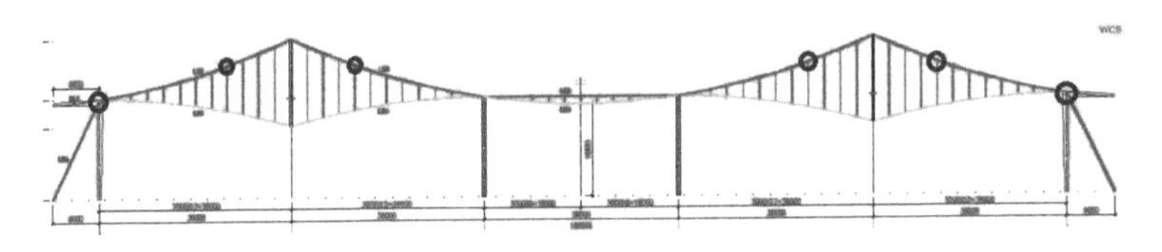

图7-3 D展厅索桁架位移监测测点布置示意图

2. 应力测点

根据施工方案，每榀主桁架自锚杆、上弦杆的两侧各布置4个测点，共8个。应力应变测点，A展厅两榀主桁架共16个测点，D展厅三榀主桁架共24个测点。

3. 索力测点

监测选取一榀主桁架和两榀索桁架，考虑到工期紧张，现场施工队伍交叉作业较多，其他测试方法不易实施，因此通过间接方法测试拉索附近杆件的应力，并将其换算成拉力从而得到索力。

在主桁架上布置14个测点，A展厅选择西部主桁架，D展厅选择中部主桁架。由于张拉顺序采用分批对称同步张拉，索桁架边斜索的索力大致接近，下弦索的索力大致接近，上弦索的索力大致接近，故选取端部和中部的两榀索桁架进行监测。A展厅选取AB、AG轴处索桁架进行监测，每榀4个测点，两榀共8个测点；D展厅选取DA、DE轴处索桁架进行监测，每榀6个测点，两榀共12个测点（图7-4～图7-7）。

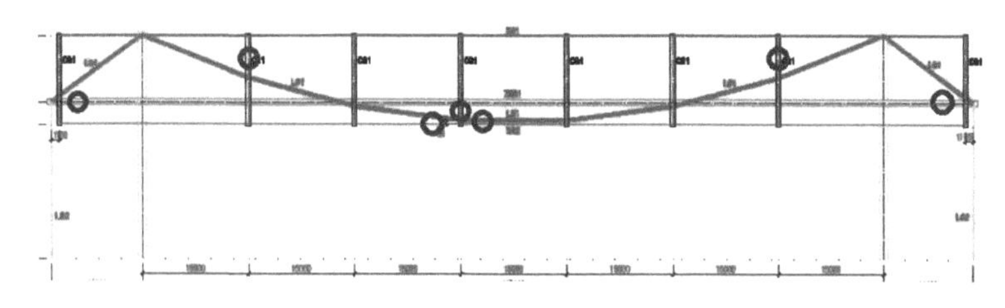

图7-4　主桁架索力监测测点布置示意图

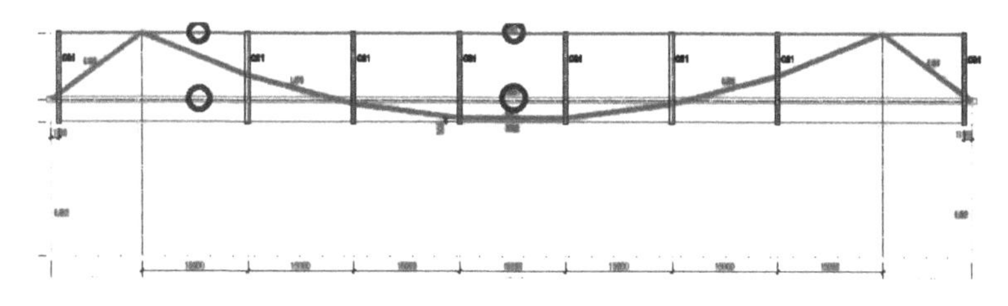

图7-5　A展厅索桁架索力监测测点布置示意图

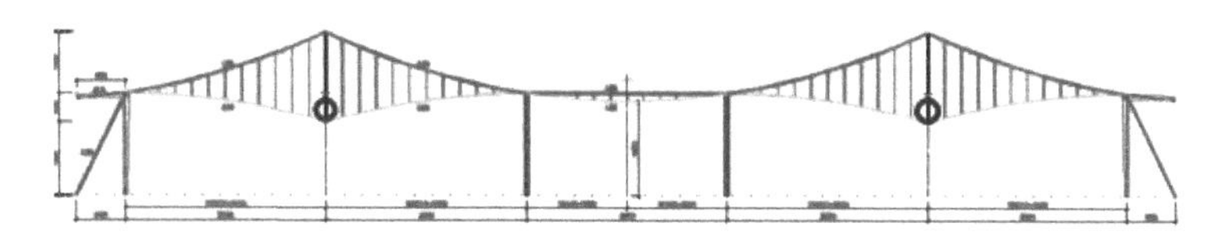

图7-6　主桁架应力应变监测测点布置示意图

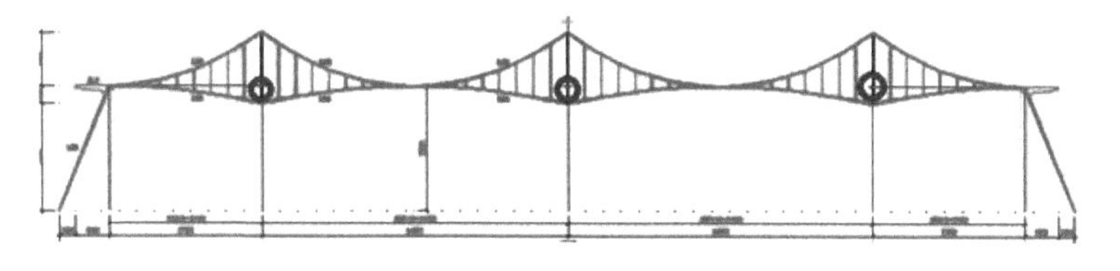

图7-7　D展厅索桁架索力监测测点布置示意图

7.3 监测方法

1. 位移监测

操作人员使用全站仪建立测站，然后瞄准相关测点处的反光片并发射激光，反光片反射激光后，全站仪接收激光，从而测出相关测点的位置三维坐标，不同施工阶段测得的数据作差即可得到该测点三个方向的位移。

位移监测采用南方系列 NTS-342R6 全站仪和 NTS-382R6 全站仪，本系列全站仪具备丰富的测量程序，功能强大，同时具有数据存储功能、参数设置功能，适用于各种专业测量和工程测量。本系列全站仪测程可达 5000m，精度为$\pm(2\text{mm}+2\times10^{-6}\cdot D)$，见图 7-8。

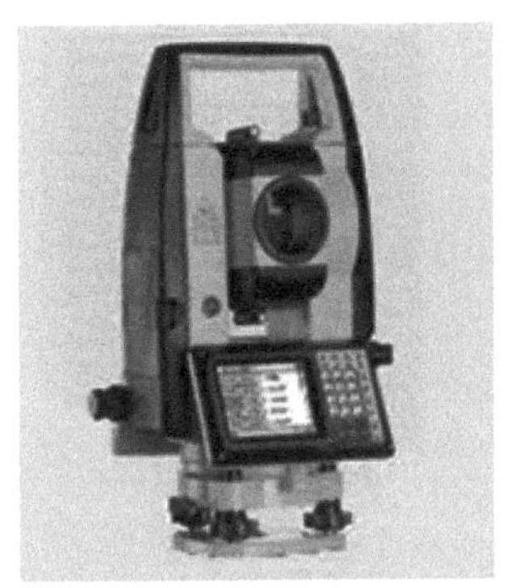

图 7-8　NTS-342R6 全站仪、NTS-382R6 全站仪、反光片（从左往右）

2. 应力监测

振弦式钢板（应变）计、振弦式钢筋（应变）计被焊接在钢结构构件表面，与构件协同变形，当钢结构构件受到荷载作用发生变形时，将带动应变计产生变形，变形通过前、后端座传递给振弦，转变成振弦应力的变化，从而改变振弦的振动频率。电磁线圈激振振弦，并测量其振动频率，频率信号经电缆传输至读数装置，即可测出构件的应变值。具体可通过式（7-1）求得相关测点位置处的应变值，通过式（7-2）求得相关测点位置处的应力值。

$$\varepsilon=K(f^2-f_0^2) \tag{7-1}$$

式中　K——钢板计的测量灵敏度，单位为 $10^{-4}/\text{F}^2$；

f——钢板计的实时测量值，单位为 F；

f_0——钢板计的基准值，单位为 F；

ε——测点位置处的应变。

$$\sigma = E \times \varepsilon \tag{7-2}$$

E——钢材的弹性模量，单位为 GPa；

ε——测点位置处的应变；

σ——测点位置处的应力，单位为 GPa。

应力监测采用 YXR-4058 型振弦式钢板（应变）计和 GXR 系列振弦式钢筋（应变）计，并配套使用 WKD-3850 静态应变采集仪。本振弦计适用于长期布设在水工建筑物或其他建筑物的钢构件上，测量钢构件应力发生变化时的应变量（图 7-9、图 7-10）。

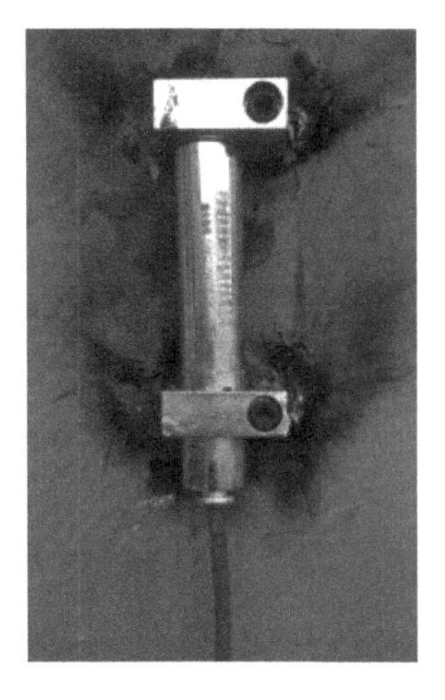

图 7-9　振弦式钢板计

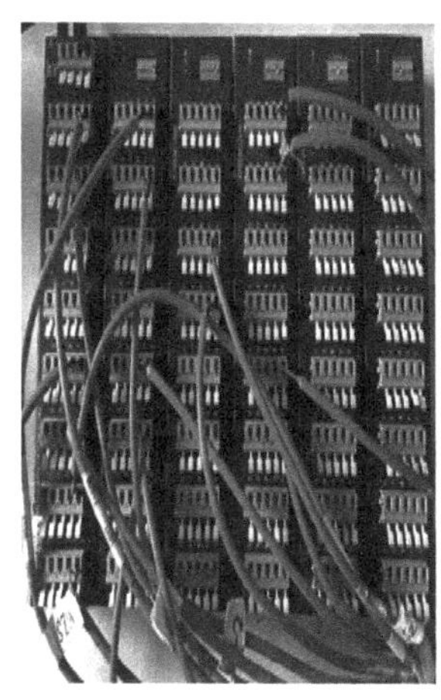

图 7-10　振弦式钢筋计和静态信号测试分析（从左往右）

3. 索力监测

采用节点静力平衡法，通过测试拉索附近的杆件的轴力间接求得拉索的索力。如图 7-11 所示，通过图中的振弦计测得竖杆（灰圈）的应变，从而依次计算出竖杆的应力、轴力，采用静力平衡法求得左、右索段（黑圈）的索力。

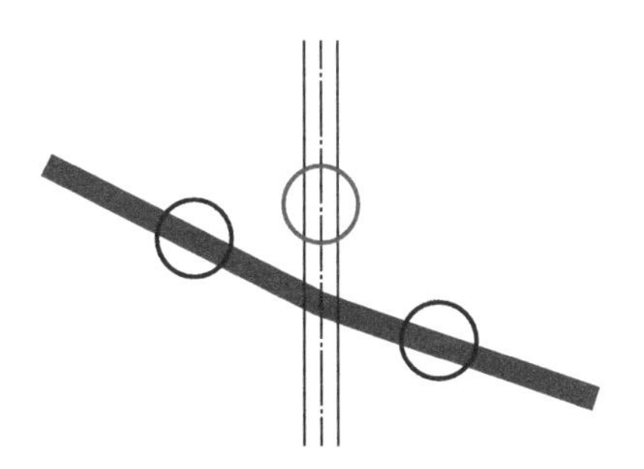

图 7-11　间接方法测试拉索索力示意图

7.4 数据分析

1. A 展厅位移折线图

以西部主桁架和南起第五榀索桁架为例（图 7-12～图 7-15）。

A 展厅位移监测对象为两榀主桁架和两榀索桁架，其中两榀主桁架位于东西对称位置，两榀索桁架位于南起第一榀和第五榀。

根据整体位移折线图，截至 2018 年 4 月 23 日，两榀主桁架上相对应测点的位移变化规律相似，位移变化幅度相近，符合正常规律。两榀主桁架 A 字柱上所有测点竖向位移平稳，变化较小。随着时间的推移，其余测点大致变化趋势为测点高度下降，位移增加，西部主桁架最大位移在测点 ZX-5 处，为 182mm。

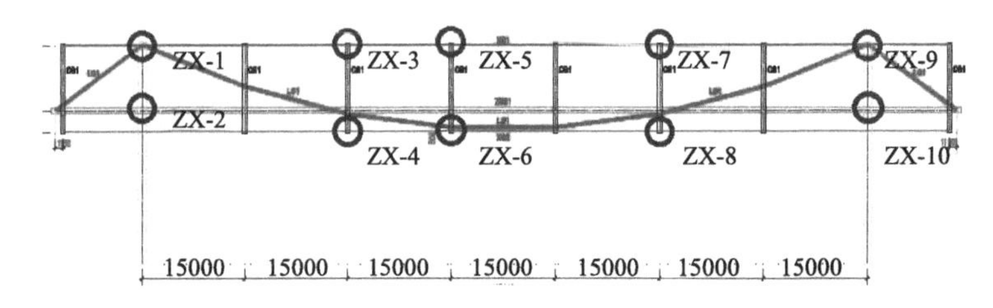

图 7-12　A 展厅西部主桁架位移测点编号详图

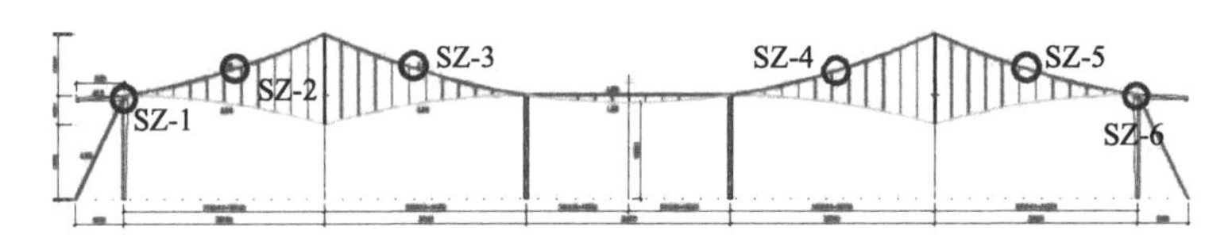

图 7-13　A 展厅南起第五榀索桁架位移测点编号详图

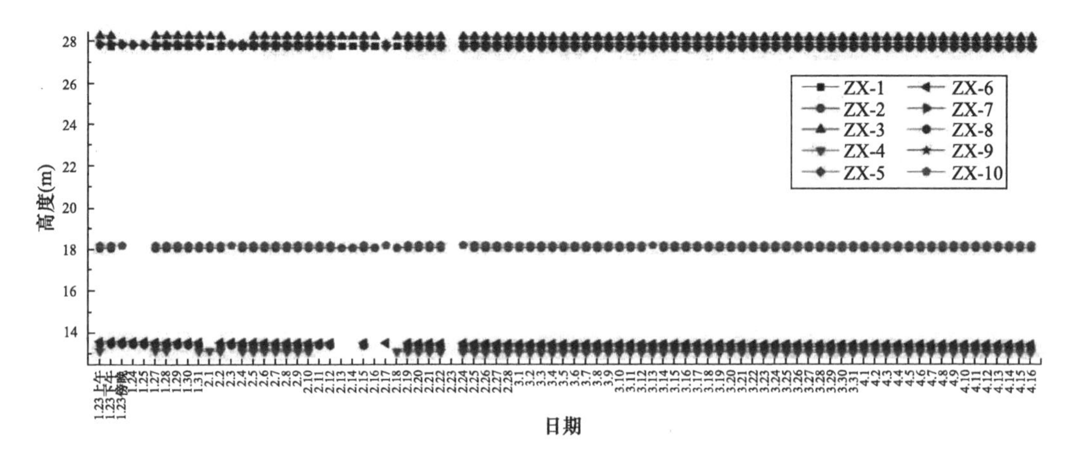

图 7-14　A 展厅西部主桁架整体位移折线图

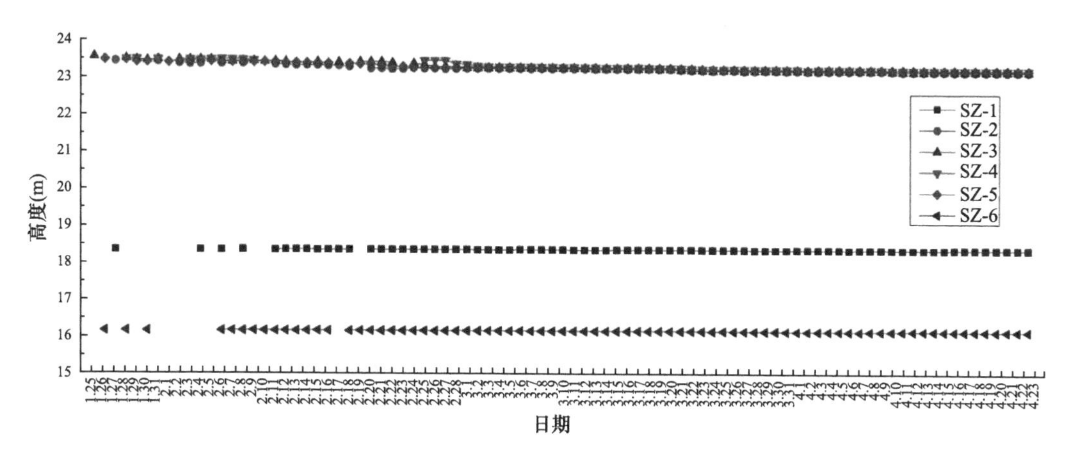

图 7-15　A 展厅南起第五榀索桁架整体位移折线图

根据整体位移折线图，截至 2018 年 4 月 23 日，两榀索桁架位于非对称位置，荷载条件不同；边柱上所有测点竖向位移平稳，变化很小。随着时间的推移，南起第五榀索桁架其余测点大致变化趋势为测点高度下降，位移增加，最大位移在测点 SZ-3 处，为 356mm。

2. D 展厅位移折线图

以中部主桁架和北起第五榀索桁架为例（图 7-16～图 7-19）。

D 展厅位移监测对象为三榀主桁架和两榀索桁架，其中三榀主桁架位于东部、中部、西部，两榀索桁架位于北起第一榀和第五榀。

根据整体位移折线图，截至 2018 年 4 月 22 日，三榀主桁架上相对应测点的位移变化规律相似，位移变化幅度相近，符合正常规律。三榀主桁架 A 字柱上所有测点竖向位移平稳，变化较小。随着时间的推移，其余测点大致变化趋势为测点高度下降，位移增加，中部主桁架最大位移在测点 ZZ-6 处，为 364mm。

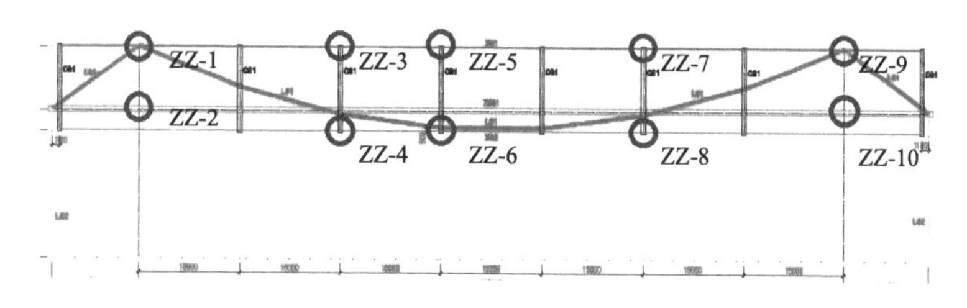

图 7-16　D 展厅中部主桁架位移测点编号详图

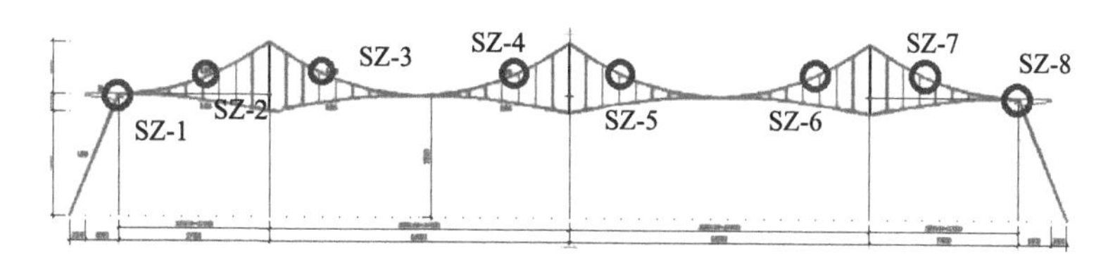

图 7-17　D 展厅北起第五榀索桁架位移测点编号详图

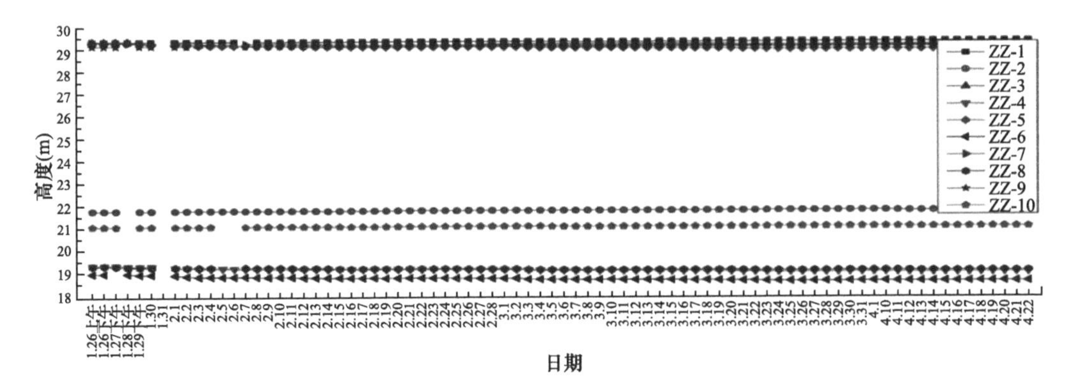

图 7-18　D 展厅柱桁架整体位移折线图

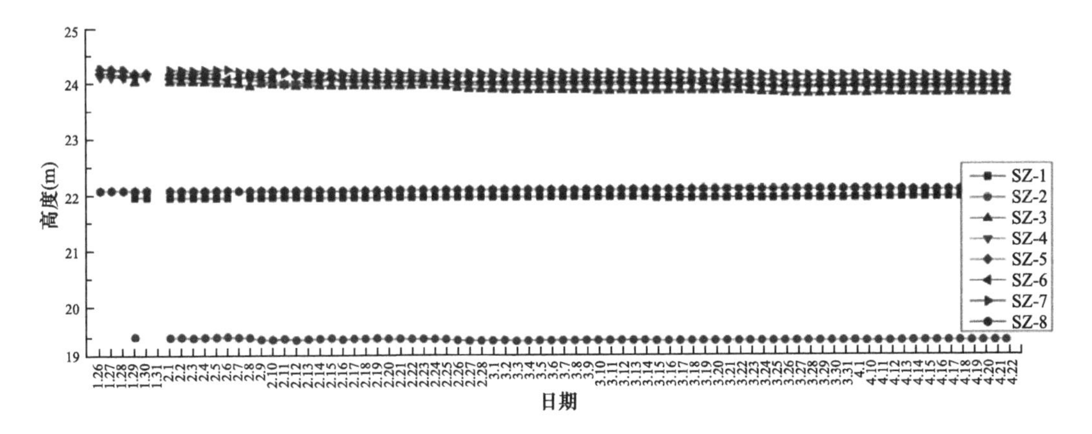

图 7-19　D 展厅北起第五榀索桁架整体位移折线图

根据整体位移折线图，截至 2018 年 4 月 22 日，两榀索桁架位于非对称位置，荷载条件不同；边柱上所有测点竖向位移平稳，变化很小。随着时间的推移，北起第五榀索桁架其余测点大致变化趋势为测点高度下降，位移增加，最大位移在测点 SZ-6 处，为 262mm。

3. A 展厅应力测点频率变化图

以西部主桁架为例（图 7-20、图 7-21）。

截至 2018 年 4 月 25 日，西部主桁架各应力测点的应力水平列于表 7-1。

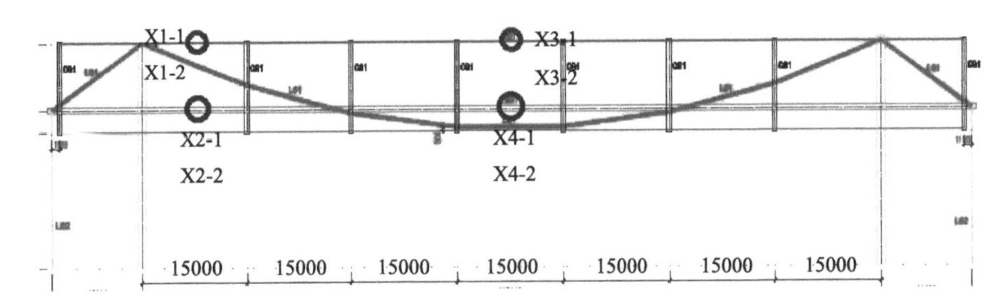

图 7-20　西侧主桁架应力测点

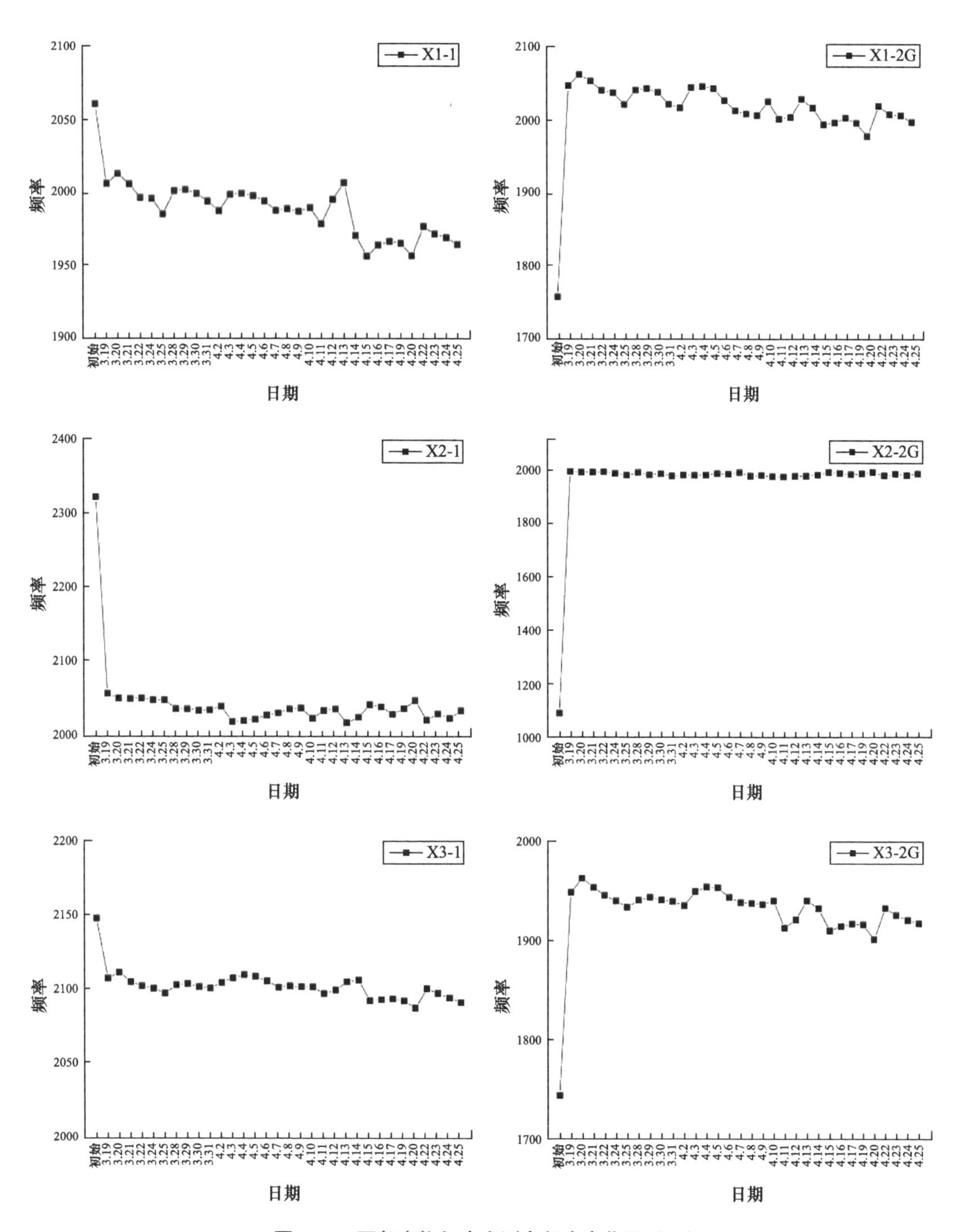

图 7-21　西部主桁架应力测点频率变化图（一）

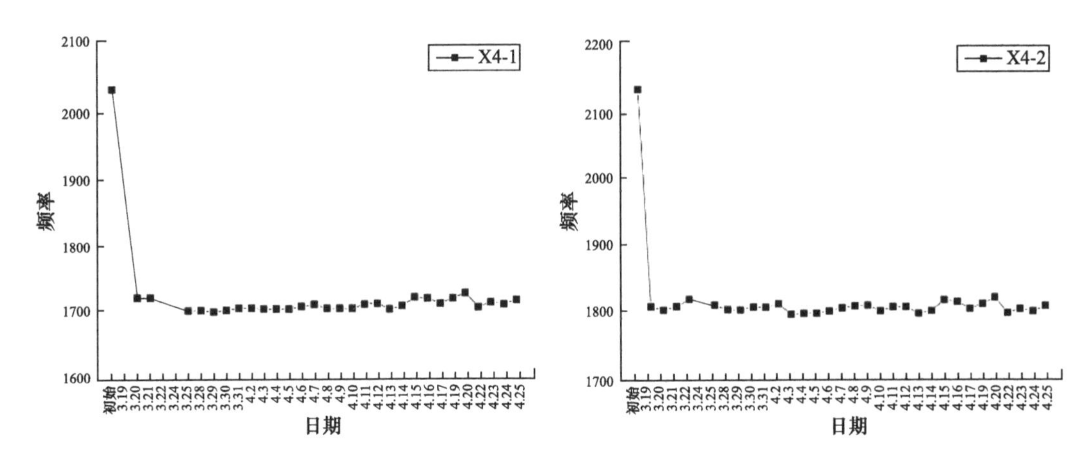

图 7-21　西部主桁架应力测点频率变化图（二）

A 展厅西部主桁架应力测点监测数据　　表 7-1

测点	起始频率（Hz）	终止频率（Hz）	K 值×10^{-4}	应变（με）	应力（MPa）
X1-1	2061	1965	4.18622	162	−33.3
X1-2G	1757	1999	−1.76636	161	−33.1
X2-1	2322	2033	4.33802	546	−18.5
X2-2G	1087	1985	−1.64993	455	−93.8
X3-1	2150	2093	4.30724	104	−21.5
X3-2G	1743	1919	−1.60029	103	−21.2
X4-1	2036	1717	4.21942	505	−104.1
X4-2	2137	1808	4.26263	553	−114.0

可见，位于相同杆件的两个测点，测得的应力比较接近。而设计完成态 X1 测点理论应力为−35MPa，X2 测点理论应力为−84MPa，X3 测点理论应力为−36MPa，X4 测点理论应力为−119MPa，实测值接近或小于理论值，杆件应力水平处于合理的范围之内，反映出结构总体情况正常。

4. D 展厅应力测点频率变化图

以中部主桁架为例（图 7-22、图 7-23）。

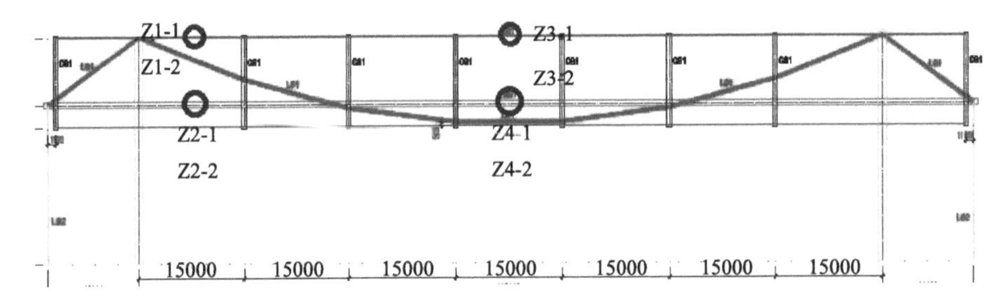

图 7-22　中部主桁架应力测点

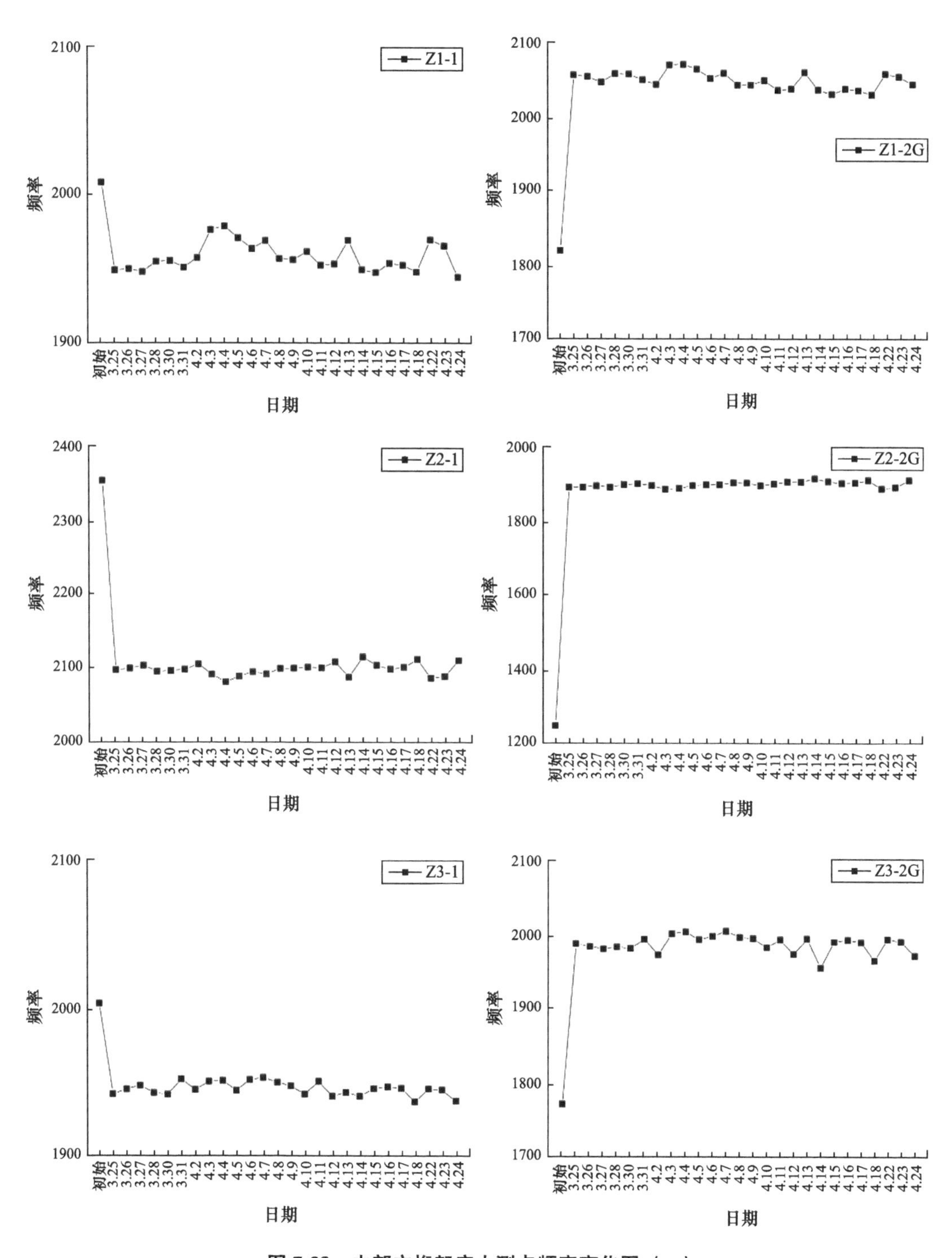

图 7-23　中部主桁架应力测点频率变化图（一）

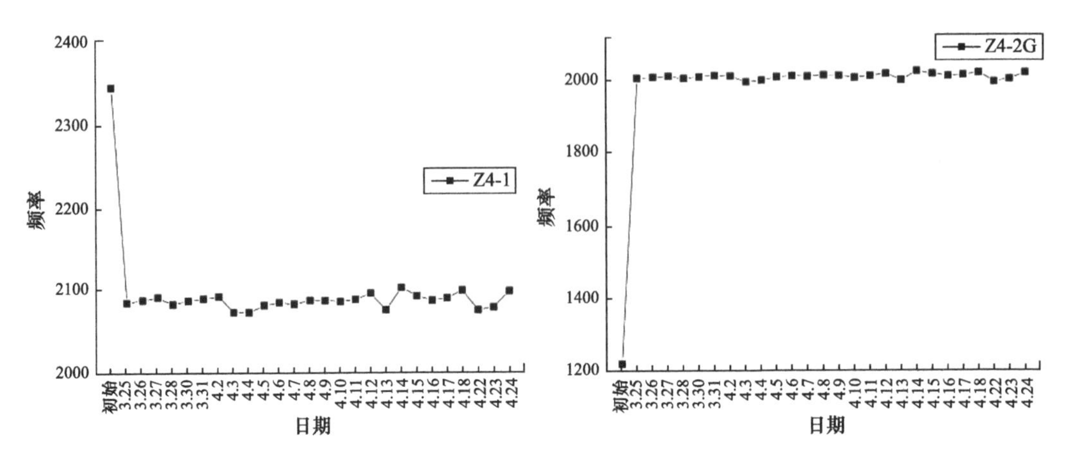

图 7-23 中部主桁架应力测点频率变化图（二）

截至 2018 年 4 月 24 日，中部主桁架各应力测点的应力水平列于表 7-2。

D 展厅中部主桁架应力测点监测数据 表 7-2

测点	起始频率（Hz）	终止频率（Hz）	K 值 × 10^{4}	应变（με）	应力（MPa）
Z1-1	2007	1943	4.3083	−109	−22.4
Z1-2G	1821	2046	−1.59327	−139	−28.6
Z2-1	2353	2110	4.15607	−451	−92.9
Z2-2G	857	1922	−1.62243	−343	−70.7
Z3-1	2005	1939	4.22159	−110	−22.6
Z3-2G	1767	1968	−1.57272	−118	−24.3
Z4-1	2341	2095	4.20887	−459	−94.6
Z4-2G	818	2004	−1.53645	−389	−80.2

可见，位于相同杆件的两个测点，测得的应力比较接近。而设计完成态 Z1 测点理论应力为−31MPa，Z2 测点理论应力为−109MPa，Z3 测点理论应力为−34MPa，Z4 测点理论应力为−104MPa，实测值接近或小于理论值，杆件应力水平处于合理的范围之内，反映出结构总体情况正常。

5. A 展厅索力测点频率变化图

以西部主桁架为例（图 7-24、图 7-25）。

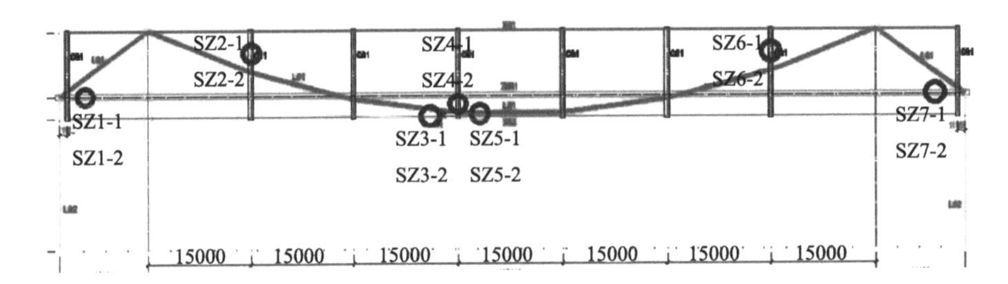

图 7-24 西部主桁架索力测点

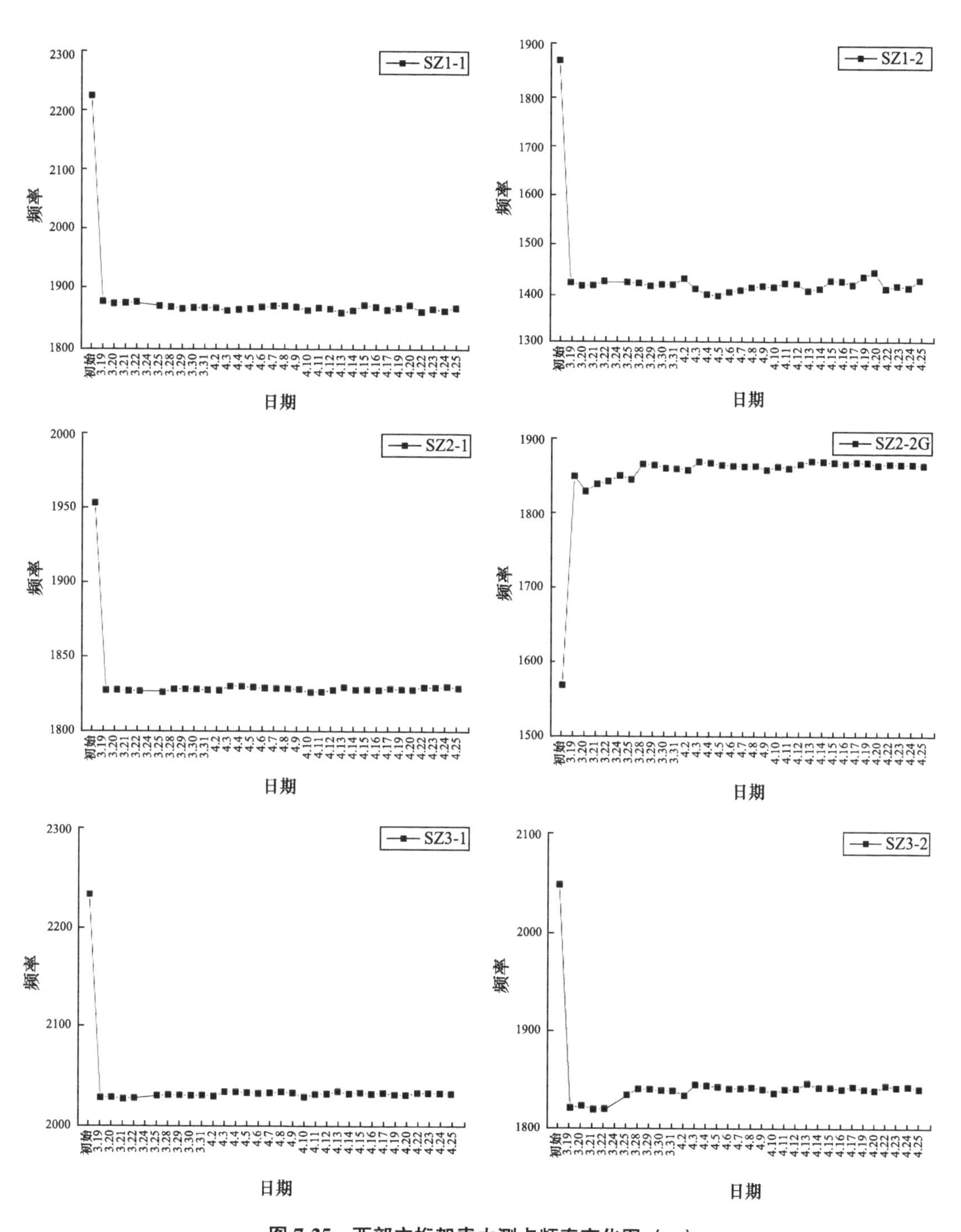

图 7-25　西部主桁架索力测点频率变化图（一）

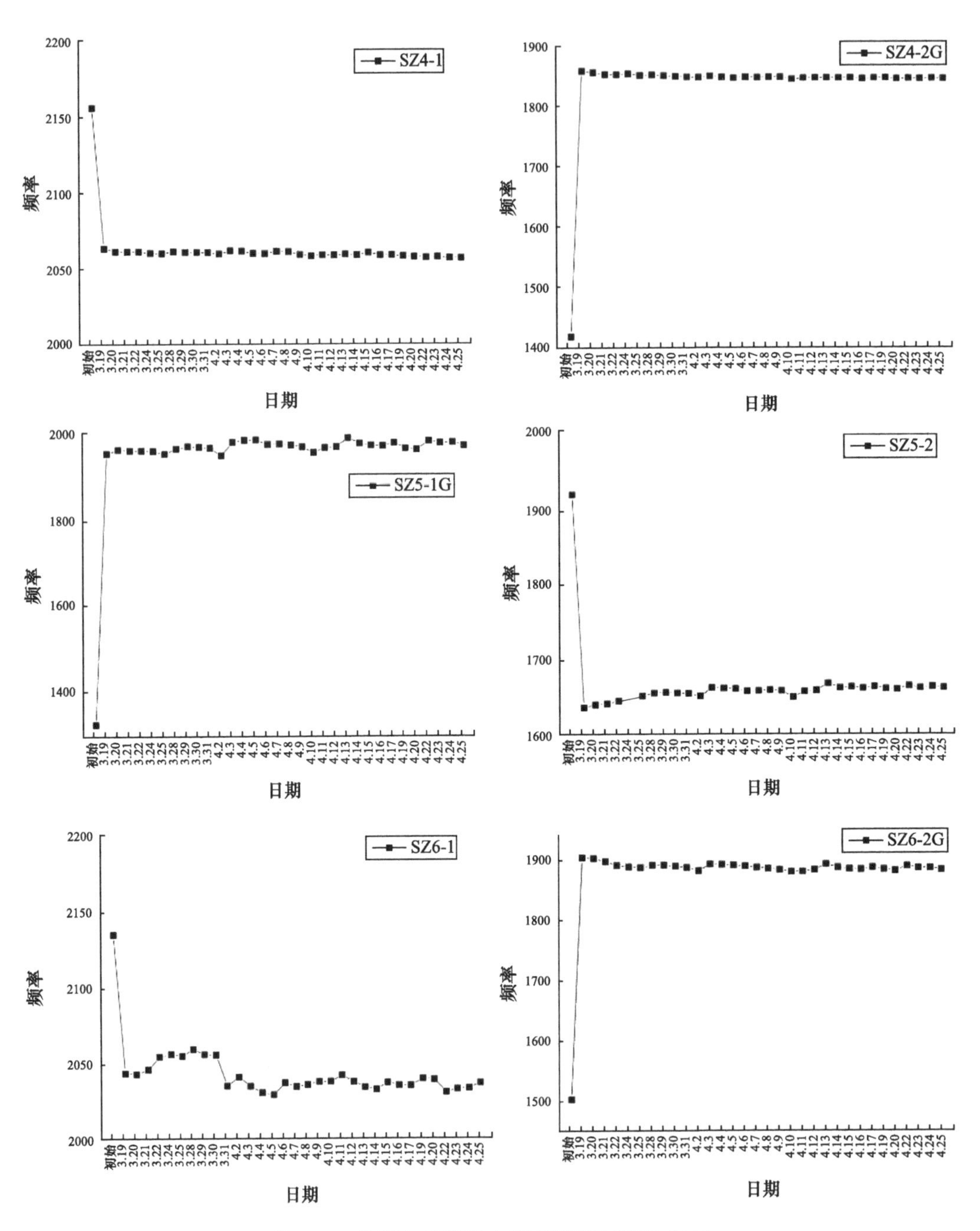

图 7-25　西部主桁架索力测点频率变化图（二）

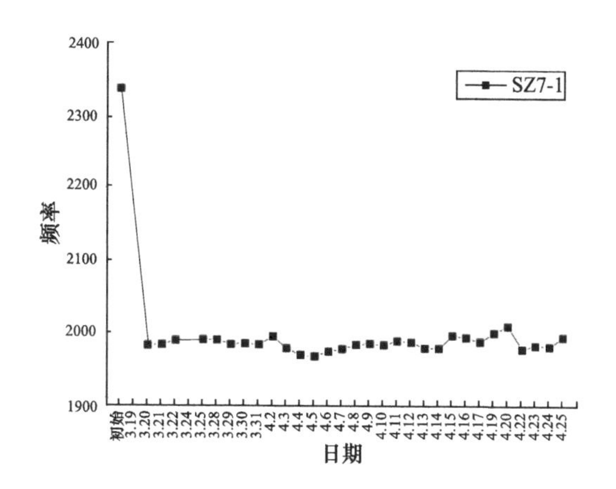

图 7-25　西部主桁架索力测点频率变化图（三）

截至 2018 年 4 月 25 日，西部主桁架各索力测点的索力水平列于表 7-3。

A 展厅西部主桁架索力测点监测数据　　表 7-3

测点	起始频率（Hz）	终止频率（Hz）	K 值 $\times 10^{-4}$	应变（με）	应力（MPa）	轴力（kN）	左侧索段索力（kN）	右侧索段索力（kN）
SZ1-1	2230	1875	4.15306	−605	−84.7	−11380	1593	3480
SZ1-2	1876	1425	4.27664	−637	−131.2	−11971	1676	3661
SZ2-1	1954	1830	4.25035	−199	−41.1	−2475	3694	3481
SZ2-2G	1567	1864	−1.65028	−168	−34.6	−2087	3115	2935
SZ3-1	2234	2033	4.22354	−362	−74.6	−680	—	—
SZ3-2	2051	1843	4.16232	−337	−69.4	−633	—	—
SZ4-1	2156	2056	4.29514	−181	−37.3	−2253	2905	2864
SZ4-2G	1415	1841	−1.54772	−215	−44.2	−2673	3448	3398
SZ5-1G	1316	1962	−1.57425	−333	−68.7	−913	—	—
SZ5-2	1924	1663	4.8474	−386	−79.5	−724	—	—
SZ6-1	2137	2039	4.37313	−179	−36.9	−2253	3195	3390
SZ6-2G	1503	1884	−1.49815	−193	−39.8	−2434	3451	3662
SZ7-1	2337	1993	4.32619	−644	−132.7	−8117	3705	188

设计完成态 SZ1 测点理论应力为－145MPa，左右索段理论索力为 1853kN、4048kN；SZ2 测点理论应力为－45MPa，左右索段理论索力为 4047kN、3813kN；SZ3 测点理论应力为－80MPa；SZ4 测点理论应力为－47MPa；SZ5 测点理论应力为－83MPa，左右索段理论索力为 3664kN、368kN；SZ6 测点理论应力为－44MPa，左右索段理论索力为 3813kN、4046kN；SZ7 测点理论应力为－145MPa，左右索段理论索力为 4047kN、

1980kN。实测值与理论值有些误差，最大误差出现在测点 SZ2 处，为 23.03%，此误差可以接受。拉索索力水平处于合理的范围之内，反映出结构总体情况正常。

6. D 展厅索力测点频率变化图

以中部主桁架为例（图 7-26、图 7-27）。

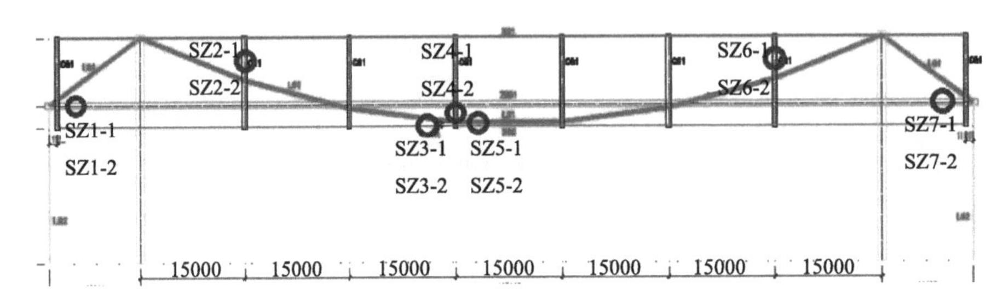

图 7-26　中部主桁架索力测点

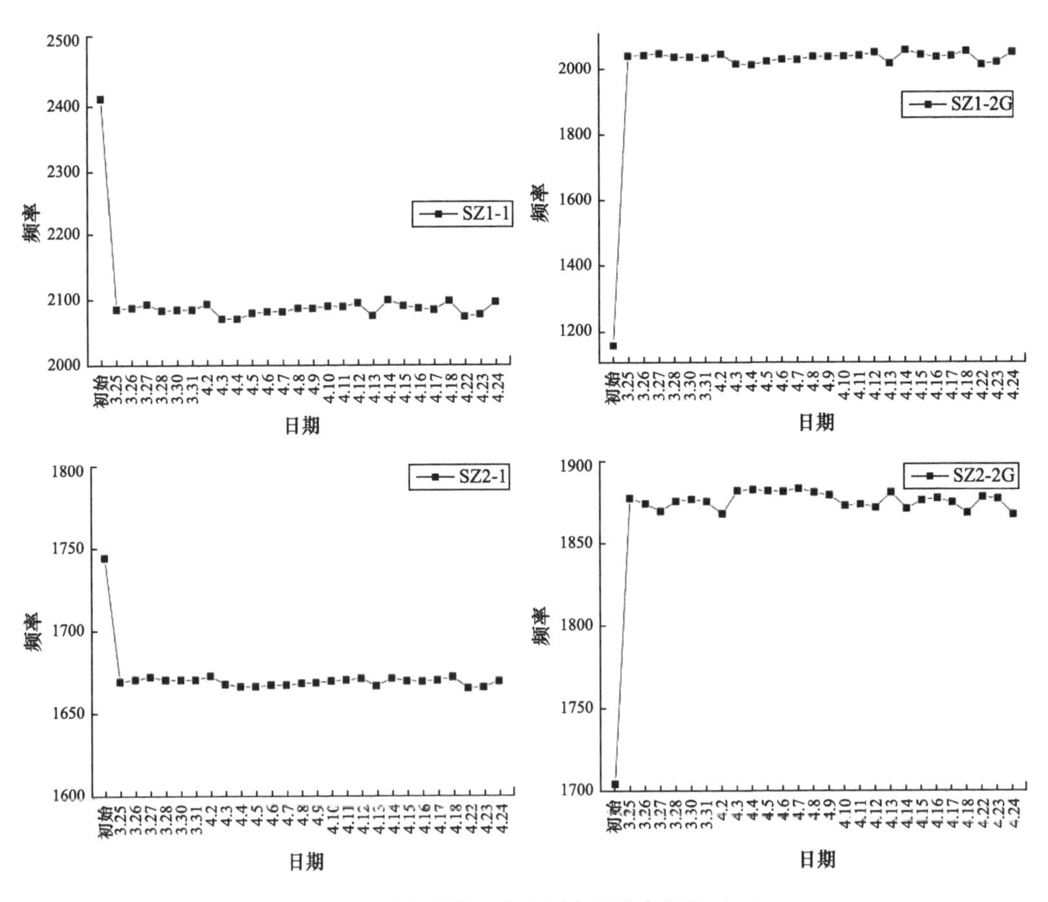

图 7-27　中部主桁架索力测点频率变化图（一）

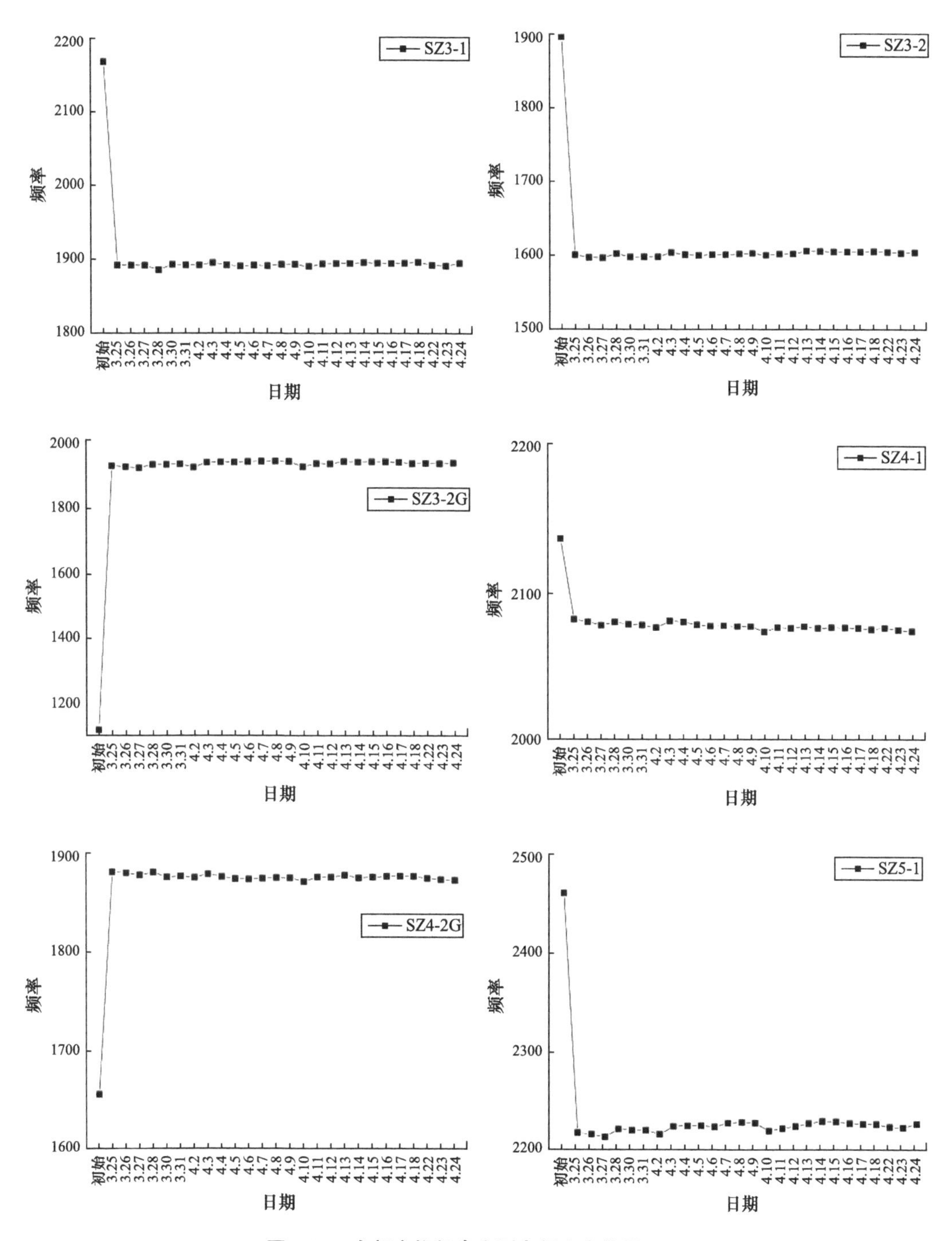

图 7-27　中部主桁架索力测点频率变化图（二）

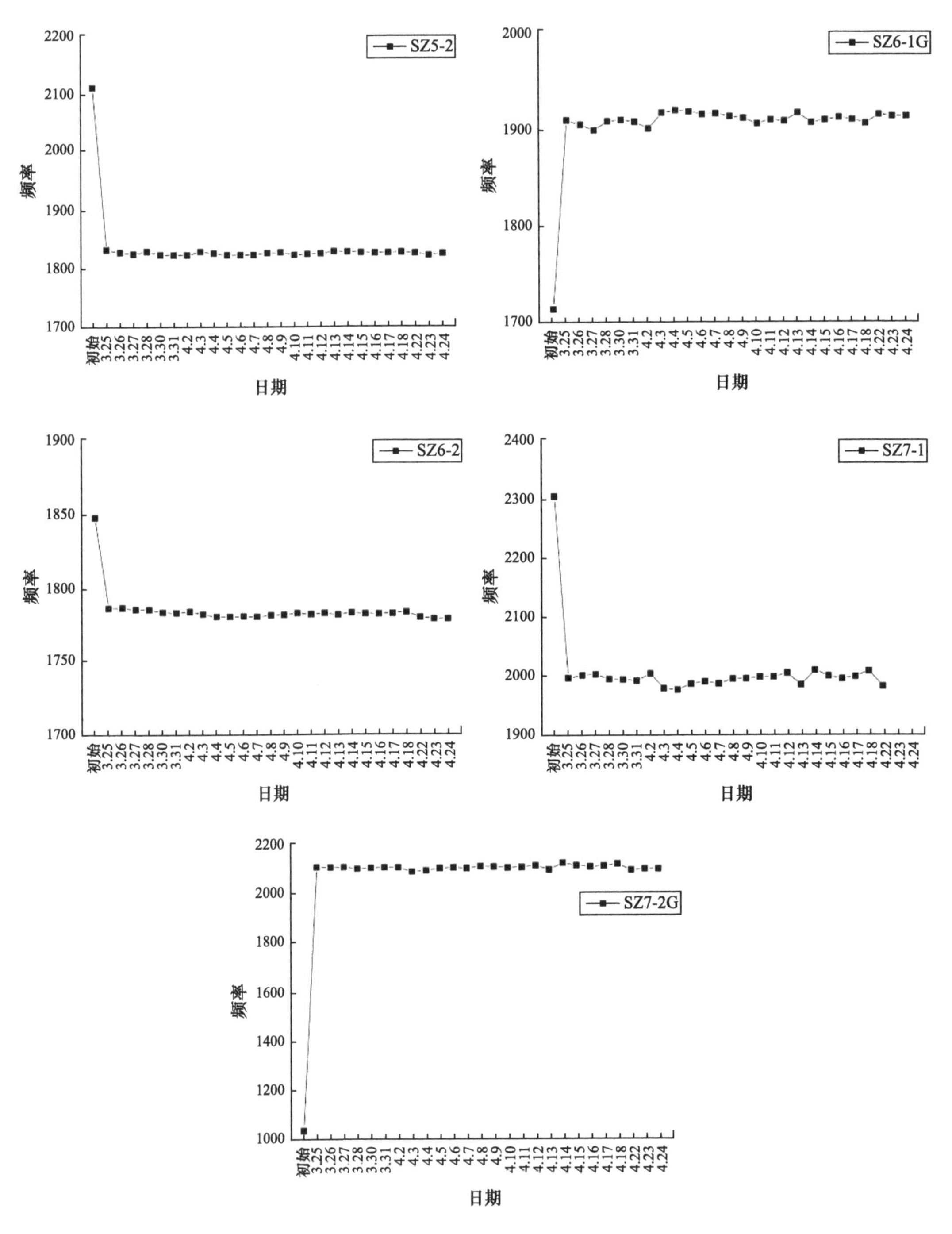

图 7-27　中部主桁架索力测点频率变化图（三）

截至 2018 年 4 月 24 日，中部主桁架各索力测点的索力水平列于表 7-4。

D展厅中部主桁架索力测点监测数据　　表 7-4

测点	起始频率(Hz)	终止频率(Hz)	K值×10^{-4}	应变(με)	应力(MPa)	轴力(MPa)	左侧索段索力(kN)	右侧索段索力(kN)
SZ1-1	2406	2097	4.15061	−578	−119.0	−8209	1382	2717
SZ1-2G	1147	2047	−1.72354	−495	−102.0	−7039	1185	2330
SZ2-1	1743	1668	4.20416	−107	−22.0	−1319	2401	238
SZ2-2G	1704	1868	−1.58969	−93	−19.1	−1146	2086	2009
SZ3-1	2171	1900	4.21044	−465	−95.8	−1041	—	—
SZ3-2	1897	1606	4.25134	−433	−89.3	−970	—	—
SZ3-2G	1116	1937	−1.66291	−417	−85.9	−933	—	—
SZ4-1	2137	2073	4.19992	−18	−23.2	−1394	2195	2176
SZ4-2G	1657	1875	−1.58504	−82	−25.1	−1510	2377	2356
SZ5-1	2461	2227	4.19213	−460	−94.7	−1024	—	—
SZ5-2	2108	1822	4.24996	−478	−98.5	−1066	—	—
SZ6-1G	1713	198	−1.54966	−18	−23.1	−1380	2418	2511
SZ6-2	1847	1778	4.2294	−106	−21.9	−1311	2296	2384
SZ7-1	2304	1981	4.2242	−585	−80.5	−8298	2804	1505
SZ7-2G	1034	2094	−1.64539	−546	−18.4	−7741	2616	1404

可见，位于相同杆件的两个测点，测得的应力大致接近，从而求得的索力大致接近。而设计完成态 SZ1 测点理论应力为－88MPa，左右索段理论索力为 1486kN、2922kN；SZ2 测点理论应力为－25MPa，左右索段理论索力为 2724kN、2623kN；SZ3 测点理论应力为－101MPa，SZ4 测点理论应力为－27MPa，SZ5 测点理论应力为－102MPa，左右索段理论索力为 2559kN、2536kN；SZ6 测点理论应力为－25MPa，左右索段理论索力为 2622kN、2723kN；SZ7 测点理论应力为－86MPa，左右索段理论索力为 2932kN，1574kN。实测值与理论值有些误差，最大误差出现在测点 SZ2 处，为 23.42%，此误差可以接受。拉索索力水平处于合理的范围之内，反映出结构总体情况正常。

7.5 监测结果

石家庄国际展览中心建筑面积近 36 万 m^2，展厅采用了双向悬索结构，实现了“全无柱设计”，展厅面积得以最大化利用，使场馆采光及视线效果达到最佳，最大程度地释放空间，保证了整体空间的连通性，但结构复杂、风险高、施工难度大。天津大学监测团队根据项目的特殊性、施工的复杂性等，制定了详细的施工监测和健康监测方案。在施工监测过程中使用优质的监测设备，采用合适的监测方法，制定了严格、规律、详细的监测制度，为评估悬索结构的健康水平提供了依据。

1. 位移监测

A展厅：

截至2018年4月23日，A展厅索结构测点最大位移在南起第五榀索桁架测点SZ-3处，为356mm。其中，随着时间的推移，监测到以下情况：

（1）东部主桁架测点ZD-5于2018年3月17日突降40mm，提出预警，经过持续观测，之后高度回升，位移变化逐渐趋于稳定，解除预警；

（2）西部主桁架测点ZX-3于2018年3月12日突增35mm，提出预警，经过持续观测，之后高度下降，位移变化逐渐趋于稳定，解除预警，并于2018年3月20日突增38mm，提出预警，经过持续观测，之后高度下降，位移变化逐渐趋于稳定，解除预警；

（3）南起第五榀索桁架测点SZ-3分别于2018年2月25日、2018年2月26日突降37mm、39mm，提出预警，后于2018年3月1日突降49mm，继续提出预警，经过持续观测，之后高度保持平稳下降，位移变化逐渐趋于稳定，解除预警；

（4）南起第五榀索桁架测点SZ-4于2018年2月28日突降98mm，提出预警，后于2018年3月2日突降42mm，继续提出预警，经过持续观测，之后高度保持平稳下降，位移变化逐渐趋于稳定，解除预警。

D展厅：

截至2018年4月22日，D展厅索结构测点最大位移在中部主桁架测点ZZ6处，为364mm。其中，随着时间的推移，中部主桁架测点ZZ-5、ZZ-6于2018年3月3日分别突降42mm、44mm，提出预警，经过持续观测，之后高度保持平稳下降，位移变化逐渐趋于稳定，解除预警；北起第一榀索桁架测点SD-6于2018年3月11日突降42mm，提出预警，经过持续观测，之后高度保持平稳，位移变化逐渐趋于稳定，解除预警。

2. 应力监测

各测点处应力实测值接近或小于理论值，杆件应力水平处于合理的范围之内，反映出结构总体情况正常。

3. 索力监测

将实测结果与设计完成态理论值进行对比，发现存在一些误差。A展厅西部主桁架索力测点最大误差出现在测点SZ2处，为23.03%，南起第一榀索桁架索力测点最大误差出现在测点 SSD1 处，为 23.65%，南起第五榀索桁架索力测点最大误差出现在测点 SSZ1 处，为 19.27%；D 展厅中部主桁架索力测点最大误差出现在测点 SZ2 处，为 23.42%，北起第一榀索桁架索力测点最大误差出现在测点 SSD2 处，为 16.95%，北起第五榀索桁架索力测点最大误差出现在测点 SSZ2 处，为 16.14%。两展厅索力监测误差最大约 24%，此误差可以接受。

4. 重大预警

2018 年 2 月 26 日，监测团队在位移监测中发现 A 展厅东侧 A2 轴与 AB、AD 轴之间的下弦杆发生弯曲变形，西侧 A5 轴与 AB、AD 轴之间的下弦杆发生弯曲变形。监测团队及时上报甲方并启动紧急会议，团队技术负责人刘红波研究员、技术顾问王成博教授次日紧急赴现场实地考察并仔细分析研判，认为该处不是结构的主要受力构件，变形基本不影响主体结构受力，随后几日连续并重点观测异常点位，位移变化不再显示异常，解除预警。经过施工阶段全过程的分析判断，结构总体规律正常，位移、应力、索力均处于合理范围内。2018 年 4 月 26 日中国·石家庄（正定）国际博览会的顺利开展，标志着石家庄国际展览中心施工完成并投入使用，监测团队完成施工监测工作，开始进行使用阶段的健康监测工作。

03

第三篇 PART THREE

石家庄国际展览中心悬索结构试验研究

第 8 章
风荷载试验研究

8.1 试验环境

8.1.1 风洞试验室

石家庄国际展览中心风荷载试验在石家庄铁道大学风工程研究中心 STU-1 风洞实验室低速试验段内进行。该风洞是一座串联双试验段回/直流大型多功能边界层风洞（图 8-1），其低速试验段宽 4.4m，高 3.0m，长 24.0m，最大风速大于 30.0m/s；高速试验段宽 2.2m，高 2m，长 5.0m，最大风速大于 80.0m/s。低速试验段流场达到优秀边界层风洞流场标准，高速试验段流场达到优秀工业空气动力学风洞标准。洞体第一、二拐角沿轨道可以移开，变回流风洞为 U 形直流风洞，可以进行风雨试验、污染扩散、质量迁移等各种不适合在回流风洞中进行的试验。在低速试验段、高速试验段和第一拐角处设置了降雨模拟系统，可以模拟从小雨到大暴雨的各级雨强的降雨。该风洞试验室配备包括测压、测力、测振在内的完整的风荷载及响应测试设备，能够满足各种要求的风荷载及响应测试。

8.1.2 风洞试验设备

本试验为刚性模型测压试验，试验主要采用了风速控制系统、风向角控制系统、风场测试系统和风压测试系统四部分配合完成模型的风荷载测试试验。

风速控制系统采用高精度压力传感器及相关软件对来流风速进行控制，同时采用微压差计对风速进行监控，从而保证来流风速的准确性和稳定性。

风向角通过电机驱动的转盘精确控制来流与试验模型的相对夹角。

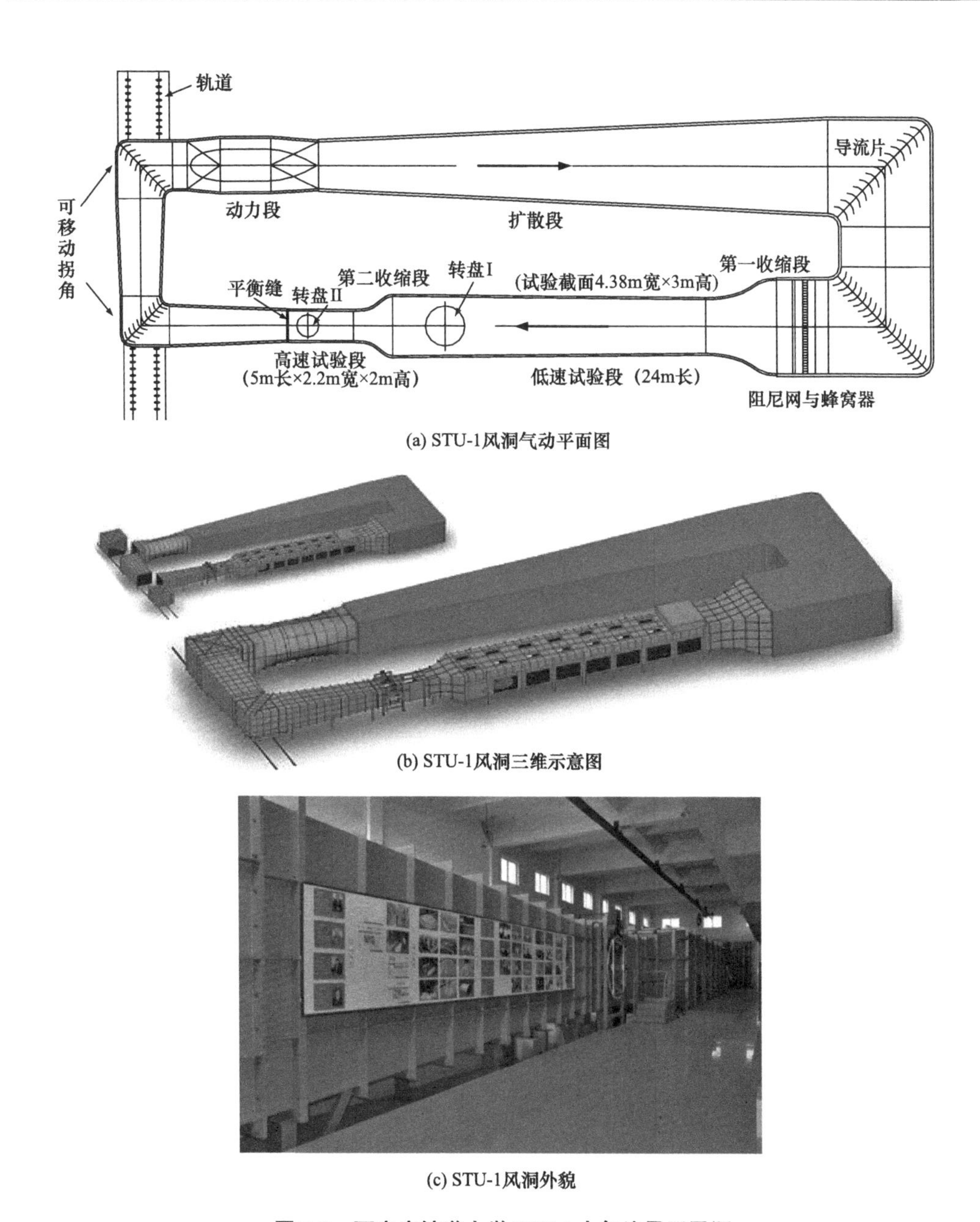

(a) STU-1风洞气动平面图

(b) STU-1风洞三维示意图

(c) STU-1风洞外貌

图 8-1　石家庄铁道大学 STU-1 大气边界层风洞

采用澳大利亚 Turbulent Flow Instrumentation 公司的风速测试系统 CobraProbe，结合可精确定位至 0.1mm 的三维移测架对风洞中模拟的风场进行测试，从而保证风场模拟的准确可靠。

采用美国 Scanivalve 公司量程为±254mm 水柱的电子压力扫描阀测试结构表面的风压。压力采集设备主要由 Scanivalve 公司的 DSM3400、高性能 PC 机以及自编的压力采集处理程序组成。

8.2 风洞试验

本项目气动弹性效应不明显，基于对国内外文献的研究，本次试验采用刚性模型测压试验。

8.2.1 模型制作

刚性模型测压试验要求模型在来流作用下不产生明显的变形和振动，同时考虑到模型加工、运输及测压孔制作方便，制作材料需要具备较轻的质量、一定的刚度和良好的可塑性。本次试验模型材料为ABS板，这种材料质量轻、强度高、高温下可塑性好，非常适合制作表面复杂的刚性试验模型。

图8-2为安置在风洞中的试验模型，模型的几何缩尺比为1∶250。

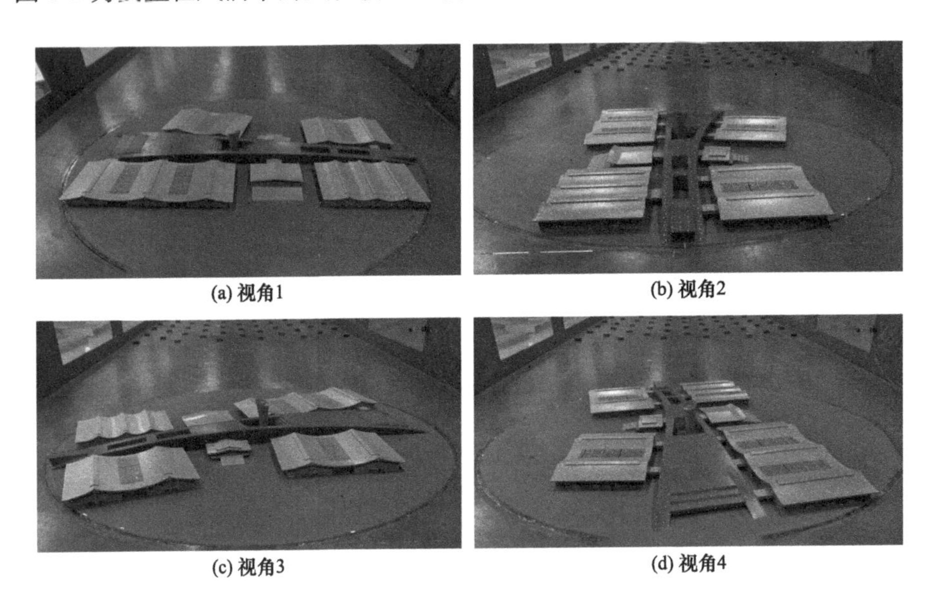

(a) 视角1　(b) 视角2　(c) 视角3　(d) 视角4

图8-2　安装在风洞中的试验模型

8.2.2 测点布置

石家庄国际展览中心结构试验模型的测点布置见图8-3。测点编号采用分区域连续编号的方式，标准展厅（FGH）上的测点用A表示；南登录厅上的测点用B表示；多功能厅（E）上的测点用C表示；中央大厅上的测点用D表示；标准展厅（CD）上的测点用E表示；北登录厅上的测点用F表示；标准展厅（AB）上的测点用G表示；观光塔上的测点用H表示。

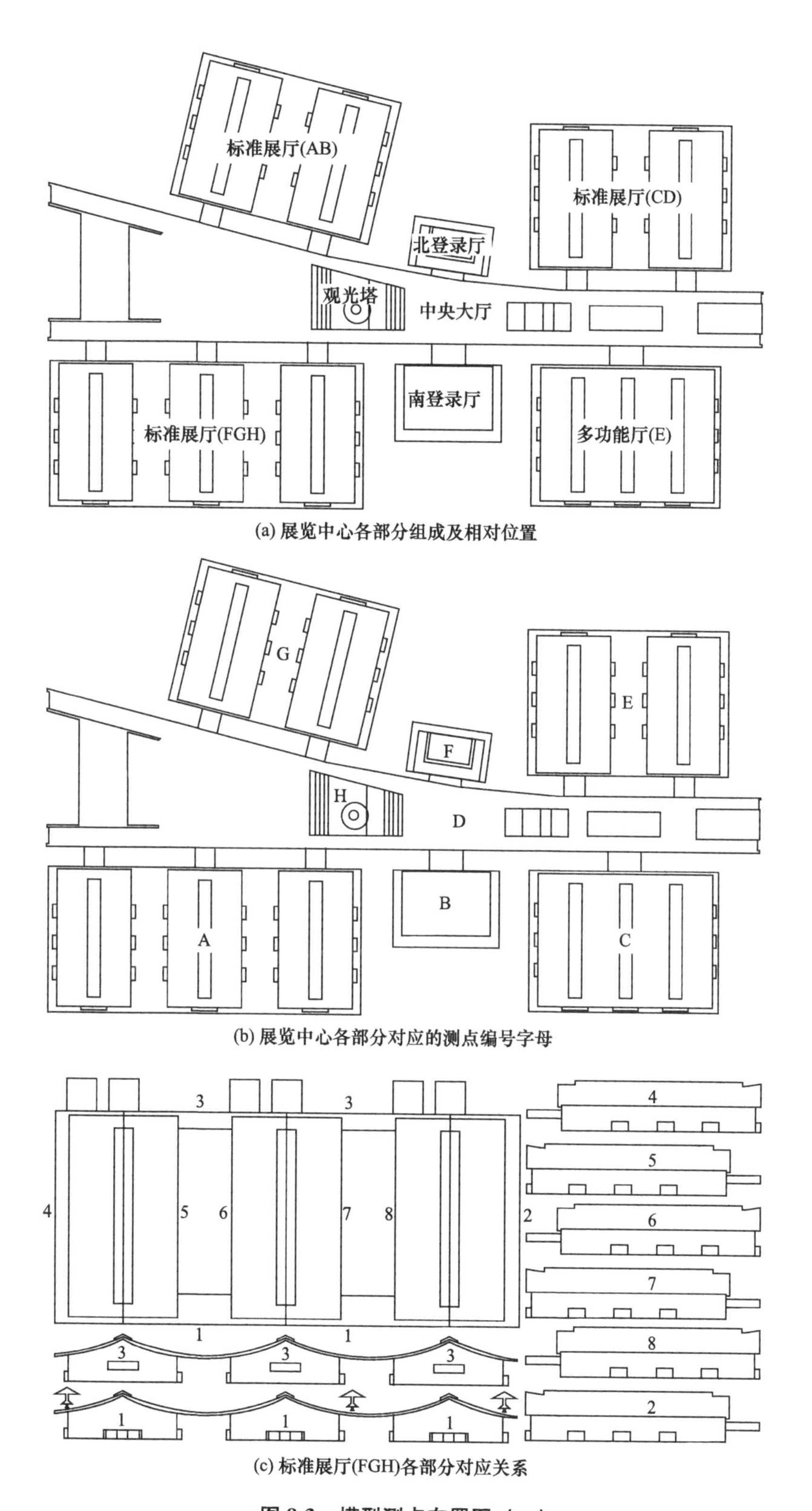

(a) 展览中心各部分组成及相对位置

(b) 展览中心各部分对应的测点编号字母

(c) 标准展厅(FGH)各部分对应关系

图 8-3　模型测点布置图（一）

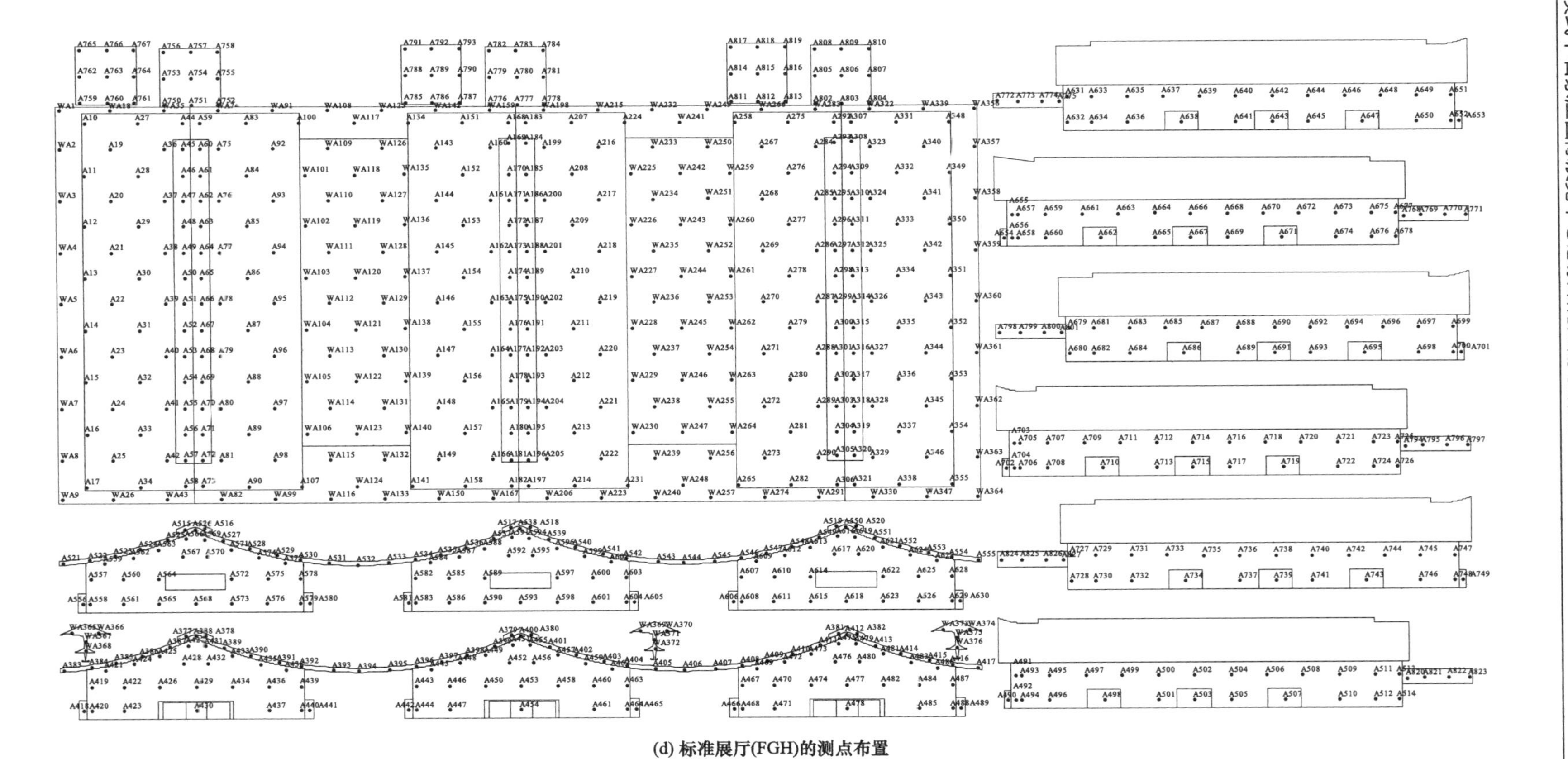

(d) 标准展厅(FGH)的测点布置

图 8-3　模型测点布置图（二）

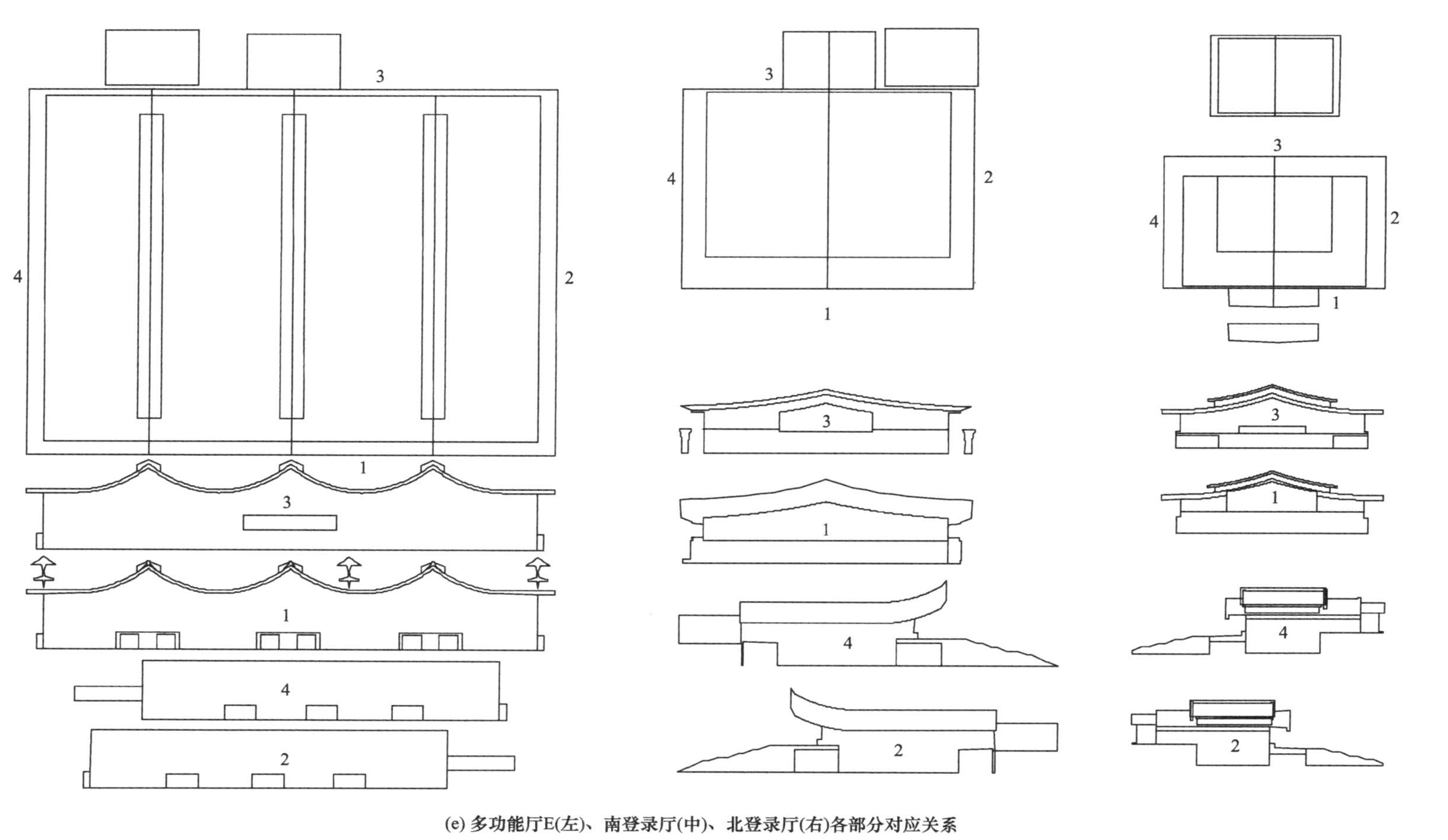

(e) 多功能厅E(左)、南登录厅(中)、北登录厅(右)各部分对应关系

图 8-3　模型测点布置图（三）

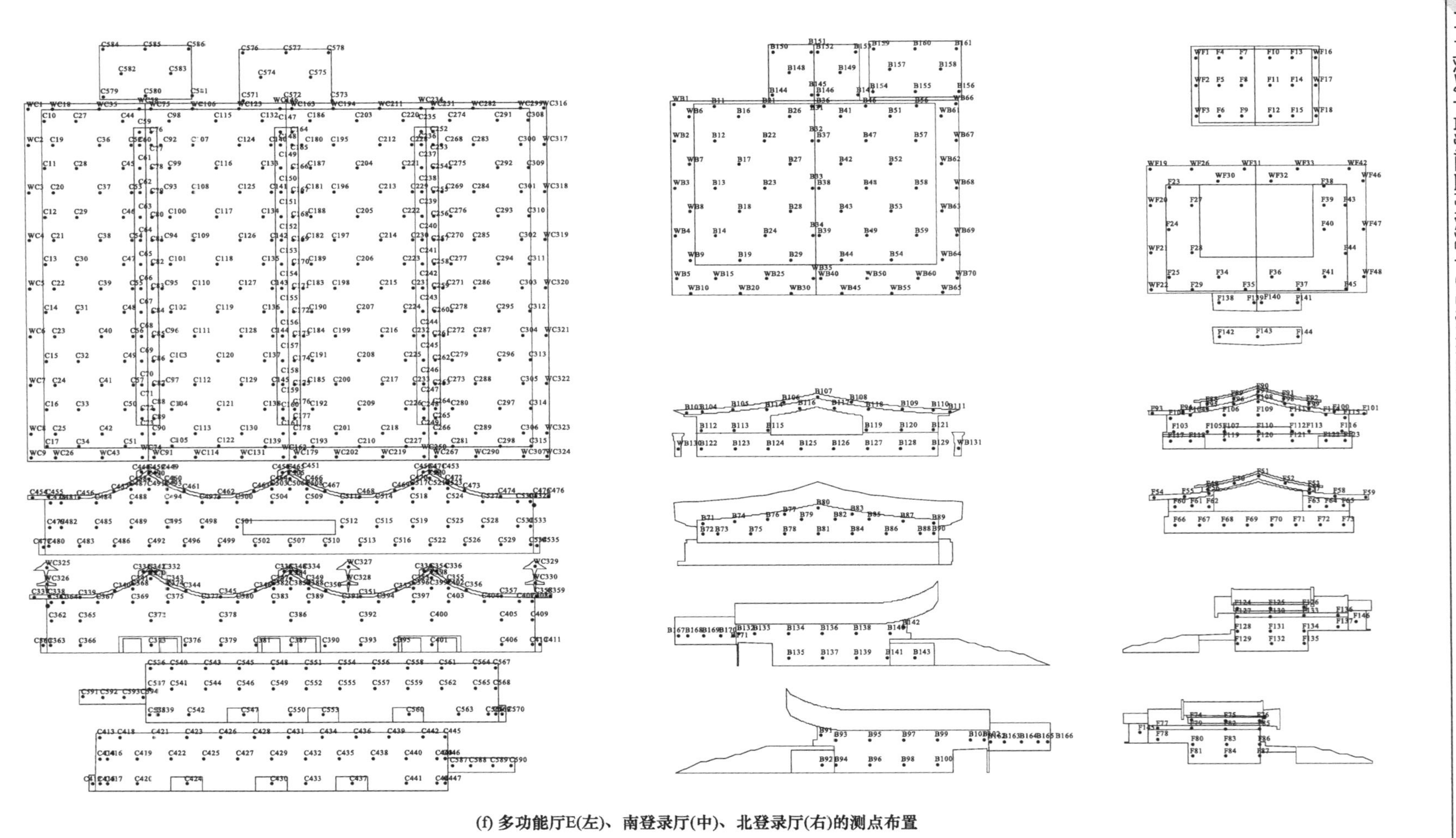

(f) 多功能厅E(左)、南登录厅(中)、北登录厅(右)的测点布置

图 8-3 模型测点布置图（四）

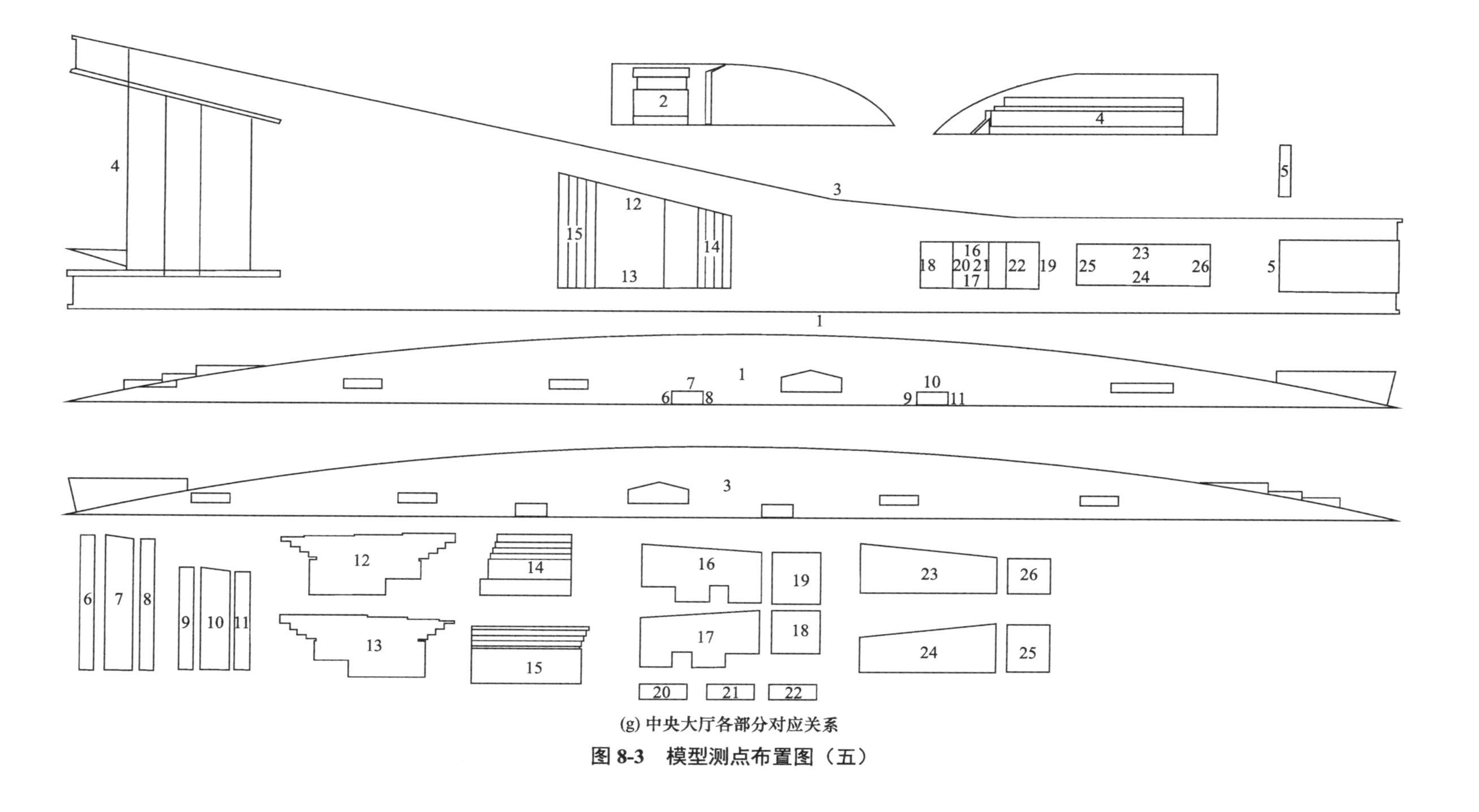

(g) 中央大厅各部分对应关系

图 8-3　模型测点布置图（五）

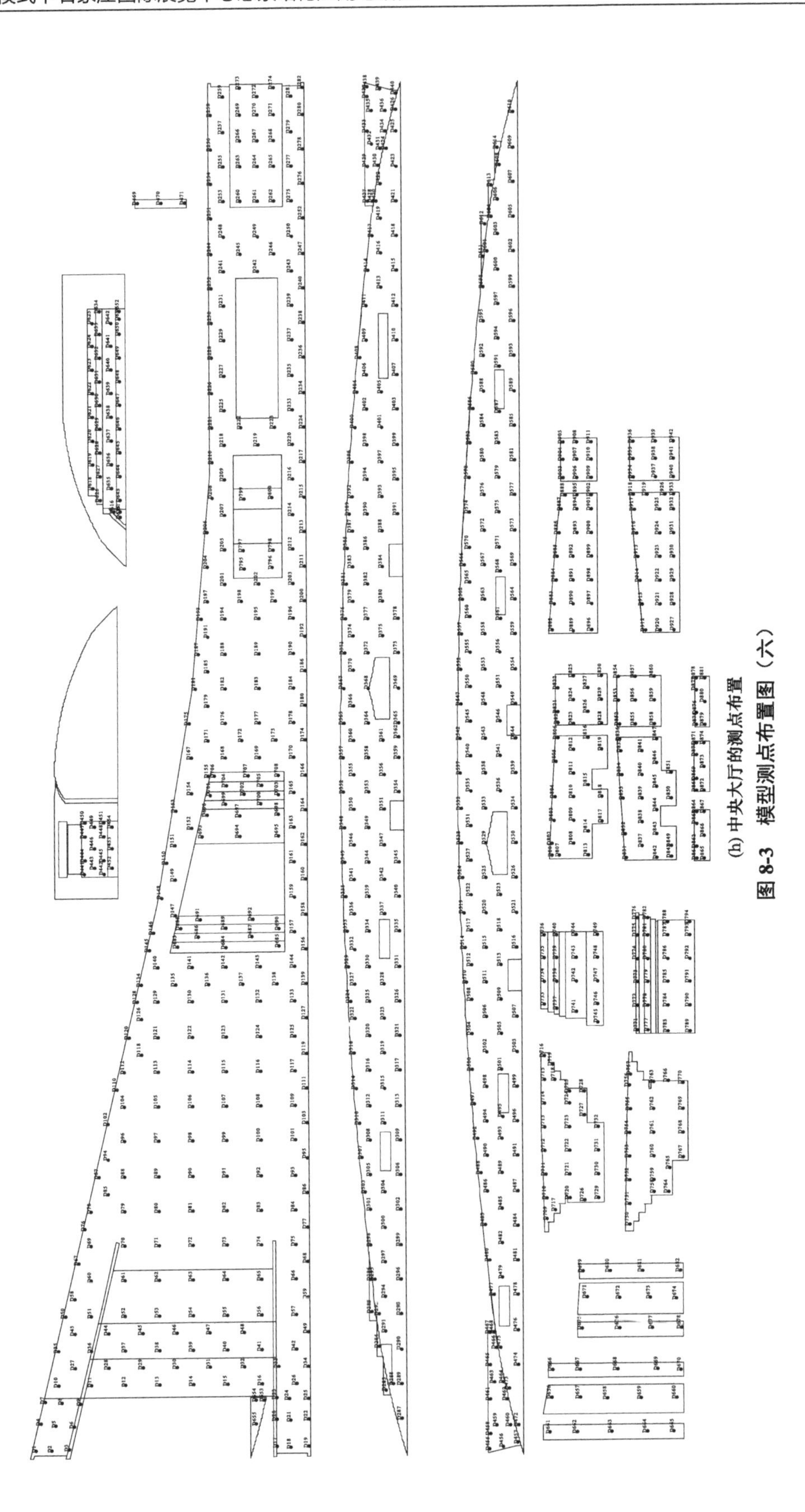

(h) 中央大厅的测点布置

图 8-3 模型测点布置图（六）

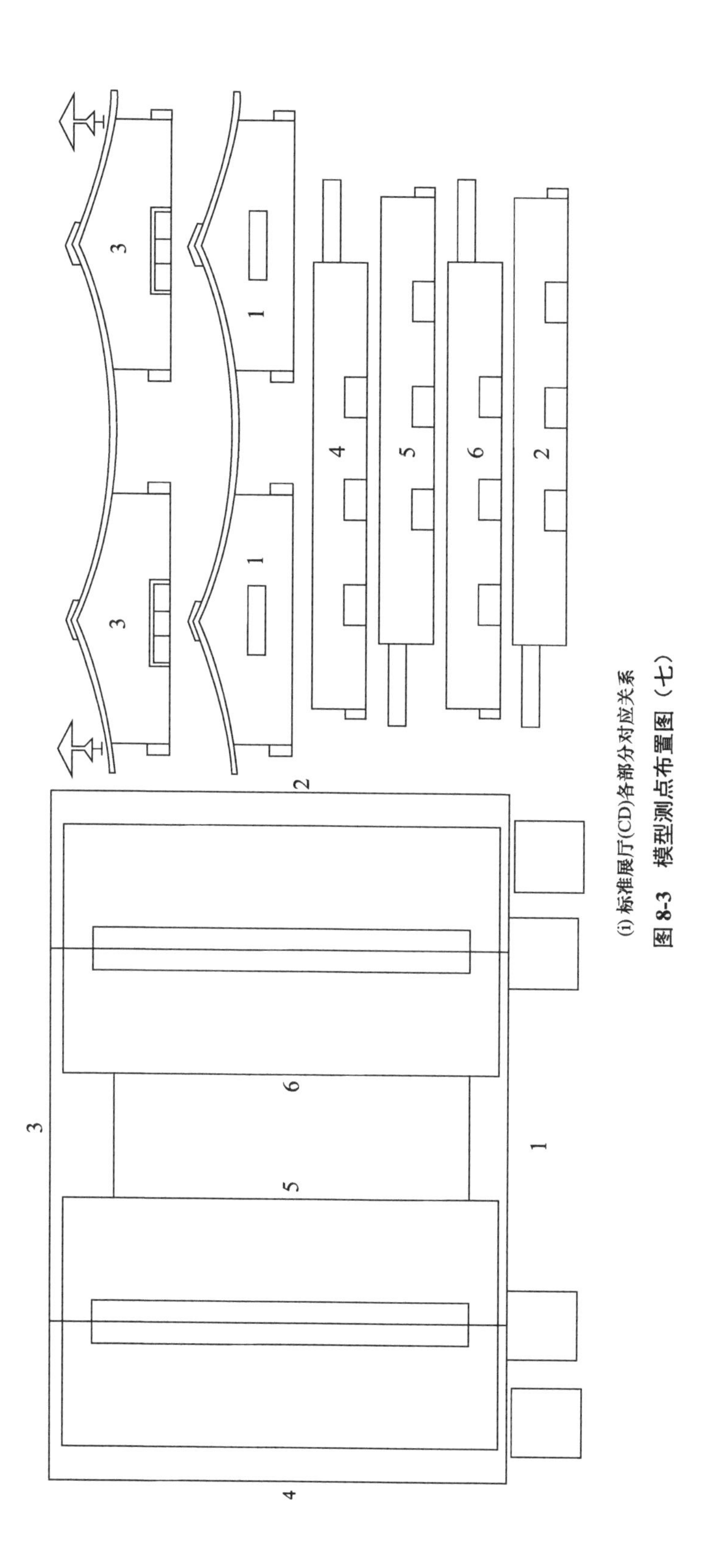

(i) 标准展厅(CD)各部分对应关系

图 8-3　模型测点布置图（七）

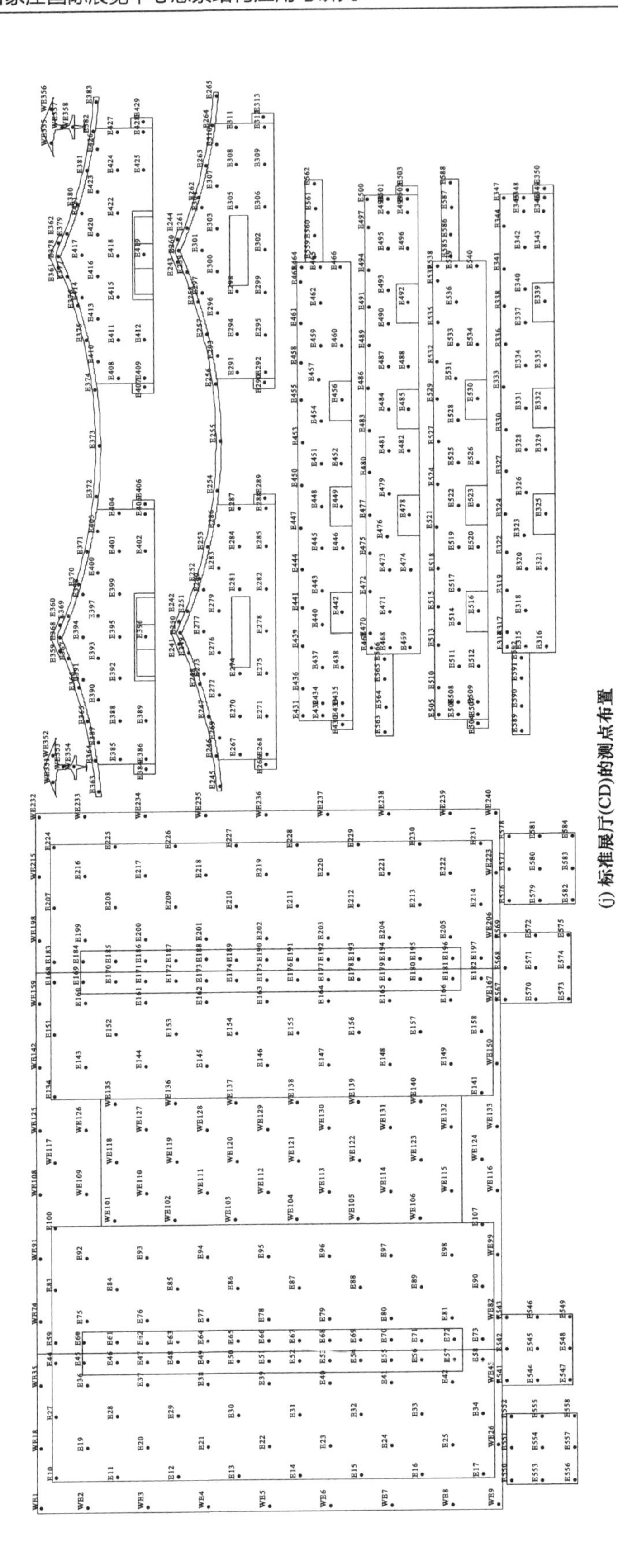

(j) 标准展厅(CD)的测点布置

图 8-3　模型测点布置图（八）

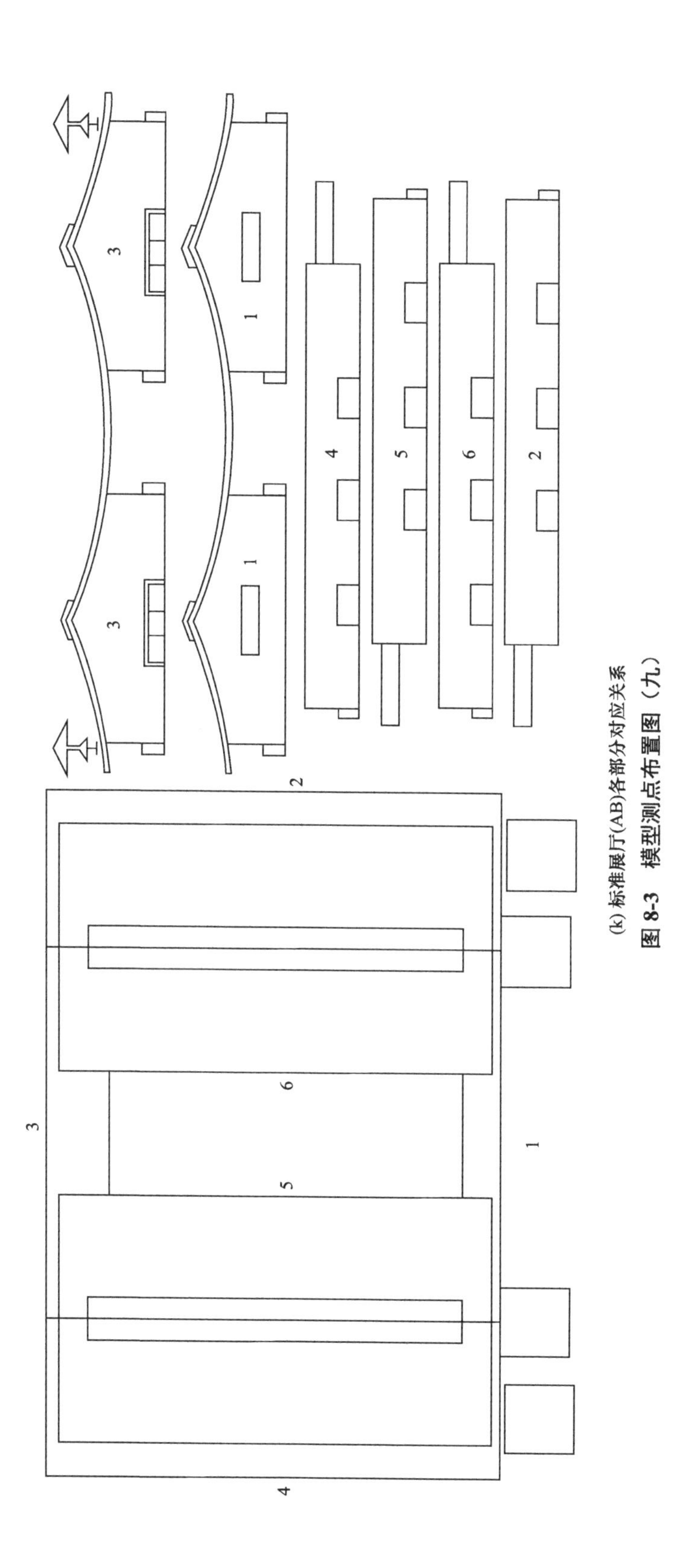

(k) 标准展厅(AB)各部分对应关系

图 8-3　模型测点布置图（九）

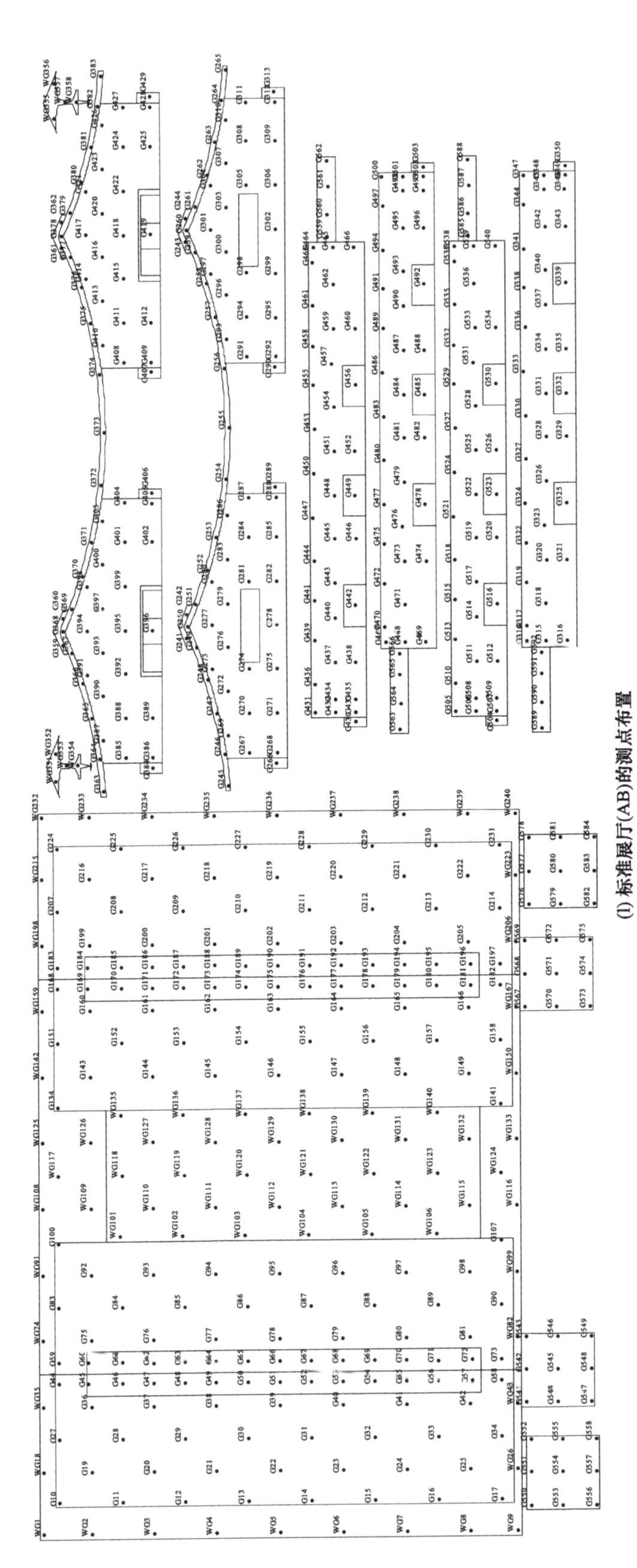

(l) 标准展厅(AB)的测点布置

图 8-3 模型测点布置图（十）

需要说明的是，当以上测点编号以 W 开头，表示该位置需要进行上下（或者内外）表面同步测压，为双面布置测点。对于这些测点位置，图 8-3 中仅给出了单面的测点布置位置。结构上下（或者内外）两面的测点位置一一对应。石家庄国际展览中心试验模型的测点总数为 4411 个。

8.2.3　风场模拟

参照现行国家标准《建筑结构荷载规范》GB 50009 及本项目工程所在地的地形地貌及建筑周边的环境，地面粗糙度确定为 B 类。本次试验采用尖劈和粗糙元被动模拟方法模拟了项目所在地的地表粗糙度特性。

图 8-4 为风洞中模型上游模拟地面粗糙度的尖劈和粗糙元布置。

图 8-4　地面粗糙度模拟装置（尖劈和粗糙元布置）

如图 8-5 所示为采用图 8-4 模拟装置模拟得到的平均风速剖面和顺风向紊流度剖面。图中给出了对应于实际高度 120m 以下部分，该高度大于实际测试结构高度。可以看出，试验模拟得到的风速剖面与现行国家标准《建筑结构荷载规范》GB 50009 规定的理论风剖面吻合较好。

8.2.4　试验工况

本次试验以 10°为间隔逆时针旋转，共测试了 360°风向角范围内的 36 个风向角工况。图 8-6 为模型方位与试验风向角示意图。

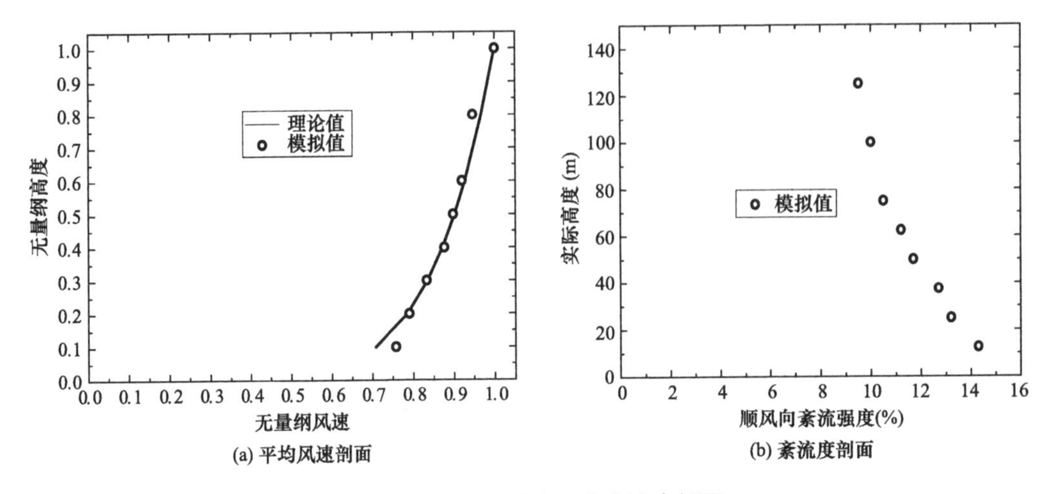

图 8-5　平均风速剖面和紊流度剖面

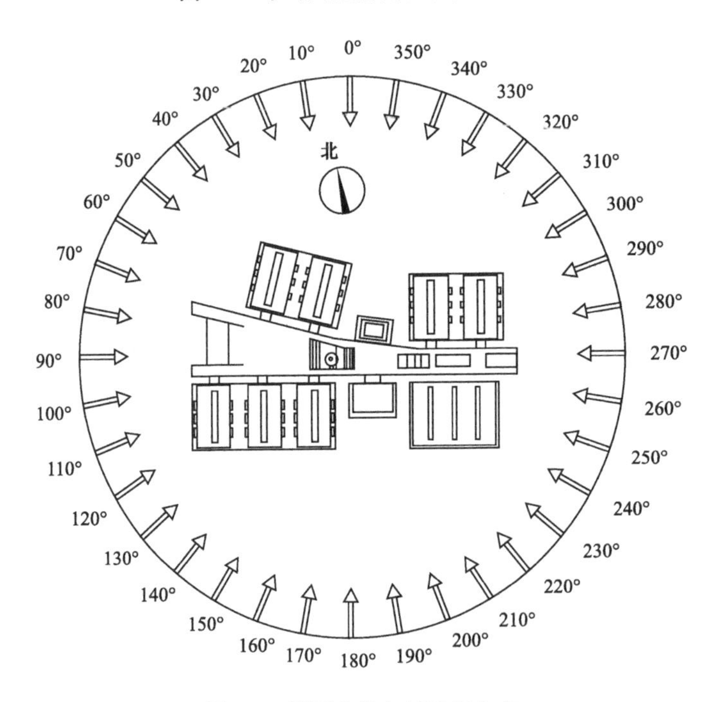

图 8-6　模型方位与试验风向角

8.2.5　参数汇总

表 8-1 为本次风洞试验的技术参数汇总。

试验技术参数汇总　　表 8-1

参数分类	参数名称	指标
气象、地貌及建筑环境	地表粗糙度类型	B
	基本风压（B类）	0.35kPa

续表

参数分类	参数名称	指标
模型参数	试验断面尺寸	4.4m宽×3m高×24m长
	模型缩尺比	1∶250
	模型形式	刚性模型
	测点总数	4411
试验参数	自由来流风速	16m/s
	采样频率	312.5Hz
	采样时间	30s
	风向角范围	0°～360°
	风向角间隔	10°

8.3 风荷载计算方法

本项目中所有系数和风压值的正负号意义如下：正号表示风压沿结构表面法向向内，即对结构表面产生压力；负号表示风压沿结构表面法向向外，即对结构表面产生吸力。

8.3.1 数据处理及参数定义

采用无量纲风压系数来描述结构表面的风压：

$$C_{pi,\theta}=\frac{P_{i,\theta}+\overline{P}_{s}}{\overline{P}_{t,h}-\overline{P}_{s}}=\frac{P_{i,\theta}-\overline{P}_{s}}{0.5\rho\overline{V}_{h}^{2}} \tag{8-1}$$

其中，$C_{pi,\theta}$ 为 i 点在 θ 风向角下的风压系数；$P_{i,\theta}$ 为测点 i 在 θ 风向角下总压；$\overline{P}_{s}$ 为参考点静压平均值；$\overline{P}_{t,h}$ 为参考高度 h 处总压；ρ 为空气密度，$\overline{V}_{h}$ 为参考高度 h 处的平均风速。为方便使用，参考点高度取 $h=10\text{m}$，下文分别采用 $\overline{C}_{pi,\theta}$ 和 $\hat{C}_{pi,\theta}$ 表示 $C_{pi,\theta}$ 的均值和均方根值，分别称为平均风压系数和脉动风压系数。

当单层结构需要上下表面或者内外表面同步测压时，定义测点净压系数：

$$C_{pmi,\theta}=C_{pei,\theta}-C_{pii,\theta} \tag{8-2}$$

其中，$C_{pmi,\theta}$ 为 i 点位置在 θ 风向角下的净压系数，$C_{pei,\theta}$ 和 $C_{pii,\theta}$ 为 i 点位置对应在 θ 风向角下的外部测点和内部测点的风压系数。$\overline{C}_{pmi,\theta}$ 和 $\hat{C}_{pmi,\theta}$ 表示 $C_{pmi,\theta}$ 的均值和均方根值，称为平均净压系数和脉动净压系数。

体型系数可由测点的平均风压系数（或者平均净压系数）计算得到：

$$\mu_{i,\theta}=\frac{\overline{C}_{pi,\theta}}{\left(\frac{Z_i}{h}\right)^{2\alpha}},\quad \mu_{mi,\theta}=\frac{\overline{C}_{pmi,\theta}}{\left(\frac{Z_i}{h}\right)^{2\alpha}} \tag{8-3}$$

其中，$\mu_{i,\theta}$（$\mu_{mi,\theta}$）均称为测点 i 处的体型系数（或净压体型系数），Z_i 为测点 i 所处的高度，α 为地貌粗糙度指数，B类地貌 α 取 0.15。

需要特别说明的是，对于石家庄国际展览中心结构双面承受风压的部分，本节给出的测点风压系数、体型系数及相应的风压均为外表面与内表面相减后的净风压系数、净压体型系数以及净风压。正号表示风压沿结构外表面法向向内，即对外表面产生压力；负号表示风压沿结构外表面法向向外，即对结构外表面产生吸力。

8.3.2 主体结构设计的风压计算方法

按照现行国家标准《建筑结构荷载规范》GB 50009，当计算主体承重结构时，垂直于建筑物表面上的风荷载标准值：

$$w_k=\beta_z\mu_s\mu_z w_0 \tag{8-4}$$

其中，w_k 为风荷载标准值，β_z 为风振系数，μ_s 为风荷载体型系数，μ_z 为风压高度变化系数，w_0 为基本风压。

因此，根据风洞试验得到的体型系数或者风压系数，计算风荷载标准值：

$$w_{ki\theta}=\beta_{zi,\theta}\mu_{si,\theta}\mu_{zi}w_0 \tag{8-5}$$

$$w_{ki\theta}=K_T\beta_{zi,\theta}\overline{C}_{pi,\theta}w_0 \tag{8-6}$$

其中，式（8-6）中 K_T 为风场换算系数，对我国《建筑结构荷载规范》GB 50009 规定的A、B、C、D四类风场，K_T 的取值分别为 1.284、1、0.544、0.262，本项目中，K_T 为 1.0。

另外对于单层结构内外（或者上下）表面同步测压的结构，其风荷载标准值应计算作用在测点位置的净压，将式（8-5）、式（8-6）中的 $\mu_{si,\theta}$ 和 $\overline{C}_{pi,\theta}$ 分别替换为 $\mu_{smi,\theta}$ 和 $\overline{C}_{pmi,\theta}$ 即可。

为了方便使用，本节也给出了不考虑风振影响的结构 50 年重现期平均风压：

$$P_{50i,\theta}=K_T\overline{C}_{pi,\theta}w_0 \tag{8-7}$$

注意：式（8-7）中的平均风压不包含结构风振系数。

8.3.3 围护结构设计的风压计算方法

按照现行国家标准《建筑结构荷载规范》GB 50009，当计算围护结构的风荷载时，垂直于建筑物表面上的风荷载标准值：

$$w_{\mathrm{k}}=\beta_{\mathrm{gz}}\mu_{\mathrm{s1}}\mu_{\mathrm{z}}w_{0} \tag{8-8}$$

其中，β_{gz} 为阵风系数，μ_{s1} 为局部风压体型系数，μ_{z} 为风压高度变化系数。

根据风洞试验结果，可分别采用如下两种算法计算作用在围护结构上的风荷载标准值。

方法 1，按照规范方法计算：

$$w_{\mathrm{k}i,\theta}=\beta_{\mathrm{gz}i}\mu_{\mathrm{s1}}\mu_{\mathrm{z}}w_{0} \tag{8-9}$$

其中，$w_{\mathrm{k}i,\theta}$ 为 i 点在 θ 风向角下的风荷载标准值；$\beta_{\mathrm{gz}i}$ 为 i 点的阵风系数，可由《建筑结构荷载规范》查得，$\mu_{\mathrm{s1},\theta}$ 为 i 点在 θ 风向角下的体型系数，$\mu_{\mathrm{z}i}$ 为 i 点的风压高度变化系数。在按照规范的计算方法中，阵风系数主要反映了来流紊流的作用。

在本项目中，式（8-9）的计算方法可以采用风洞试验得到的平均风压系数计算

$$w_{\mathrm{k}i,\theta}=K_{\mathrm{T}}\beta_{\mathrm{gz}i}\overline{C}_{\mathrm{p}i,\theta}w_{0} \tag{8-10}$$

其中，K_{T} 为风场换算系数，取值与式（8-6）中相同。

方法 2，按照统计方法计算：

将各个测点的风压系数 $C_{\mathrm{p}i,\theta}$ 作为随机变量，根据概率统计理论可知，某一随机变量的极大值和极小值可由该随机变量的一阶矩（平均风压系数 $\overline{C}_{\mathrm{p}i,\theta}$）和二阶矩（脉动风压系数 $\widehat{C}_{\mathrm{p}i,\theta}$）计算得到：

$$\begin{aligned}C_{\mathrm{p}i,\theta}^{\mathrm{p}+}&=\overline{C}_{\mathrm{p}i,\theta}+k\widehat{C}_{\mathrm{p}i,\theta}\\C_{\mathrm{p}i,\theta}^{\mathrm{p}-}&=\overline{C}_{\mathrm{p}i,\theta}+k\overline{C}_{\mathrm{p}i,\theta}\end{aligned} \tag{8-11}$$

其中，$C_{\mathrm{p}i,\theta}^{\mathrm{p}+}$、$C_{\mathrm{p}i,\theta}^{\mathrm{p}-}$ 表示统计意义下的正向极值风压系数、负向极值风压系数，k 为峰值因子，一般取 $k=2.5\sim4$ 之间。

若该风压系数随机变量服从 Gauss 分布，则取 $k=3$，表示极值风压系数不超过 Cpimax 和不小于 Cpimin 的概率为 99.9%（3σ 法则）。本项目取 $k=3$。

由此可计算得到基于统计意义下用于计算围护结构极值风压的方法（即围护结构风荷载标准值计算方法）：

$$\begin{aligned}C_{\mathrm{p}i,\theta}^{\mathrm{p}+}&=\overline{C}_{\mathrm{p}i,\theta}+k\widehat{C}_{\mathrm{p}i,\theta}\\C_{\mathrm{p}i,\theta}^{\mathrm{p}-}&=\overline{C}_{\mathrm{p}i,\theta}+k\overline{C}_{\mathrm{p}i,\theta}\end{aligned} \tag{8-12}$$

其中，$w_{\mathrm{k}i,\theta}^{+}$、$w_{\mathrm{k}i,\theta}^{-}$ 表示正向极值风压、负向极值风压，K_{T} 为风场换算系数。

建议在实际应用中，取正向极值风压和负向极值风压绝对值较大者作为围护结构表面设计的极值风压值。

需要特别说明的是，对于大跨空间曲面结构，难以根据现行国家标准《建筑结构荷载规范》GB 50009 给出精度较高的阵风系数值。因此，本项目建议采用统计方法计算得到的结果作为石家庄国际展览中心围护结构的风荷载设计依据。

8.3.4 风振响应分析方法

当采用有限元模型时域计算结构风振响应的方法时，可分为如下几步进行。

1. 风荷载计算

根据刚体模型风压同步测量的风洞试验结果，将风压系数时程按照缩尺比换算到实际风场中。作用在结构上的风压为：

$$P_{i,\theta}=K_{\mathrm{T}}C_{\mathrm{p}i,\theta}w_0 \tag{8-13}$$

其中，$P_{i,\theta}$ 为作用在结构 i 点处的风压时程，$C_{\mathrm{p}i,\theta}$ 为以离地 10m 高度处风速无量纲的风压系数，w_0 为项目所在地的基本风压，K_{T} 为风场换算系数。

2. 响应分析工况

将所有测点的风压时程，按照面积加权平均的方法就近匹配并分配至所有节点，得到不同风向角下作用在结构节点上 x、y、z 方向的力时程，采用有限元分析软件对结构不同风向角工况进行了 10min 的时域分析。

3. 结构响应提取

通过时域分析计算得到了模型各个节点位移时程、杆件内力时程等。依据统计方法计算各个响应的平均值和均方根值，一般结构的响应时程服从高斯分布，因此可计算得到满足某个保证率下的结构极值响应。以位移响应为例：

$$\hat{U}_{\mathrm{D}i}=\overline{U}_{\mathrm{D}i}+\mathrm{sign}\ (\overline{U}_{\mathrm{D}i})\ g\sigma_{\mathrm{D}i} \tag{8-14}$$

其中，$\hat{U}_{\mathrm{D}i}$ 为结构 i 点在 D 方向的峰值响应，$\overline{U}_{\mathrm{D}i}$ 为结构 i 点在 D 方向（x，y，z 三个方向）的平均响应，$\sigma_{\mathrm{D}i}$ 为结构 i 点在 D 方向响应的均方根值，sign（$\overline{U}_{\mathrm{D}i}$）为 $\overline{U}_{\mathrm{D}i}$ 的负号判断符号。

g 为峰值因子：

$$g=\sqrt{2\ln\ (\gamma T)}+\frac{0.5772}{\sqrt{2\ln\ (\gamma T)}} \tag{8-15}$$

其中，T 是观察时间，是超越概率。通常取 $g=3\sim4$。假定脉动风作用下的响应位移服从 Gauss 分布，取 $g=3$ 即意味着响应位移极值不超过式（8-14）中 $\hat{U}_{\mathrm{D}i}$ 的概率为 99.9%（3σ 法则）。$\sigma_{\mathrm{D}i}$ 为 i 点在 D 方向的响应均方根值。

采用阵风荷载因子法（GLF），该方法是目前动力放大系数（与风振系数意义相同）最常用的计算方法。

$$\beta_{Di}=\frac{U_{Di}}{\overline{U}_{Di}} \tag{8-16}$$

该项目中取 $g=3$，因此：

$$\beta_{Di}=1+g\frac{\sigma_{Di}}{\overline{U}_{Di}}=\beta_{Di}=1+3\frac{\sigma_{Di}}{\overline{U}_{Di}} \tag{8-17}$$

结构 i 点总的动力放大系数 β_i 可由式（8-18）计算得到：

$$\beta_i=1+g\frac{\sigma_i}{\overline{U}_i}=1+3\frac{\sigma_i}{\overline{U}_i} \tag{8-18}$$

式中，$\overline{U}_i$ 为 i 点总响应（由 x，y，z 三个方向的响应合成）的平均值。σ_i 为 i 点总响应的均方根值。

8.4 风洞试验结果

8.4.1 用于主体结构设计的风荷载

根据式（8-9）及其说明，可计算得到不同风向角下，结构表面 50 年重现期平均风压（不考虑风振影响），表 8-2 为截取各标准展厅的部分数据。需要特别说明的是，表 8-2 给出的是不考虑风振影响的结构表面 50 年重现期平均风压，在此基础上乘以风振系数，即为最终用于主体结构设计的风荷载。

不考虑风振影响的测点 50 年重现平均风压　　表 8-2

测点编号	风向角									
	0°	10°	20°	30°	40°	50°	60°	0°	80°	90°
G 展厅										
WA1	−0.18	−0.26	−0.19	−0.21	−0.34	−0.38	−0.33	−0.39	−0.38	−0.34
WA2	0.05	−0.03	−0.20	−0.40	−0.59	−0.69	−0.65	−0.69	−0.50	−0.49
WA3	0.02	−0.03	−0.15	−0.30	−0.43	−0.51	−0.51	−0.59	−0.49	−0.50
WA4	0.00	−0.04	−0.14	−0.26	−0.39	−0.44	−0.45	−0.53	−0.49	−0.52
WA5	−0.01	−0.04	−0.12	−0.23	−0.34	−0.40	−0.42	−0.53	−0.48	−0.54
WA6	−0.02	−0.05	−0.12	−0.21	−0.31	−0.39	−0.42	−0.54	−0.49	−0.59
WA7	0.03	0.01	−0.05	−0.13	−0.23	−0.30	−0.36	−0.51	−0.48	−0.56
WA8	0.03	0.01	−0.04	−0.10	−0.19	−0.26	−0.31	−0.45	−0.44	−0.52
WA9	0.05	0.04	0.01	−0.02	−0.05	−0.09	−0.11	−0.18	−0.16	−0.23
A10	−0.28	−0.30	−0.24	−0.09	−0.01	0.00	0.01	0.05	0.03	−0.02

续表

测点编号	风向角									
	0°	10°	20°	30°	40°	50°	60°	0°	80°	90°
A11	-0.08	-0.08	-0.09	-0.04	-0.02	-0.03	-0.08	-0.13	-0.10	-0.10
A12	-0.06	-0.09	-0.06	-0.08	-0.16	-0.21	-0.20	-0.18	-0.14	-0.14
A13	-0.05	-0.05	-0.06	-0.12	-0.19	-0.20	-0.18	-0.19	-0.16	-0.16
A14	-0.05	-0.09	-0.09	-0.14	-0.18	-0.19	-0.18	-0.20	-0.19	-0.19
A15	-0.04	-0.06	-0.08	-0.13	-0.16	-0.19	-0.19	-0.19	-0.19	-0.19
A16	-0.05	-0.09	-0.10	-0.14	-0.19	-0.18	-0.18	-0.20	-0.16	-0.16
A17	-0.06	-0.09	-0.12	-0.14	-0.16	-0.16	-0.15	-0.16	-0.13	-0.10
WA18	-0.99	-0.82	-0.81	-0.99	-0.94	-0.59	-0.34	-0.09	0.13	0.19
A19	-0.12	-0.12	-0.09	-0.04	-0.02	0.00	0.03	0.08	0.09	0.05
A20	-0.09	-0.08	-0.09	-0.04	-0.02	0.01	0.02	0.03	0.02	0.02
A21	-0.06	-0.06	-0.05	-0.03	-0.01	-0.02	-0.03	-0.02	0.00	0.00
A22	-0.05	-0.05	-0.04	-0.03	-0.05	-0.06	-0.05	-0.03	-0.02	0.00
A23	-0.05	-0.05	-0.04	-0.05	-0.09	-0.09	-0.05	-0.03	-0.01	0.01
A24	-0.06	-0.09	-0.09	-0.08	-0.10	-0.09	-0.06	-0.05	-0.03	0.00
A25	-0.06	-0.08	-0.09	-0.10	-0.12	-0.10	-0.08	-0.09	-0.03	0.01
WA26	-0.02	-0.02	-0.02	-0.02	-0.02	-0.02	-0.01	0.02	0.10	0.21
E展厅										
WC1	-0.02	-0.02	-0.02	-0.02	-0.01	0.00	-0.02	-0.03	-0.03	-0.04
WC2	-0.01	-0.02	-0.02	0.01	0.04	0.03	-0.02	-0.04	-0.11	-0.23
WC3	0.00	-0.01	-0.01	0.02	0.05	0.04	-0.03	-0.05	-0.20	-0.28
WC4	0.03	0.01	-0.01	0.02	0.05	0.03	-0.05	-0.09	-0.22	-0.24
WC5	0.02	0.00	-0.03	0.01	0.03	0.01	-0.07	-0.13	-0.11	-0.14
WC6	0.00	-0.01	-0.02	0.01	0.02	-0.01	-0.09	-0.18	-0.13	-0.21
WC7	-0.01	-0.02	-0.02	0.00	0.00	-0.05	-0.18	-0.35	-0.28	-0.35
WC8	-0.01	-0.01	0.02	0.05	0.06	-0.05	-0.21	-0.39	-0.29	-0.33
WC9	0.00	0.01	0.03	0.06	0.08	0.01	-0.03	-0.09	-0.05	-0.15
C10	-0.20	-0.20	-0.18	-0.17	-0.11	-0.07	-0.06	-0.06	-0.05	-0.03
C11	-0.16	-0.16	-0.14	-0.09	-0.01	0.01	-0.01	0.01	0.02	0.06
C12	-0.14	-0.15	-0.12	-0.07	0.01	0.01	-0.02	0.01	0.05	0.07
C13	-0.11	-0.11	-0.09	-0.02	0.04	0.02	0.00	0.04	0.09	0.06
C14	-0.11	-0.11	-0.08	-0.02	0.02	0.00	-0.02	0.00	0.04	0.00
C15	-0.10	-0.09	-0.06	-0.01	0.02	-0.01	-0.02	-0.02	0.02	-0.02
C16	-0.08	-0.08	-0.05	-0.01	0.00	-0.03	-0.04	-0.04	-0.01	-0.06
C17	-0.09	-0.08	-0.07	-0.06	-0.06	-0.06	-0.07	-0.08	-0.05	-0.07
WC18	-0.03	-0.02	-0.02	-0.02	0.01	0.03	0.03	0.03	0.04	0.09

续表

测点编号	风向角									
	0°	10°	20°	30°	40°	50°	60°	0°	80°	90°
C19	−0.18	−0.18	−0.16	−0.12	−0.04	−0.01	−0.02	−0.01	0.00	0.04
C20	−0.14	−0.14	−0.12	−0.07	0.02	0.03	0.00	0.03	0.06	0.10
C21	−0.12	−0.13	−0.11	−0.05	0.02	0.02	−0.01	0.03	0.08	0.08
C22	−0.09	−0.09	−0.07	−0.01	0.05	0.03	0.02	0.06	0.10	0.07
C23	−0.11	−0.11	−0.08	−0.03	0.00	−0.02	−0.02	0.01	0.03	0.01
C24	−0.08	−0.08	−0.05	−0.01	0.01	−0.01	−0.01	0.02	0.04	0.01
C25	−0.08	−0.09	−0.07	−0.05	−0.04	−0.05	−0.05	−0.02	0.00	−0.03
WC26	0.02	0.02	0.04	0.09	0.13	0.10	0.17	0.21	0.18	0.15
C展厅										
WE1	−0.63	−0.57	−0.39	−0.29	−0.30	−0.25	−0.25	−0.26	−0.21	−0.08
WE2	0.00	−0.02	−0.16	−0.40	−0.51	−0.53	−0.45	−0.34	−0.26	−0.18
WE3	−0.06	−0.08	−0.18	−0.33	−0.39	−0.39	−0.35	−0.28	−0.23	−0.23
WE4	−0.01	−0.08	−0.18	−0.30	−0.35	−0.34	−0.37	−0.29	−0.23	−0.30
WE5	−0.05	−0.12	−0.20	−0.28	−0.32	−0.34	−0.43	−0.33	−0.28	−0.36
WE6	−0.04	−0.11	−0.18	−0.25	−0.29	−0.34	−0.43	−0.28	−0.22	−0.25
WE7	−0.10	−0.15	−0.20	−0.26	−0.29	−0.35	−0.41	−0.24	−0.15	−0.14
WE8	−0.11	−0.14	−0.19	−0.25	−0.27	−0.29	−0.31	−0.19	−0.09	−0.08
WE9	−0.03	−0.05	−0.06	−0.09	−0.11	−0.11	−0.07	−0.04	0.02	0.01
E10	−0.48	−0.38	−0.16	0.00	0.04	0.05	0.06	0.07	0.03	−0.01
E11	−0.05	−0.02	0.00	0.01	0.02	0.02	0.01	0.05	0.03	0.05
E12	−0.02	−0.01	−0.03	−0.08	−0.11	−0.10	−0.06	0.01	0.00	0.04
E13	0.01	0.00	−0.05	−0.12	−0.13	−0.10	−0.07	0.03	0.02	0.09
E14	0.02	−0.02	−0.07	−0.13	−0.14	−0.12	−0.08	0.02	0.03	0.10
E15	0.03	−0.01	−0.06	−0.10	−0.12	−0.11	−0.05	0.02	0.07	0.12
E16	0.00	−0.05	−0.10	−0.16	−0.17	−0.13	−0.08	−0.05	0.02	0.02
E17	0.05	0.02	−0.02	−0.09	−0.10	−0.06	−0.02	−0.01	0.03	0.01
WE18	−0.82	−0.92	−0.94	−0.82	−0.68	−0.40	−0.11	0.08	0.10	0.16
E19	−0.29	−0.14	−0.04	0.00	0.02	0.05	0.07	0.07	0.04	0.03
E20	−0.03	0.01	0.01	0.02	0.03	0.06	0.06	0.08	0.06	0.09
E21	0.01	0.01	0.00	0.00	0.01	0.01	0.01	0.05	0.04	0.09
E22	0.02	0.01	−0.01	−0.03	−0.04	−0.03	0.00	0.06	0.06	0.13
E23	0.00	−0.02	−0.05	−0.08	−0.09	−0.08	−0.03	0.02	0.04	0.09
E24	0.03	0.00	−0.03	−0.06	−0.07	−0.06	0.00	0.03	0.07	0.10
E25	0.03	0.00	−0.03	−0.07	−0.09	−0.06	−0.02	−0.01	0.04	0.03

续表

测点编号	风向角									
	0°	10°	20°	30°	40°	50°	60°	0°	80°	90°
WE26	0.02	0.03	0.03	0.03	0.05	0.08	0.11	0.10	0.12	0.11
A展厅										
WG1	−0.41	−0.27	−0.25	−0.26	−0.23	−0.33	−0.38	−0.25	−0.17	−0.18
WG2	0.02	−0.12	−0.34	−0.50	−0.50	−0.50	−0.51	−0.51	−0.48	−0.44
WG3	0.03	−0.09	−0.26	−0.38	−0.40	−0.46	−0.53	−0.56	−0.55	−0.50
WG4	−0.01	−0.10	−0.23	−0.33	−0.35	−0.41	−0.49	−0.55	−0.55	−0.52
WG5	−0.03	−0.10	−0.21	−0.30	−0.34	−0.42	−0.51	−0.55	−0.57	−0.53
WG6	−0.04	−0.11	−0.22	−0.30	−0.34	−0.41	−0.49	−0.53	−0.56	−0.53
WG7	−0.07	−0.14	−0.25	−0.32	−0.38	−0.45	−0.53	−0.57	−0.60	−0.59
WG8	−0.10	−0.18	−0.28	−0.34	−0.38	−0.43	−0.50	−0.53	−0.58	−0.62
WG9	−0.06	−0.09	−0.14	−0.17	−0.20	−0.23	−0.29	−0.36	−0.35	−0.17
G10	−0.46	−0.19	0.02	0.08	0.09	0.09	0.04	−0.06	−0.14	−0.17
G11	−0.04	0.01	0.05	0.06	0.02	−0.03	−0.06	−0.10	−0.15	−0.16
G12	−0.02	−0.01	−0.03	−0.07	−0.07	−0.08	−0.11	−0.15	−0.18	−0.20
G13	0.01	0.00	−0.03	−0.05	−0.05	−0.06	−0.08	−0.12	−0.15	−0.16
G14	0.03	0.01	−0.03	−0.04	−0.05	−0.07	−0.09	−0.12	−0.14	−0.14
G15	0.03	0.01	−0.03	−0.05	−0.07	−0.08	−0.10	−0.11	−0.12	−0.11
G16	0.04	0.01	−0.04	−0.07	−0.09	−0.11	−0.12	−0.13	−0.12	−0.06
G17	0.04	0.01	−0.05	−0.08	−0.10	−0.12	−0.12	−0.10	−0.04	0.04
WG18	−0.89	−0.84	−0.75	−0.50	−0.25	0.03	0.22	0.28	0.25	0.12
G19	−0.19	−0.02	0.05	0.08	0.10	0.11	0.09	0.03	−0.02	−0.06
G20	−0.02	0.01	0.04	0.08	0.09	0.08	0.07	0.04	0.00	−0.03
G21	0.03	0.04	0.05	0.06	0.05	0.05	0.05	0.02	0.00	−0.02
G22	0.02	0.02	0.03	0.03	0.03	0.04	0.04	0.02	0.01	0.00
G23	0.01	0.00	−0.01	−0.01	0.00	0.00	0.00	−0.01	−0.01	−0.02
G24	0.03	0.02	0.01	0.01	0.01	0.01	0.02	0.01	0.03	0.04
G25	0.04	0.02	0.00	0.00	−0.01	−0.02	−0.02	−0.01	0.03	0.06
WG26	0.00	0.01	0.02	0.04	0.05	0.09	0.14	0.20	0.28	0.32

8.4.2 用于围护结构设计的风荷载

根据测点正向极值风压系数和负向极值风压系数，可由式（8-12）计算得到50年重现期正向极值风压、50年重现期负向极值风压以及风向角统计意义下的极值风压最大值、最小值及最大绝对值。石家庄国际展览中心结构50年重现期极值风压最大值等值线图、最小值等值线图和最大绝对值等值线图如图8-7～图8-9所示。

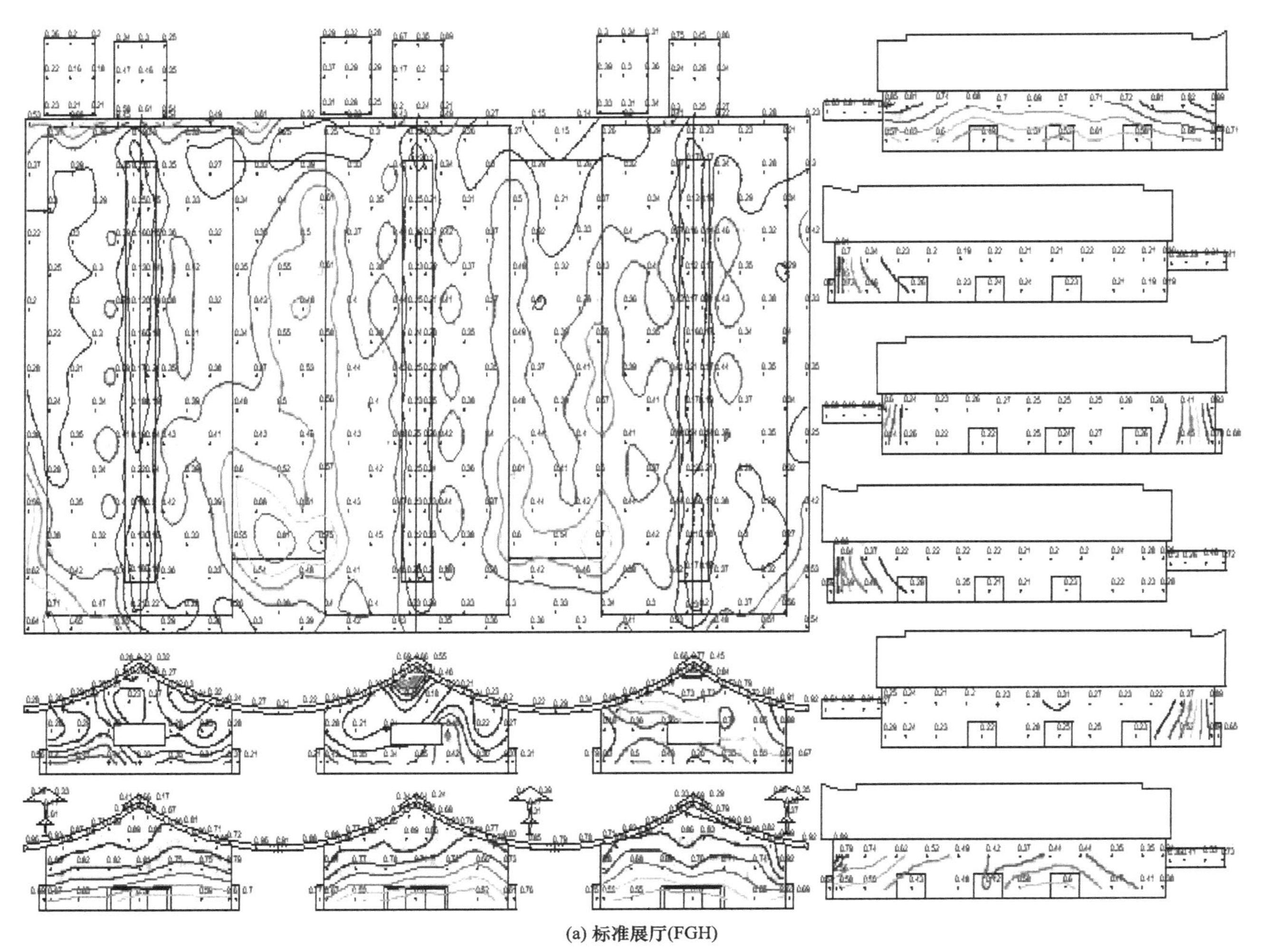

(a) 标准展厅(FGH)

图 8-7　风向角统计意义下的50年重现期极值风压最大值等值线图（单位：kPa）（一）

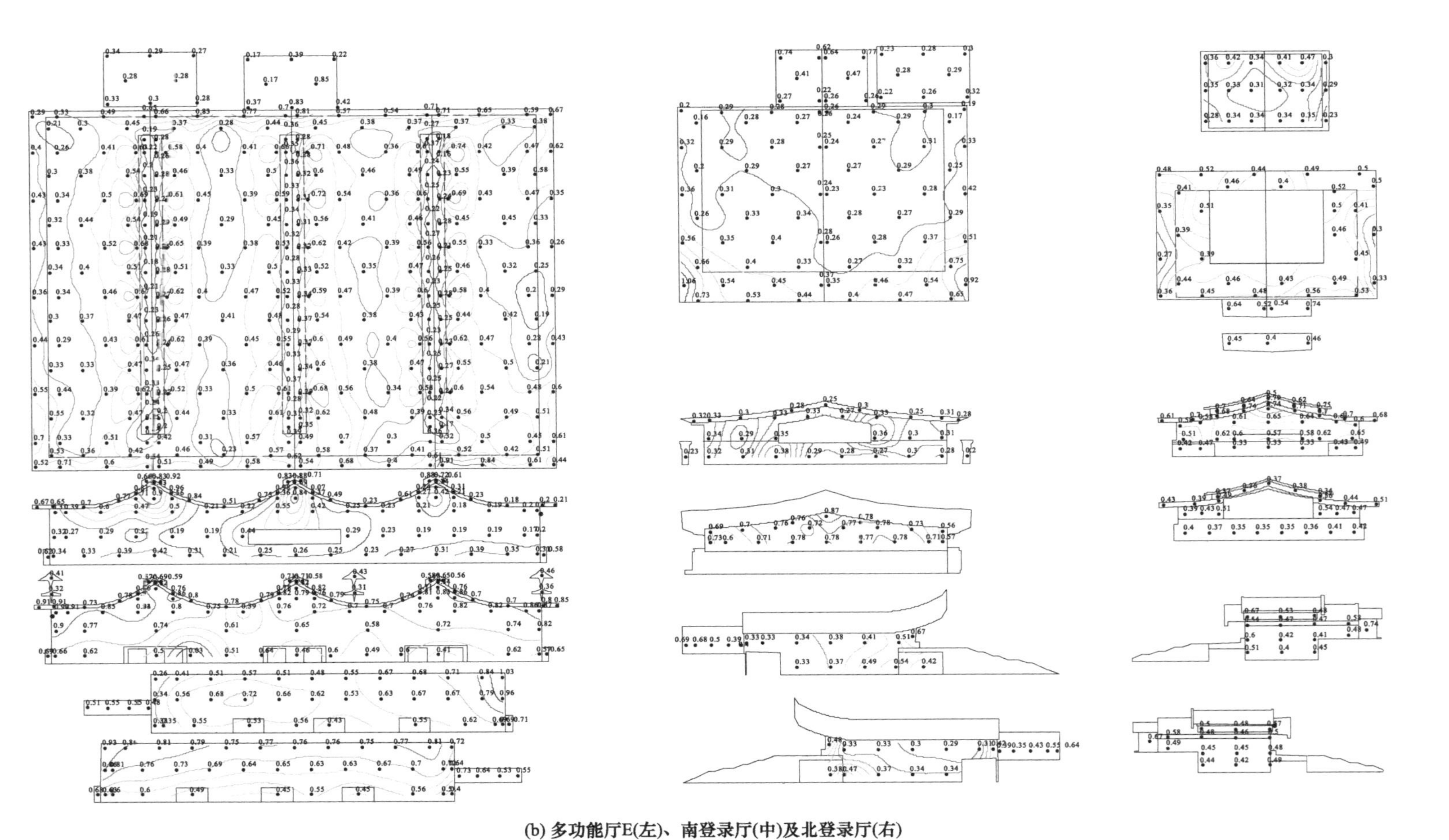

(b) 多功能厅E(左)、南登录厅(中)及北登录厅(右)

图 8-7　风向角统计意义下的50年重现期极值风压最大值等值线图（单位：kPa）（二）

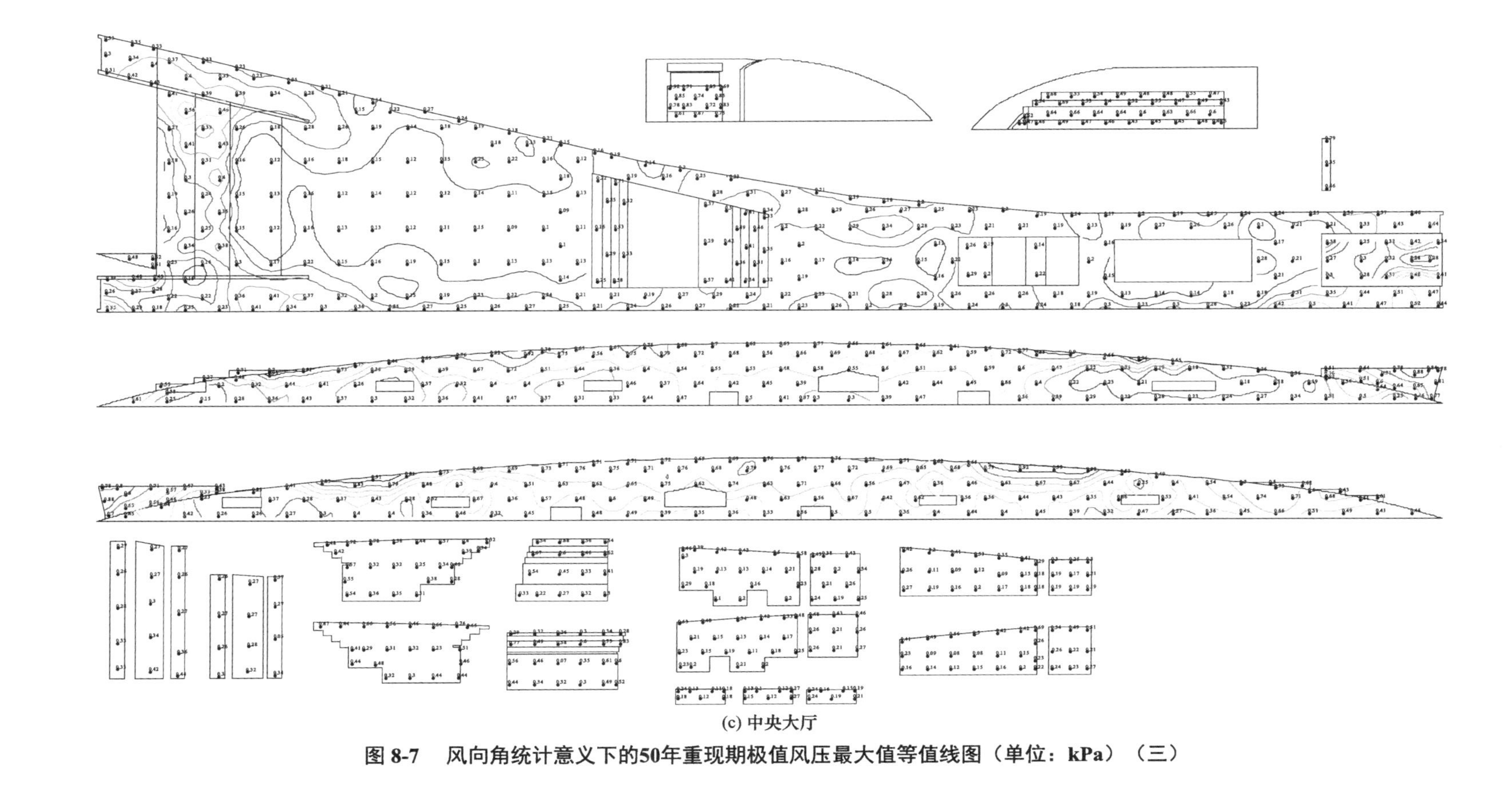

(c) 中央大厅

图 8-7　风向角统计意义下的50年重现期极值风压最大值等值线图（单位：kPa）（三）

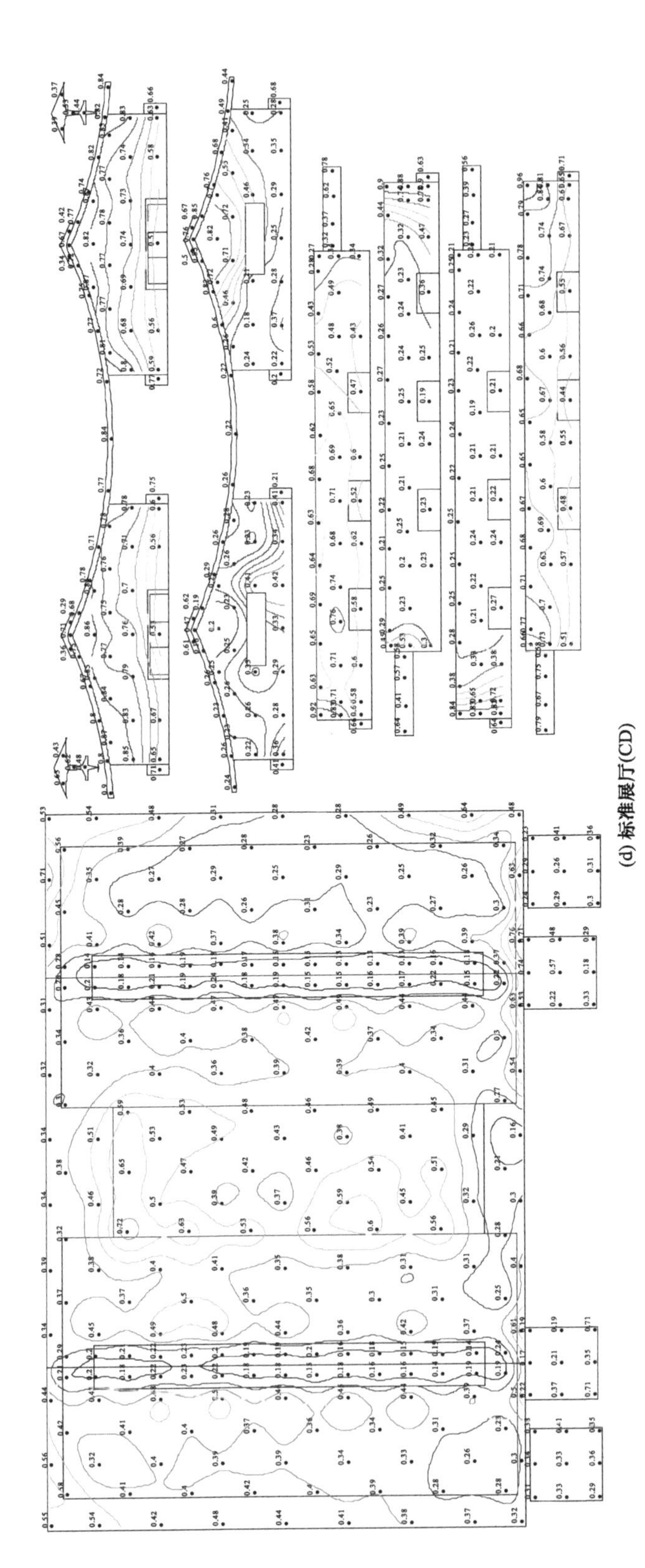

(d) 标准展厅(CD)

图 8-7　风向角统计意义下的50年重现期极值风压最大值等值线图（单位：kPa）（四）

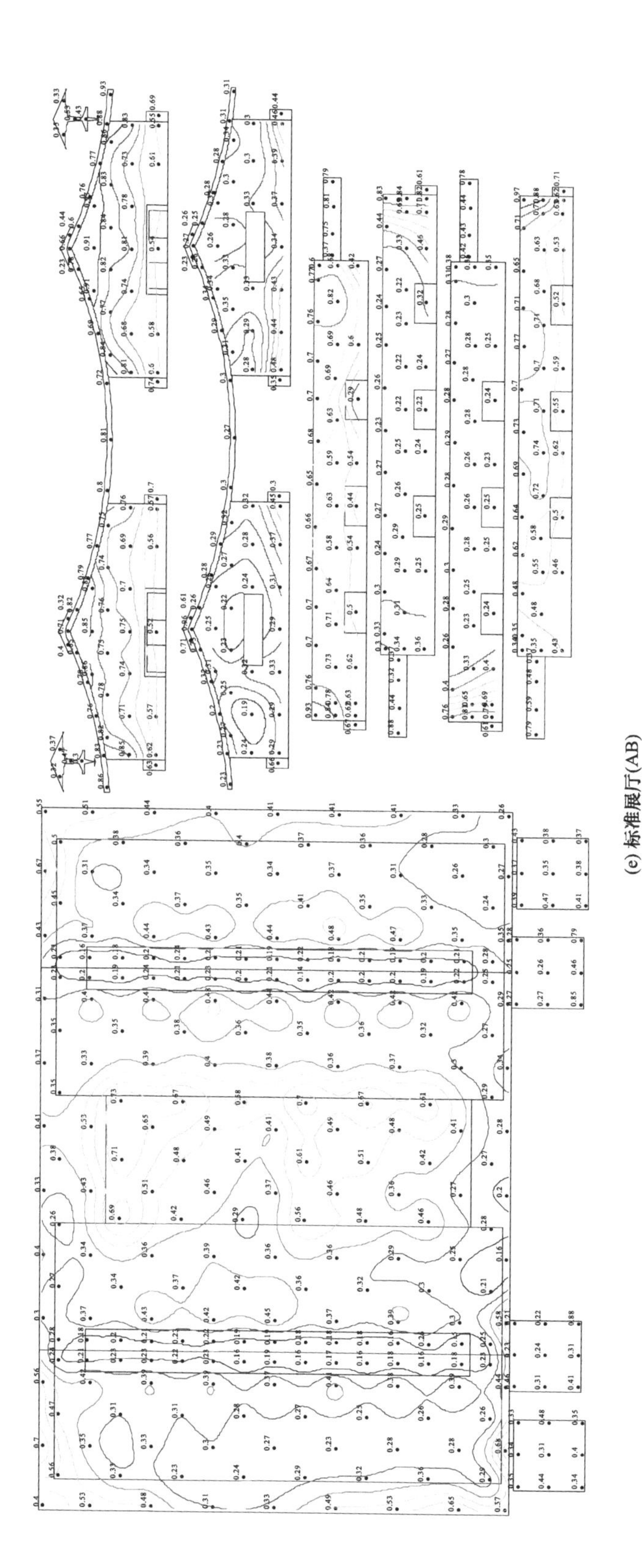

(e) 标准展厅(AB)

图 8-7　风向角统计意义下的50年重现期极值风压最大值等值线图（单位：kPa）（五）

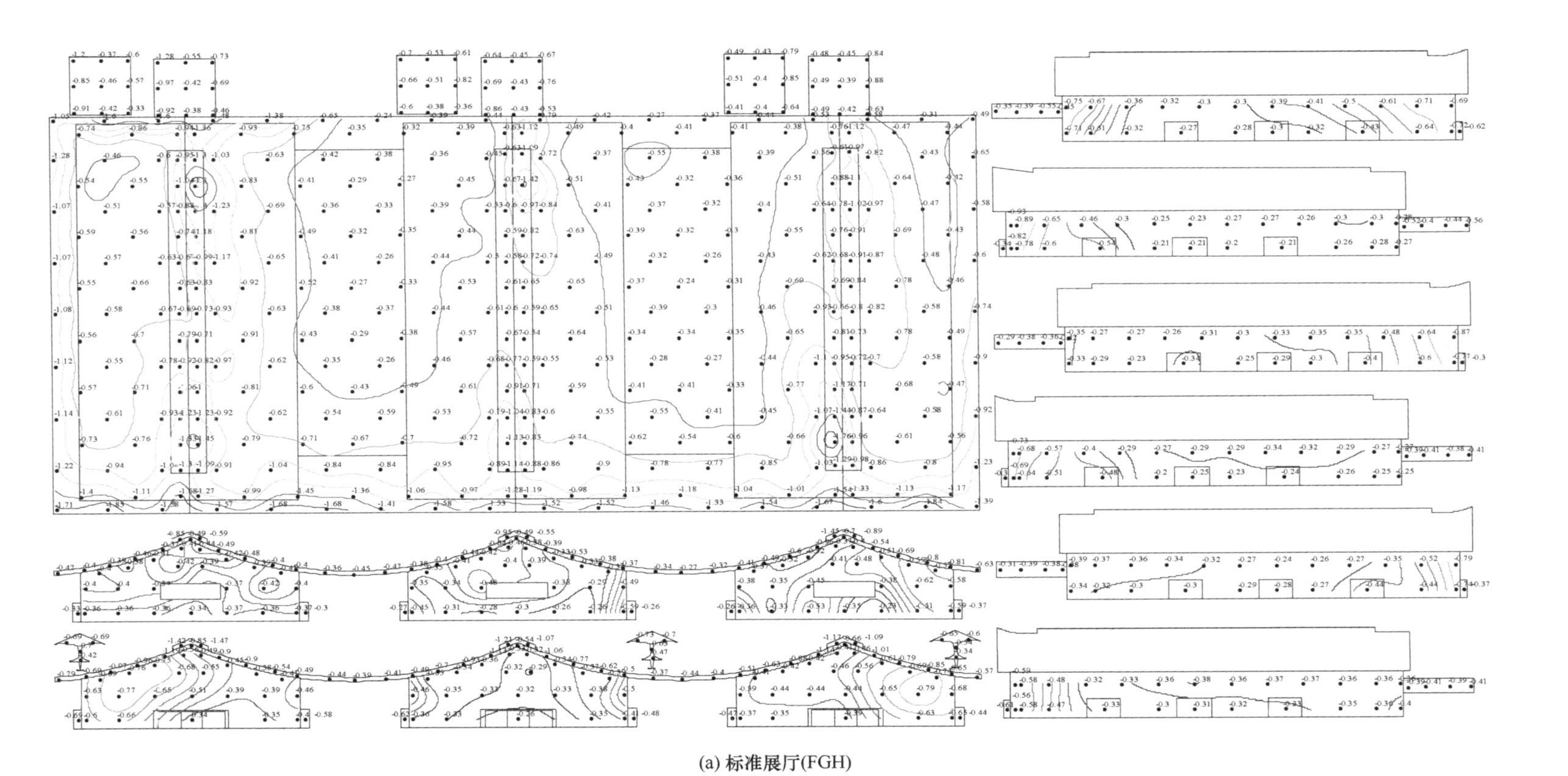

(a) 标准展厅(FGH)

图 8-8　风向角统计意义下的50年重现期极值风压最小值等值线图（单位：kPa）（一）

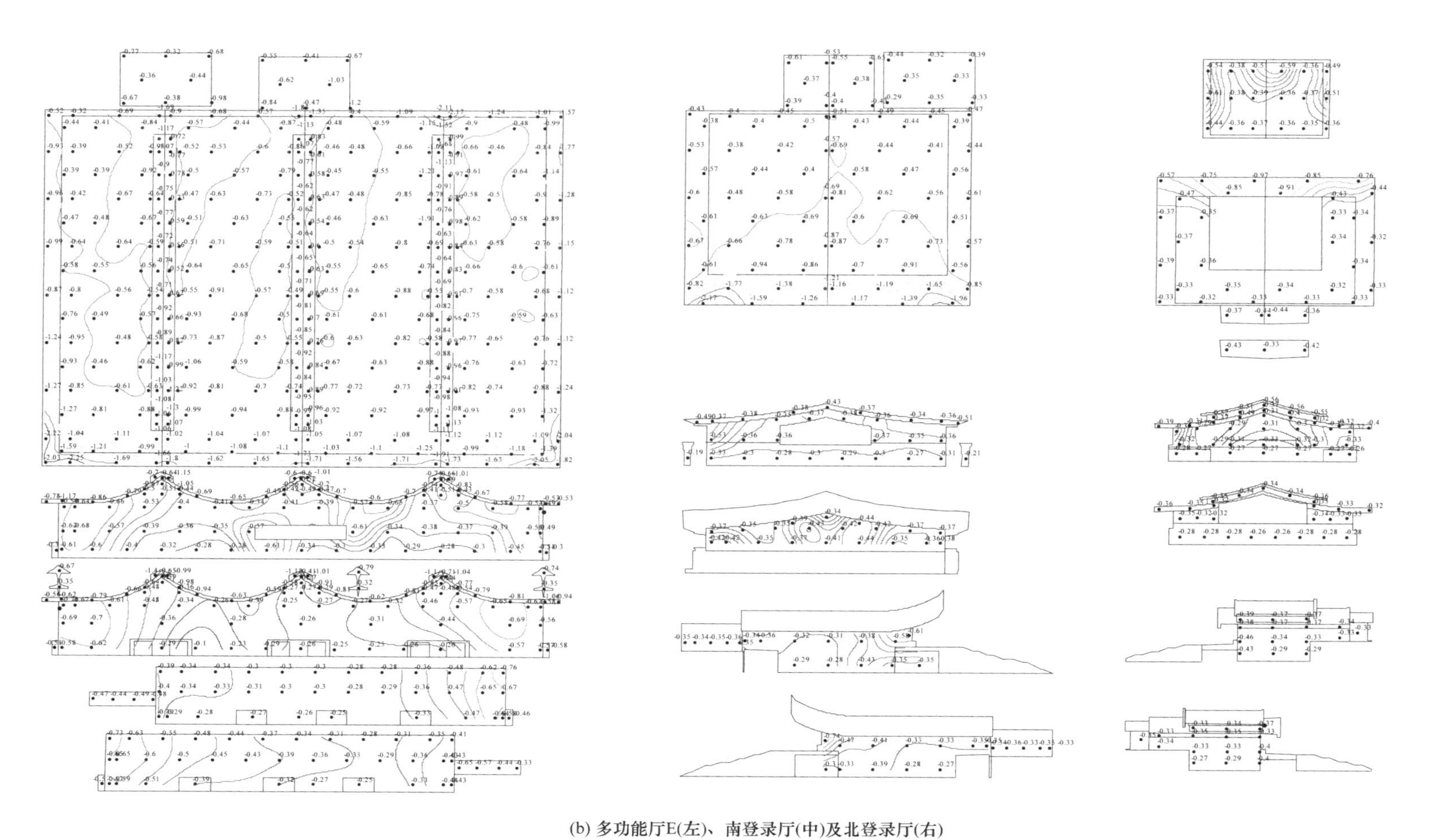

(b) 多功能厅E(左)、南登录厅(中)及北登录厅(右)

图8-8　风向角统计意义下的50年重现期极值风压最小值等值线图（单位：kPa）（二）

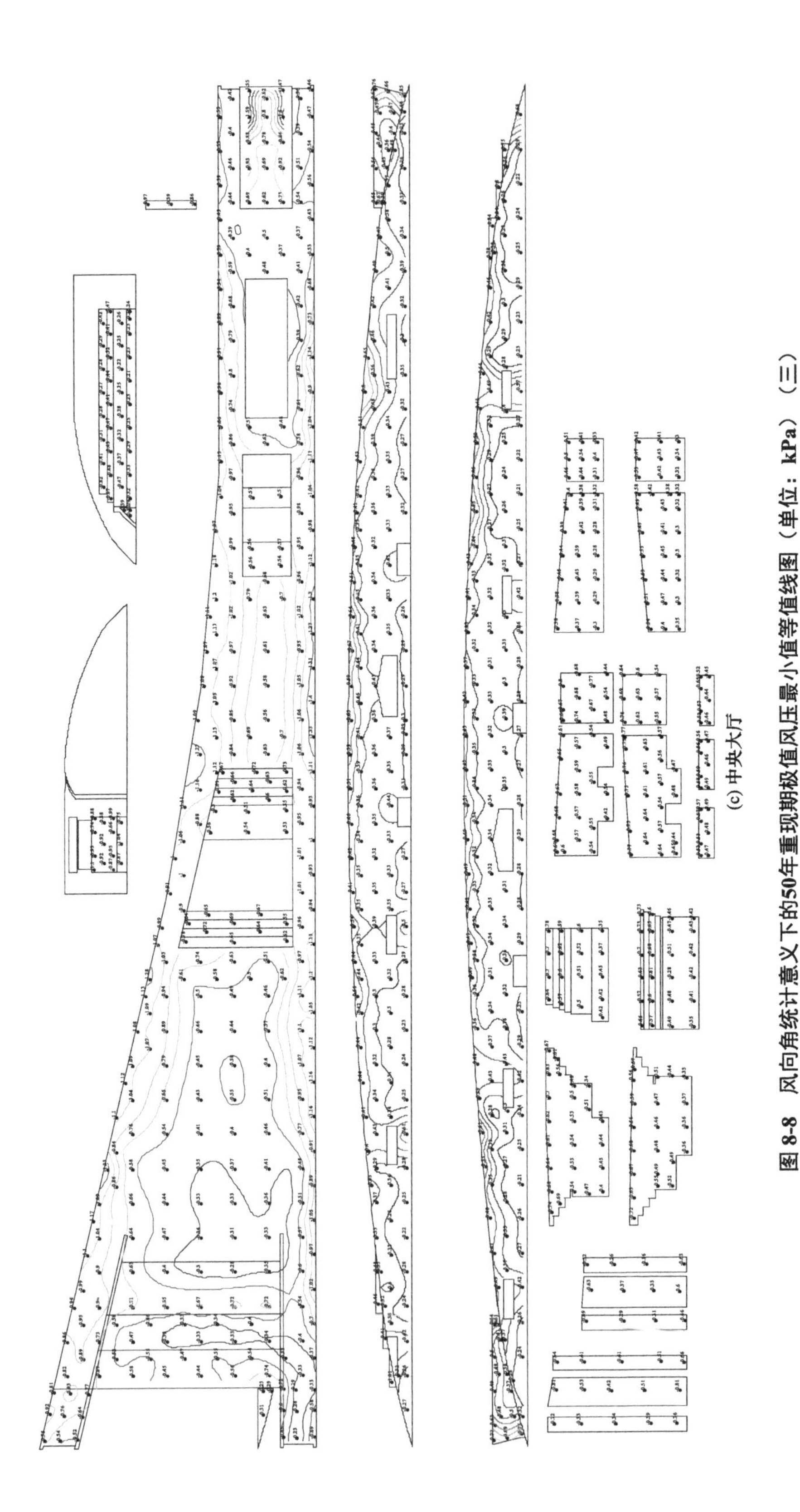

(c) 中央大厅

图 8-8　风向角统计意义下的50年重现期极值风压最小值等值线图（单位：kPa）（三）

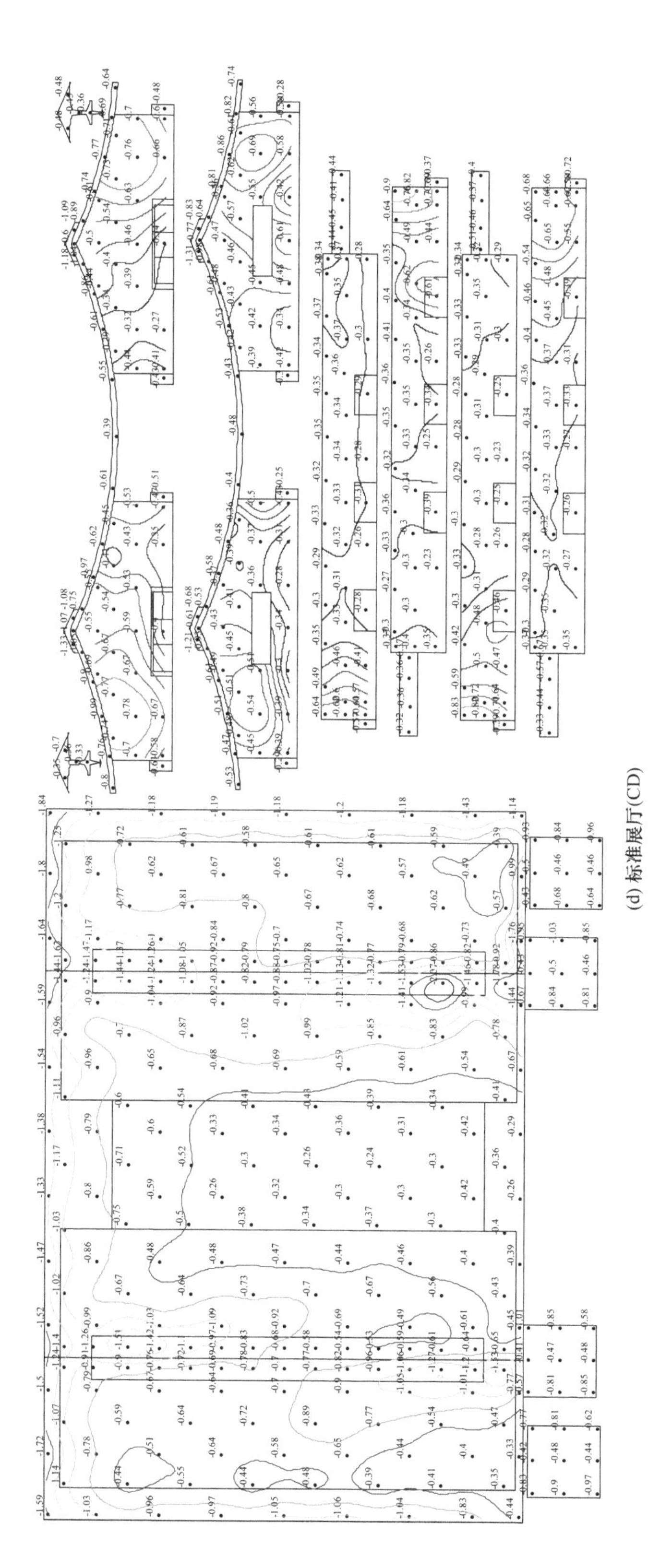

(d) 标准展厅(CD)

图 8-8　风向角统计意义下的50年重现期极值风压最小值等值线图（单位：kPa）（四）

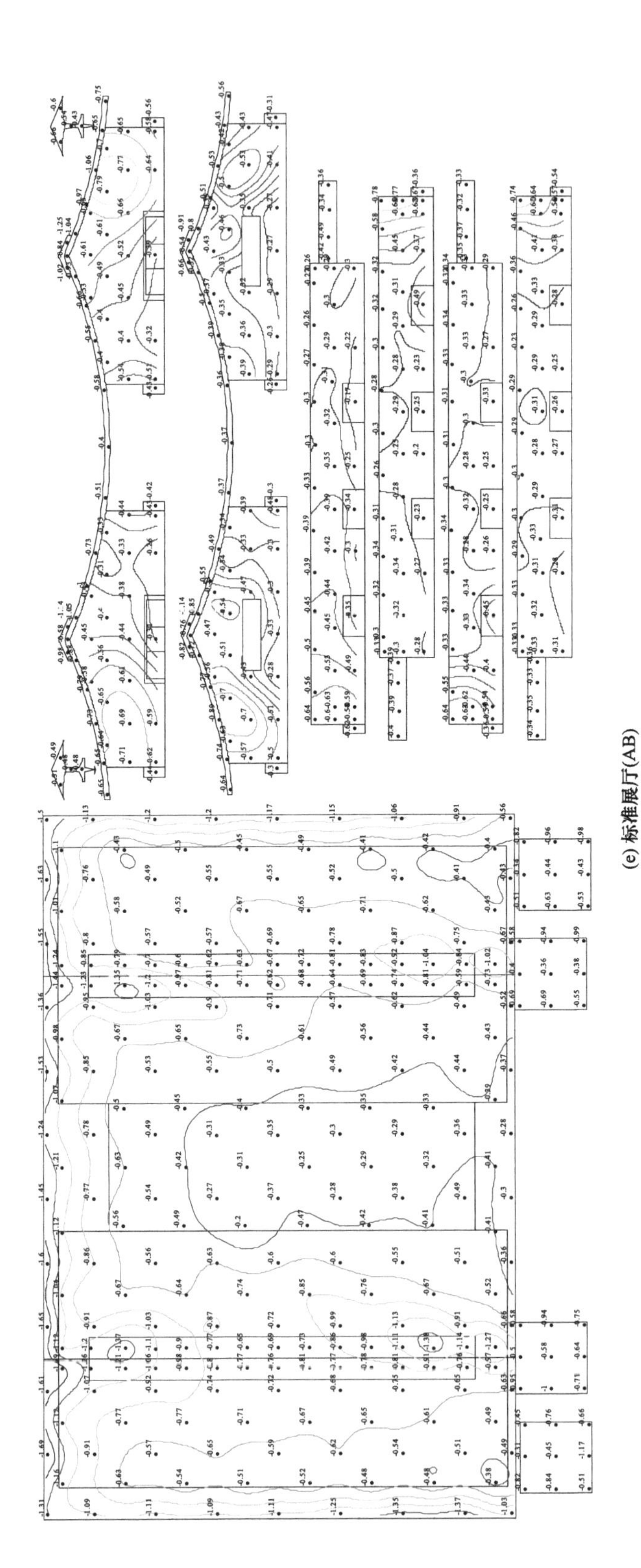

(e) 标准展厅(AB)

图 8-8　风向角统计意义下的50年重现期极值风压最小值等值线图（单位：kPa）（五）

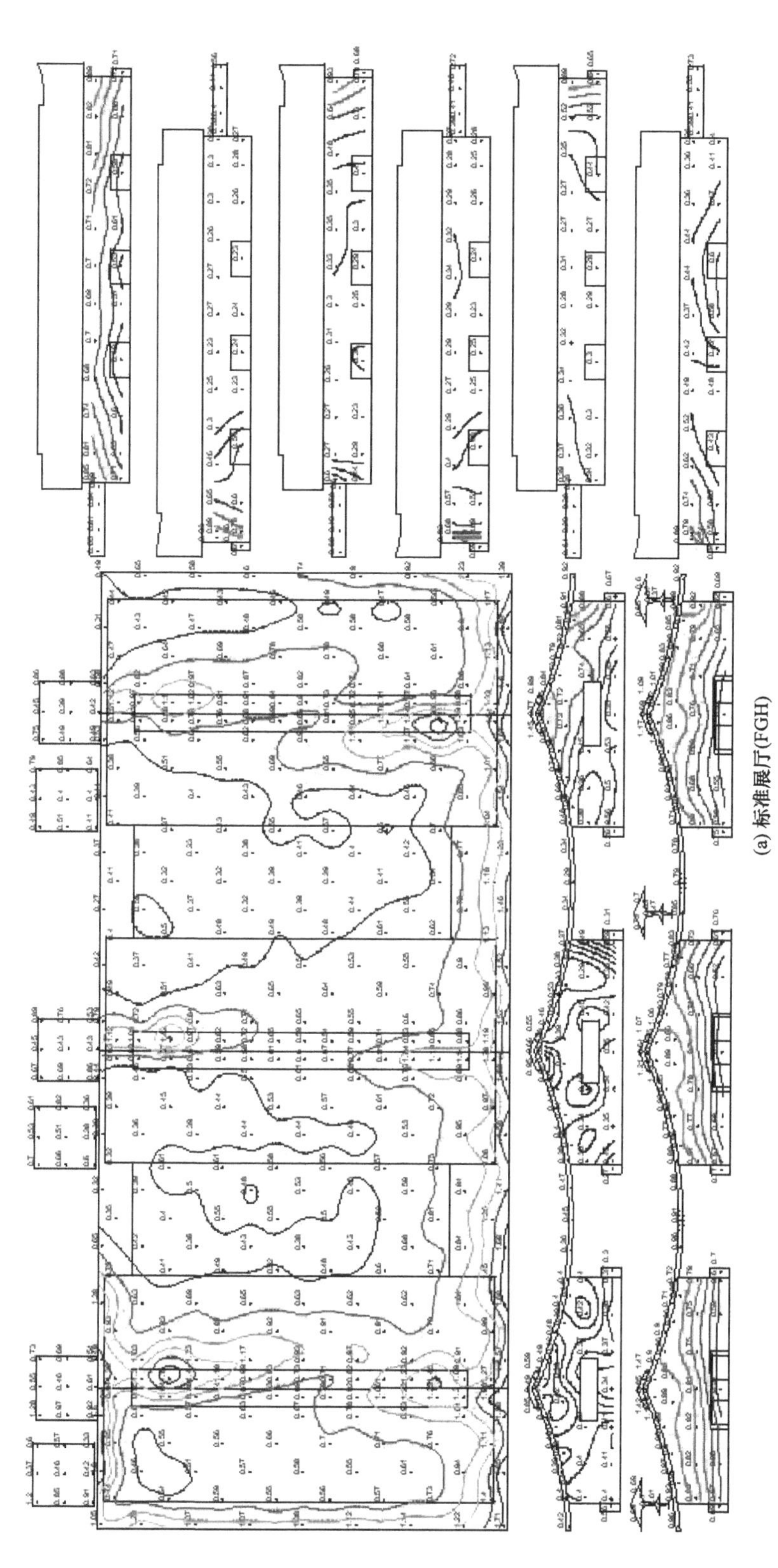

(a) 标准展厅(FGH)

图 8-9　风向角统计意义下的50年重现期极值风压最大绝对值等值线图（单位：kPa）（一）

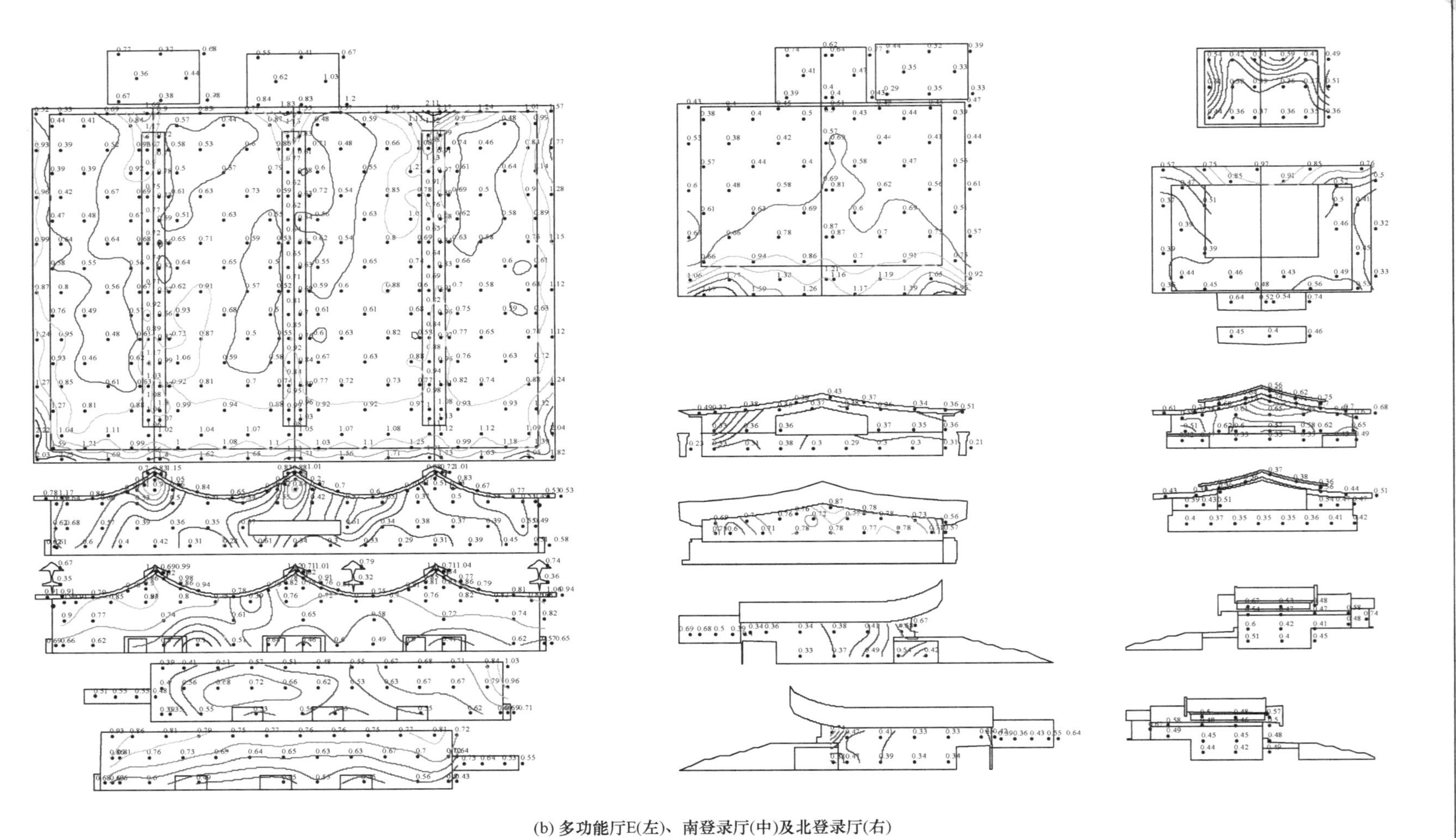

(b) 多功能厅E(左)、南登录厅(中)及北登录厅(右)

图 8-9　风向角统计意义下的50年重现期极值风压最大绝对值等值线图（单位：kPa）（二）

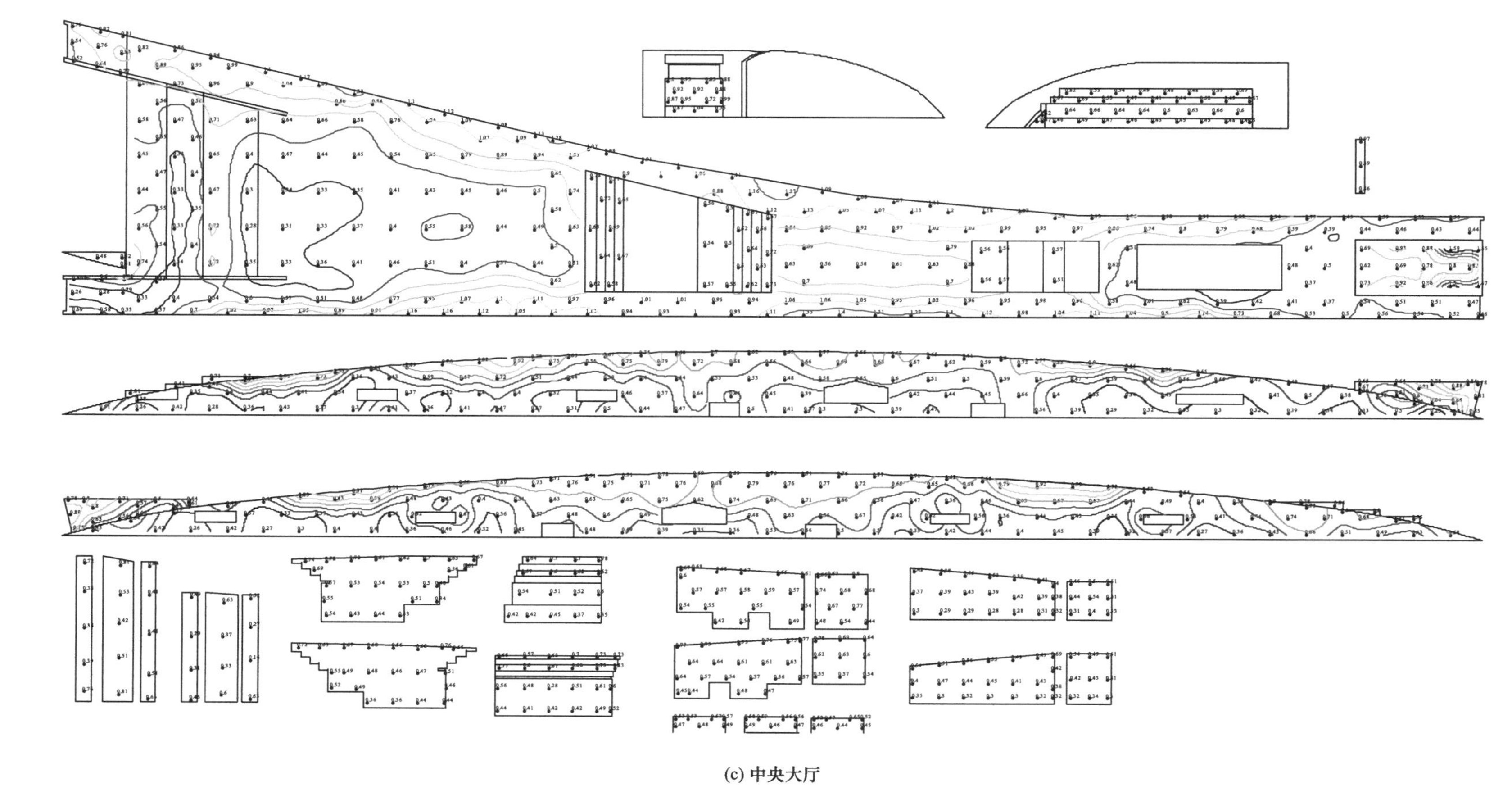

(c) 中央大厅

图 8-9 风向角统计意义下的50年重现期极值风压最大绝对值等值线图（单位：kPa）（三）

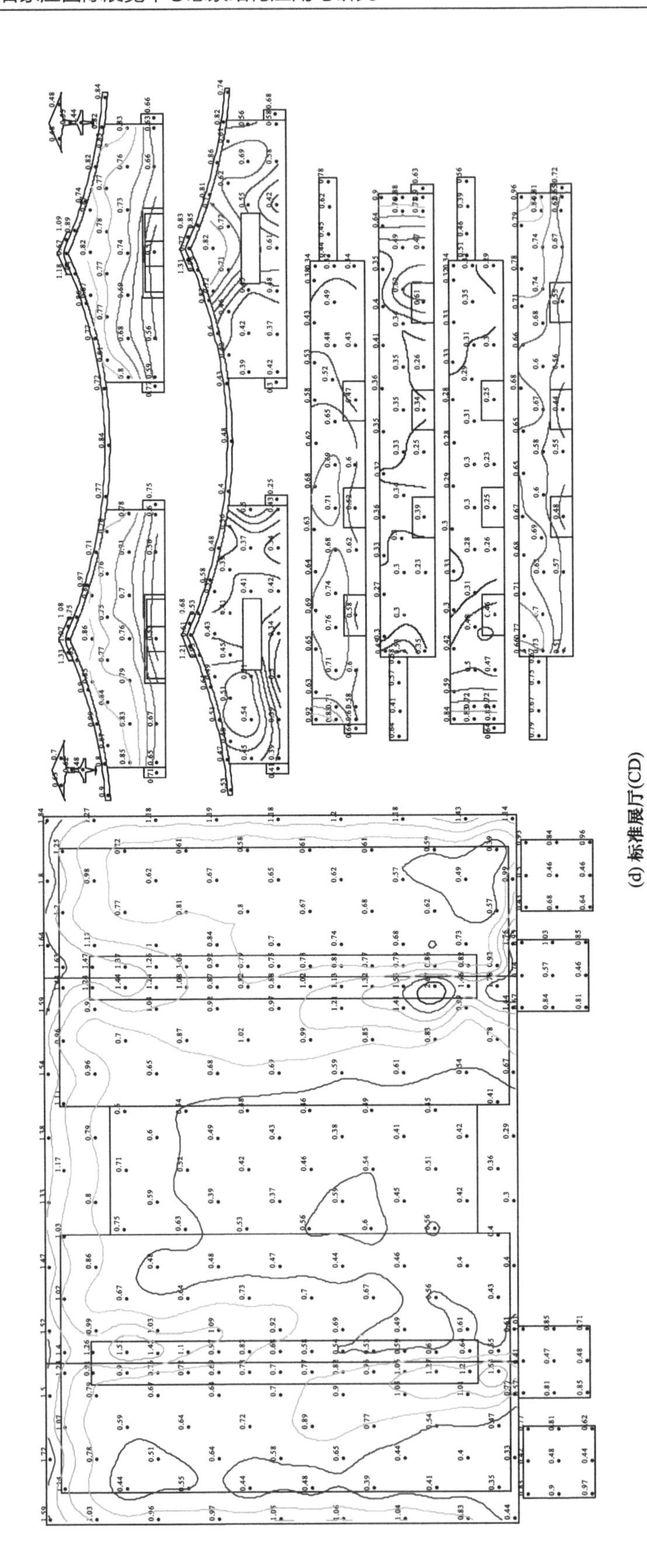

(d) 标准展厅(CD)

图 8-9 风向角统计意义下的50年重现期极值风压最大绝对值等值线图（单位：kPa）（四）

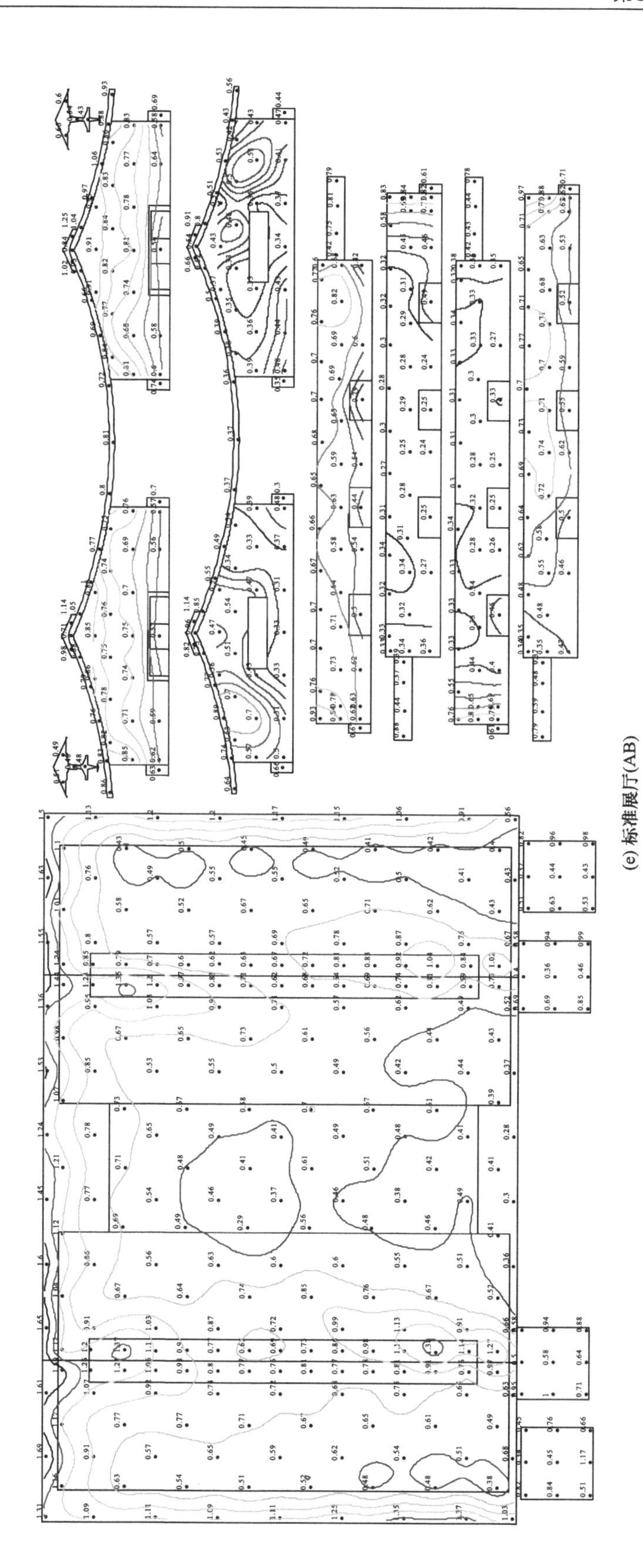

(e) 标准展厅(AB)

图 8-9 风向角统计意义下的50年重现期极值风压最大绝对值等值线图（单位：kPa）（五）

8.5 结论及建议

通过对石家庄国际展览中心 1∶250 缩尺比的刚性模型进行测压风洞试验及分析，得到如下结论及建议：

（1）以等值线图的形式给出了不同风向角下结构表面测点的体型系数（限于篇幅原因，仅给出标准展厅 0°风向角下的测点体型系数，如图 8-10 所示），以体型系数为基础计算得到了不同风向角下结构表面测点 50 年重现期的等效静力风荷载，此结果可作为主体结构设计的风荷载。

（2）建议将采用统计方法计算得到的结果作为石家庄国际展览中心围护结构的风荷载设计依据。图 8-8、图 8-9 以等值线图的形式给出了石家庄国际展览中心结构表面风向角统计意义下的 50 年重现期极值风压最大值、最小值及最大绝对值，该结果可作为围护结构的风荷载设计值。

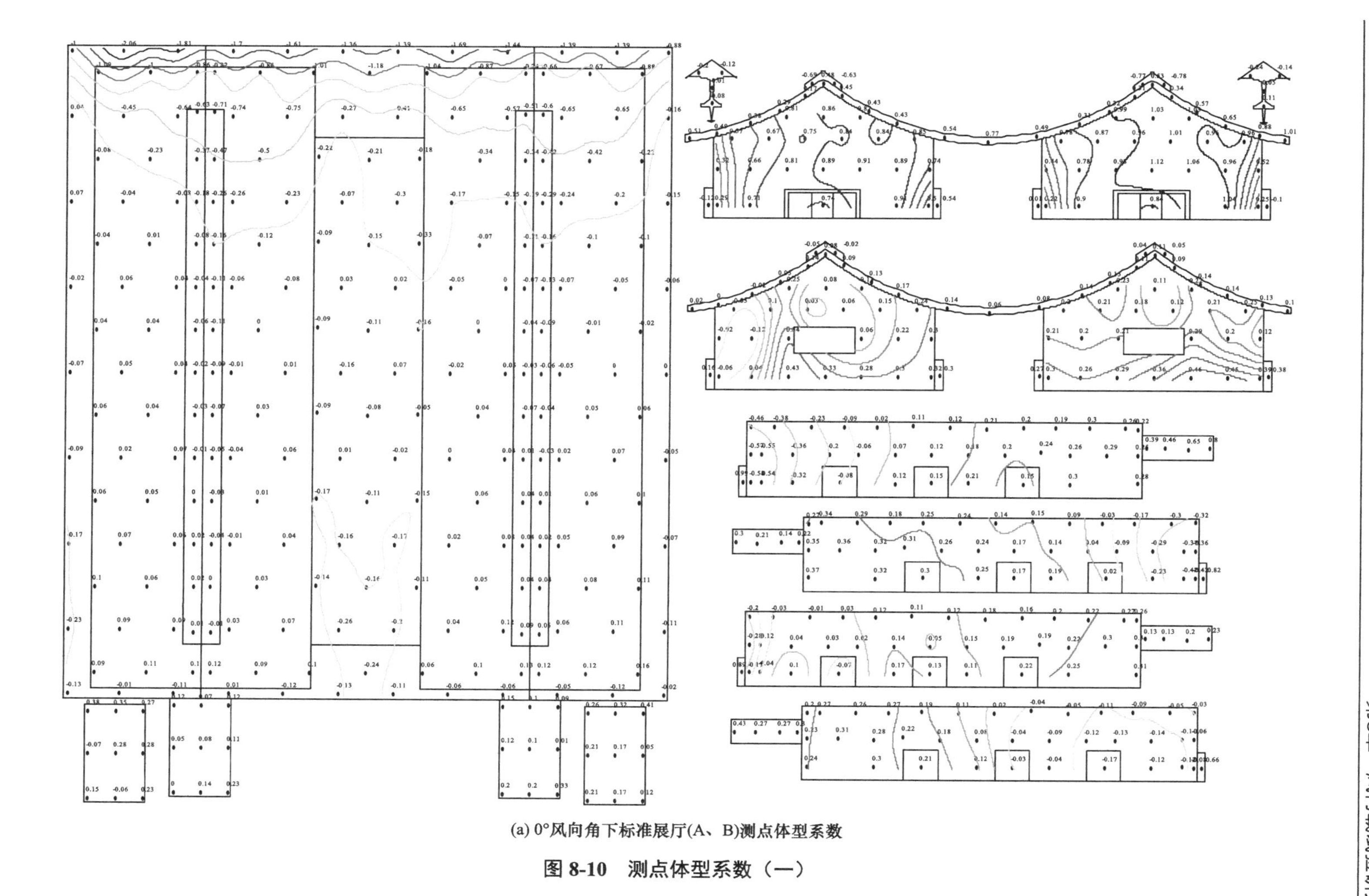

(a) 0°风向角下标准展厅(A、B)测点体型系数

图 8-10 测点体型系数（一）

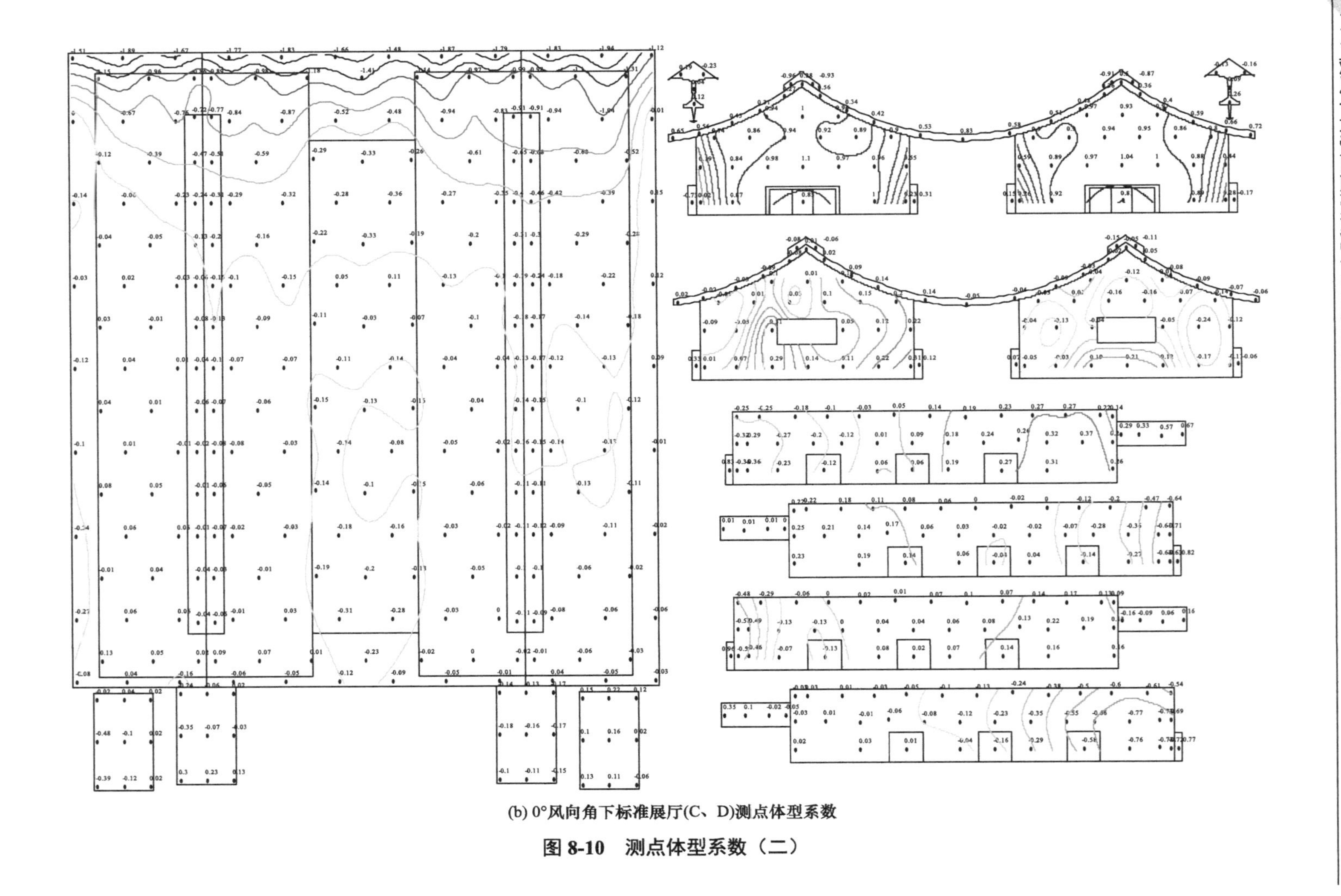

(b) 0°风向角下标准展厅(C、D)测点体型系数

图 8-10　测点体型系数（二）

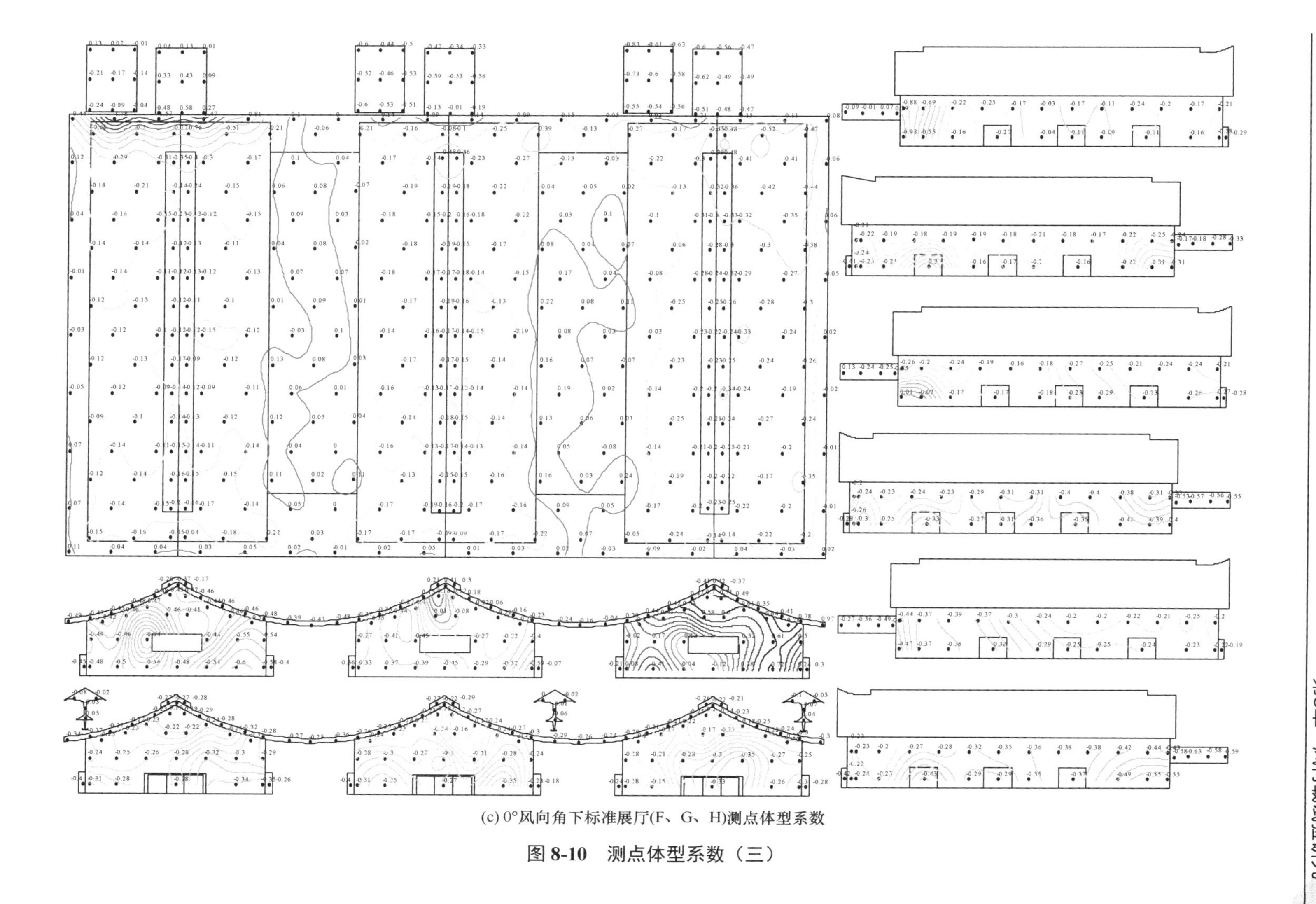

(c) 0°风向角下标准展厅(F、G、H)测点体型系数

图 8-10　测点体型系数（三）

第 9 章
消能减振研究

9.1 概述

本章针对大跨双向悬索屋盖结构工程（D 展厅）进行风荷载模拟和风致振动响应分析，开展基于惯性质量阻尼器（IMD）和多调谐质量阻尼器（MTMD）的减振控制分析研究工作，包括阻尼器的优化布置方法和参数优选策略，并针对减振控制研究，进行相关试验研究。

D 展厅地上 1 层，屋面采用悬山形式，双向悬索体系，地上主要建筑功能为展览，设一层地下室，主要建筑功能为车库。主要建筑参数见表 9-1。

D 展厅主要参数表 **表 9-1**

结构高度		屋脊：30.7m；檐口：21.5m
平面尺寸		横向：174m；纵向：135m
层数	地上	1 层
	地下	1 层
地下室层高		7.5m

D 展厅主体结构横向长度为 174m，纵向长度为 135m，屋盖檐口结构高度为 21.5m，屋脊结构高度为 30.7m，室内结构净高为 18.5m。主体结构体系由屋盖系统和支承系统组成，如图 9-1 所示。

屋盖系统由屋面、纵向自锚式悬索桁架（主索桁架）及横向双层索桁架（次索桁架）组成。为增大屋盖的平面内刚度，屋盖内设置水平交叉撑，水平交叉撑与屋面悬索、檩条等水平构件共同构成水平桁架。

下部支承系统由 A 形柱、边立柱、边拉索组成。其中边立柱每排设置两道交叉撑，用于承担纵向水平力。

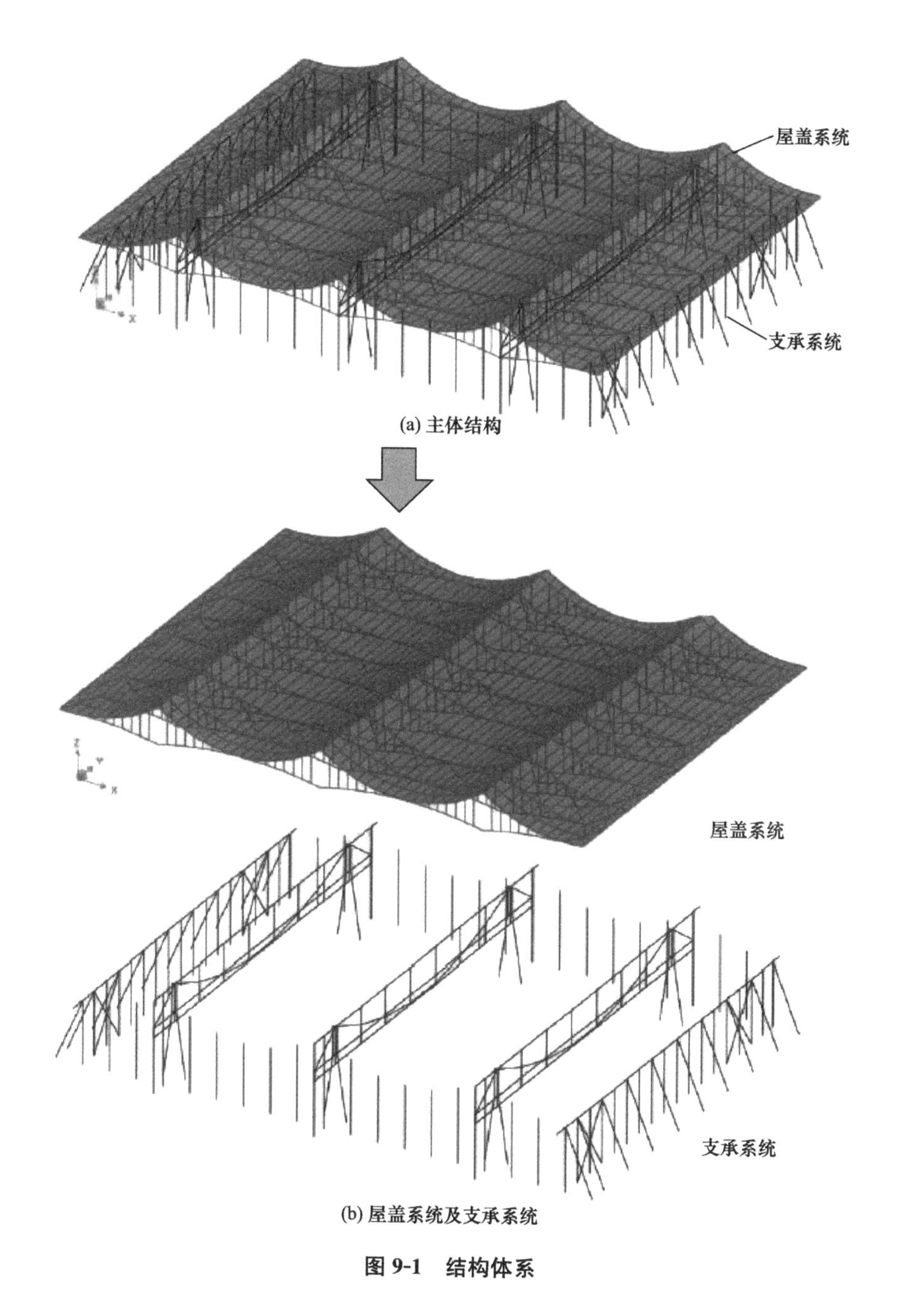

图 9-1　结构体系

结构平、立面布置图如图 9-2 所示。

图中 ZHJ-1～ZHJ-3 为主桁架；CHJ-1～CHJ-10 为次桁架（索桁架）；AXZ-1～AXZ-6 为 A 形柱；LS1～LS6 为拉索，其拉索规格见表 9-2。

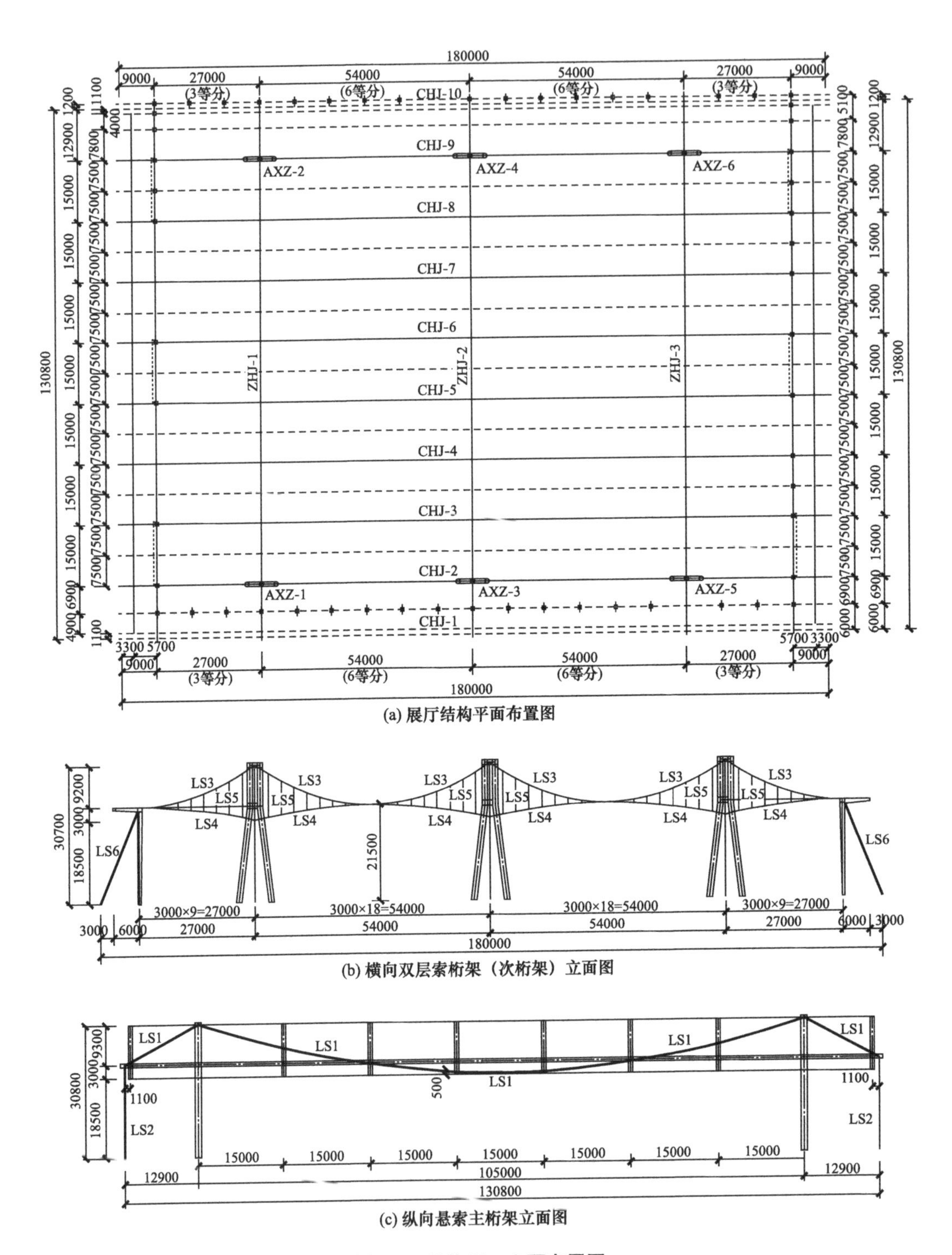

(a) 展厅结构平面布置图

(b) 横向双层索桁架（次桁架）立面图

(c) 纵向悬索主桁架立面图

图 9-2　结构平、立面布置图

拉索参数　　表 9-2

编号	截面	材质	备注
LS1	4×D113	钢绞线	高钒拉索
LS2	4×D86	钢绞线	高钒拉索
LS3	1×D97	钢绞线	高钒拉索
LS4	1×D63	钢绞线	高钒拉索
LS5	1×D26	钢绞线	高钒拉索
LS6	2×D113	钢绞线	高钒拉索

9.2 结构振动特性分析

本结构主次方向均为悬索式承重结构，由于索结构的特点，建模时需要结合其边界及受力情况进行结构找形，并以找形后的初始平衡状态为基础进行模态分析，分析中需要考虑大变形几何非线性与应力刚化效应。

9.2.1 D展厅有限元建模

采用 ANSYS 通用有限元分析软件进行结构建模，考虑几何非线性及应力刚化效应。分析模型中包含整体钢结构，包括屋盖系统和支承系统。有限元模型如图 9-3 所示。

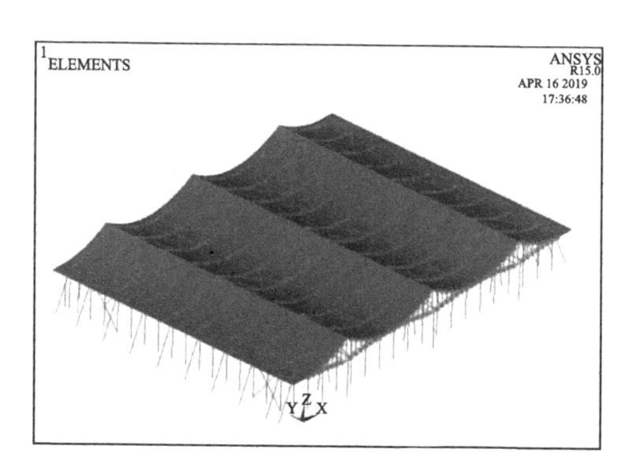

图 9-3　D展厅有限元模型

1. 单元类型（表 9-3）

分析单元类型　　表 9-3

构件类型	单元类型
拉索	仅受拉，不受压、不受弯的索单元（LINK180）
钢柱、连系梁、屋面网格构件	梁单元（BEAM188）
屋面板	三维结构表面单元（SURF154）

2. 材料力学性质（表 9-4）

分析模型中的材料力学性质 表 9-4

材料	弹性模量（MPa）	温度膨胀系数（/℃）	密度（kg/m^3）
钢构件	2.06×10^5	1.2×10^{-5}	7.85×10^3
GALFAN 拉索	1.6×10^5	1.2×10^{-5}	7.85×10^3

3. 节点连接形式

(1) 纵向悬索桁架：A 形支承柱、竖向撑杆、上弦杆、下弦杆、自锚杆等之间为刚接，拉索与钢构之间为铰接；

(2) 横向双层索桁架：边立柱与悬挑梁为刚接，拉索与边立柱、拉索与悬挑梁、拉索与主桁架相关节点的连接为铰接；

(3) 檩条：檩条之间为固接，檩条与拉索为铰接；

(4) 幕墙柱：幕墙柱与檩条为固接。

4. 边界条件

A 形柱底端为全固定约束，边拉索底端、边立柱底端和幕墙柱底端均为铰接约束。

5. 荷载条件

(1) 结构自重：构件重量根据材料密度由软件自动计算，并考虑索夹和索头的重量；

(2) 檩条自重：构件重量根据材料密度由软件自动计算；

(3) 屋面板自重：构件重量根据单元面密度由软件自动计算；

(4) 拉索初张力：根据设计目标状态的线形，通过找力分析确定。

9.2.2 初始平衡状态

初始平衡状态荷载包括结构自重及拉索初张力，采用几何非线性分析，考虑应力刚化效应，利用降温法模拟拉索初张力，并调整拉索初张力至合理初始平衡状态。获得初始平衡状态结构最大位移 53.48mm，其中最大正向竖向位移为 49.50mm，最大负向竖向位移为−36.99mm（图 9-4）。

提取初始平衡状态拉索索力范围如表 9-5 所示。

提取纵向桁架中间悬索、边斜索与锚地索索力，与《石家庄国际展览中心初步设计抗震设防专项审查报告》初始平衡态主桁架索力进行对比，列表见表 9-6。其中，“索力”为初始平衡状态索力计算值，“索力参考值”为《石家庄国际展览中心初步设计抗震设防专项审查报告》提供的初始平衡态分析结果，“索力比值”为索力/索力参考值。

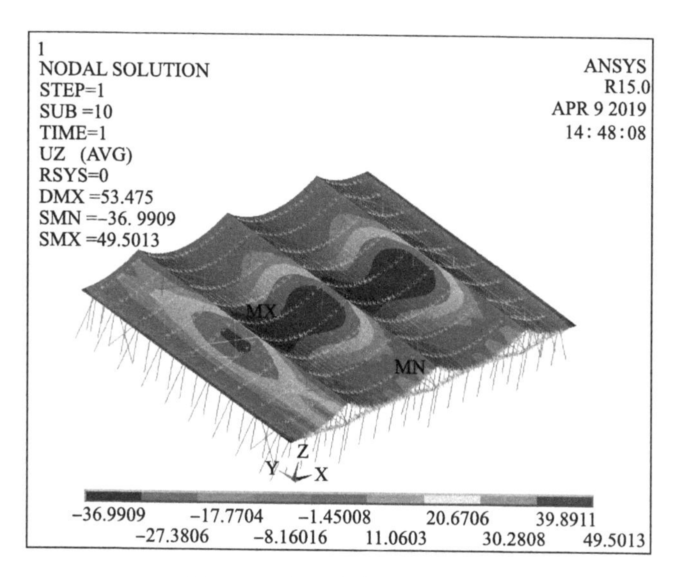

图 9-4　初始平衡状态位移云图

初始平衡状态拉索索力范围　　　　**表 9-5**

拉索位置	最小索力（t）	最大索力（t）
纵向桁架中间悬索	1035.3	1039.7
纵向桁架边斜索	1156.1	1162.5
纵向桁架锚地索	601.28	610.88
横向桁架承重索	92.29	164.80
横向桁架稳定索	133.38	167.72
横向桁架锚地索	669.99	724.93

注：拉索规格见图 9-2，各类拉索规格不同，故索力范围差异较明显。

初始平衡状态主桁架索力　　　　**表 9-6**

单元号	索力（t）	索力参考值（t）*	索力比值*
1	610	628	0.97
2	1161	1157	1.00
3	1037	1071	0.97
4	1037	1031	1.01
5	1035	1006	1.03
6	1038	997	1.04
7	1038	1006	1.03
8	1035	1030	1.00
9	1033	1071	0.96
10	1156	1154	1.00
11	601	596	1.01

* 索力参考值（t）取自《石家庄国际展览中心初步设计抗震设防专项审查报告》；索力比值=索力值/参考值。

由以上分析结果可知，初始平衡状态分析结果与《石家庄国际展览中心初步设计抗震设防专项审查报告》基本一致，结构模型合理，可基于该有限元模型进行后续结构分析。

9.2.3 结构模态分析

以初始平衡状态为基础，利用 ANSYS 进行模态分析。提取结构前 15 阶固有频率并与《石家庄国际展览中心初步设计抗震设防专项审查报告》中模态分析结果进行对比，详见表 9-7。其中，“频率”和“周期”为模态分析计算值，“周期参考值”取自《石家庄国际展览中心初步设计抗震设防专项审查报告》提供的模态分析结果，“周期比值”为周期/周期参考值。

模态频率 **表 9-7**

模态	频率（Hz）	周期（s）	周期参考值（s）*	周期比值	振型描述**
1	0.4468	2.2380	2.2025	1.02	竖向反对称（关于 Y）
2	0.5332	1.8756	1.8059	1.04	Y-横向对称
3	0.5341	1.8723		1.04	Y-横向反对称
4	0.5639	1.7734		0.98	Y-横向对称
5	0.5667	1.7647		0.98	Y-横向反对称
6	0.5813	1.7202		0.95	Y-横向反对称
7	0.5814	1.7200		0.95	Y一横向对称
8	0.6310	1.5849	1.6836	0.94	竖向对称（关于 Y）
9	0.6614	1.5119	1.4830	1.02	竖向反对称（关于 Y）伴有 X 方向振动
10	0.6894	1.4506	1.3790	1.05	竖向对称（关于 Y）
11	0.7354	1.3598	1.3714	0.99	竖向反对称（关于 Y）伴有 X 方向振动
12	0.7596	1.3164	1.3456	0.98	竖向反对称（关于 Y）伴有 X 方向振动
13	0.8106	1.2336	1.3360	0.92	竖向对称（关于 Y）
14	0.8383	1.1929	1.1212	1.06	竖向反对称（关于 Y）伴有 X 方向振动
15	0.8537	1.1713	1.0949	1.07	竖向对称（关于 Y）

* 周期参考值（s）取自《石家庄国际展览中心初步设计抗震设防专项审查报告》，周期比值＝周期/周期参考值；

** 振型描述中“X”指 X 轴方向，“Y”指 Y 轴方向，结构坐标系参考图 9-3。

其中，对照振型分析结果，模态 2～模态 7 均为横向振动模态，模态频率密集，与《石家庄国际展览中心初步设计抗震设防专项审查报告》中模态 2 相对应。对比表明，模态分析结果与《石家庄国际展览中心初步设计抗震设防专项审查报告》基本一致，结构模型合理，可基于该有限元模型进行后续结构分析。

各阶振型位移云图如表 9-8 所示。

模态振型 **表 9-8**

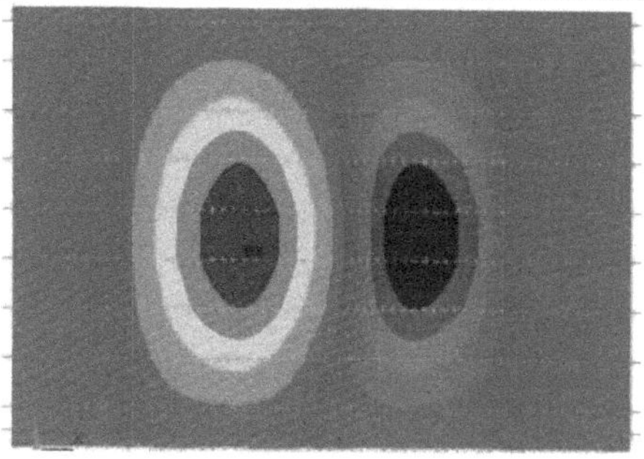	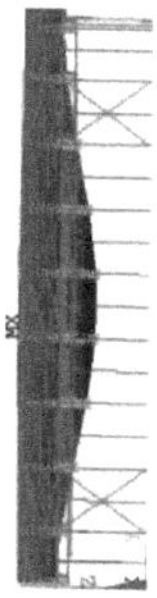
XY	YZ
	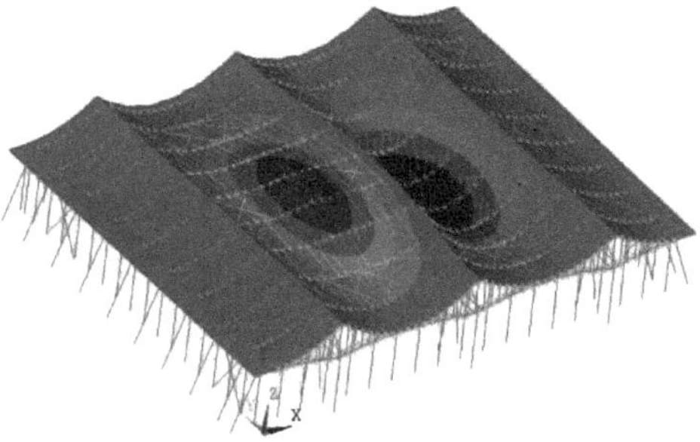
XZ	3D
MODE 1 T=2.2380s；竖向；关于 Y 轴反对称	
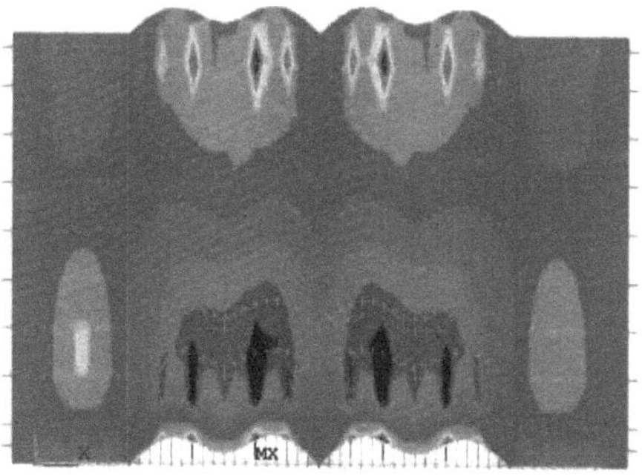	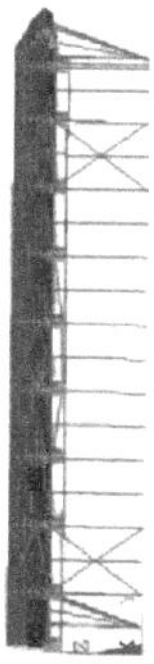
XY	YZ
	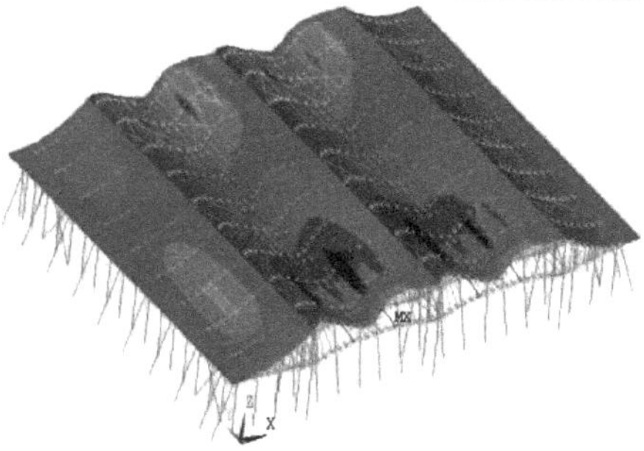
XZ	3D

续表

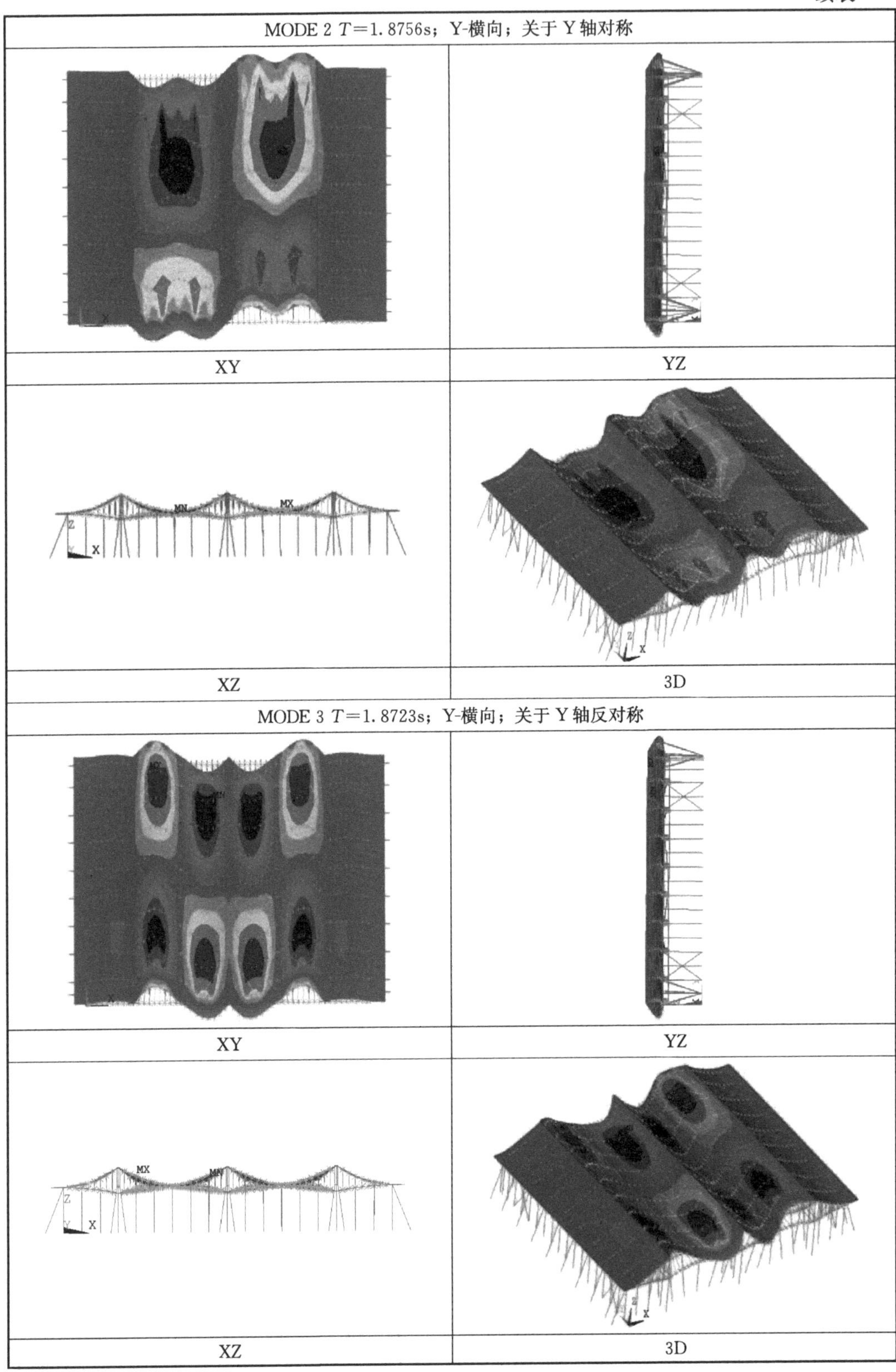
MODE 2 T=1.8756s；Y-横向；关于Y轴对称
XY
YZ
MN
MX
XZ
3D
MODE 3 T=1.8723s；Y-横向；关于Y轴反对称
XY
YZ
MX
MN
XZ
3D

续表

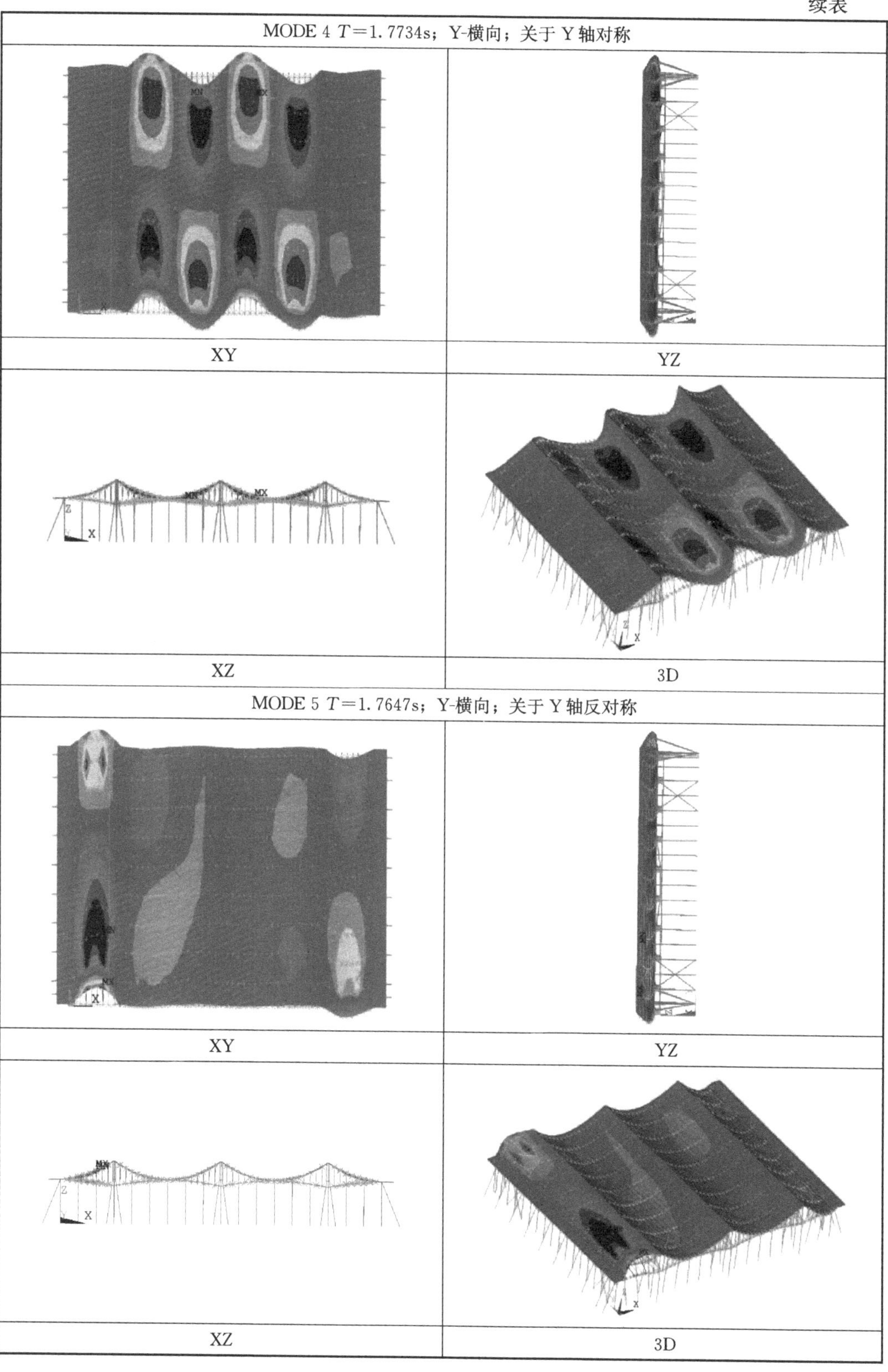
MODE 4 T＝1.7734s；Y-横向；关于Y轴对称
XY
YZ
XZ
3D
MODE 5 T＝1.7647s；Y-横向；关于Y轴反对称
XY
YZ
XZ
3D

续表

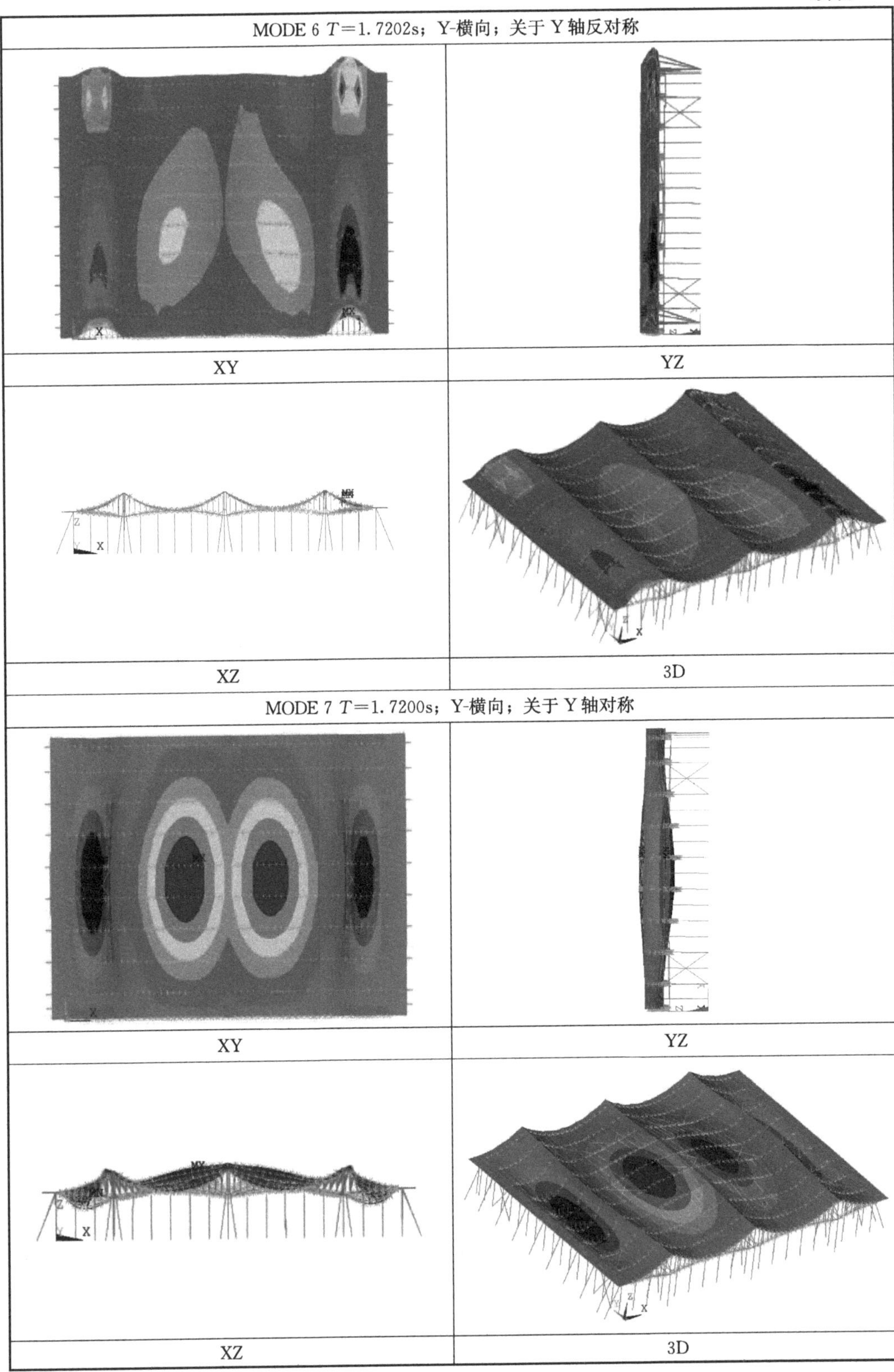
MODE 6 T=1.7202s；Y-横向；关于 Y 轴反对称
XY
YZ
XZ
3D
MODE 7 T=1.7200s；Y-横向；关于 Y 轴对称
XY
YZ
XZ
3D

续表

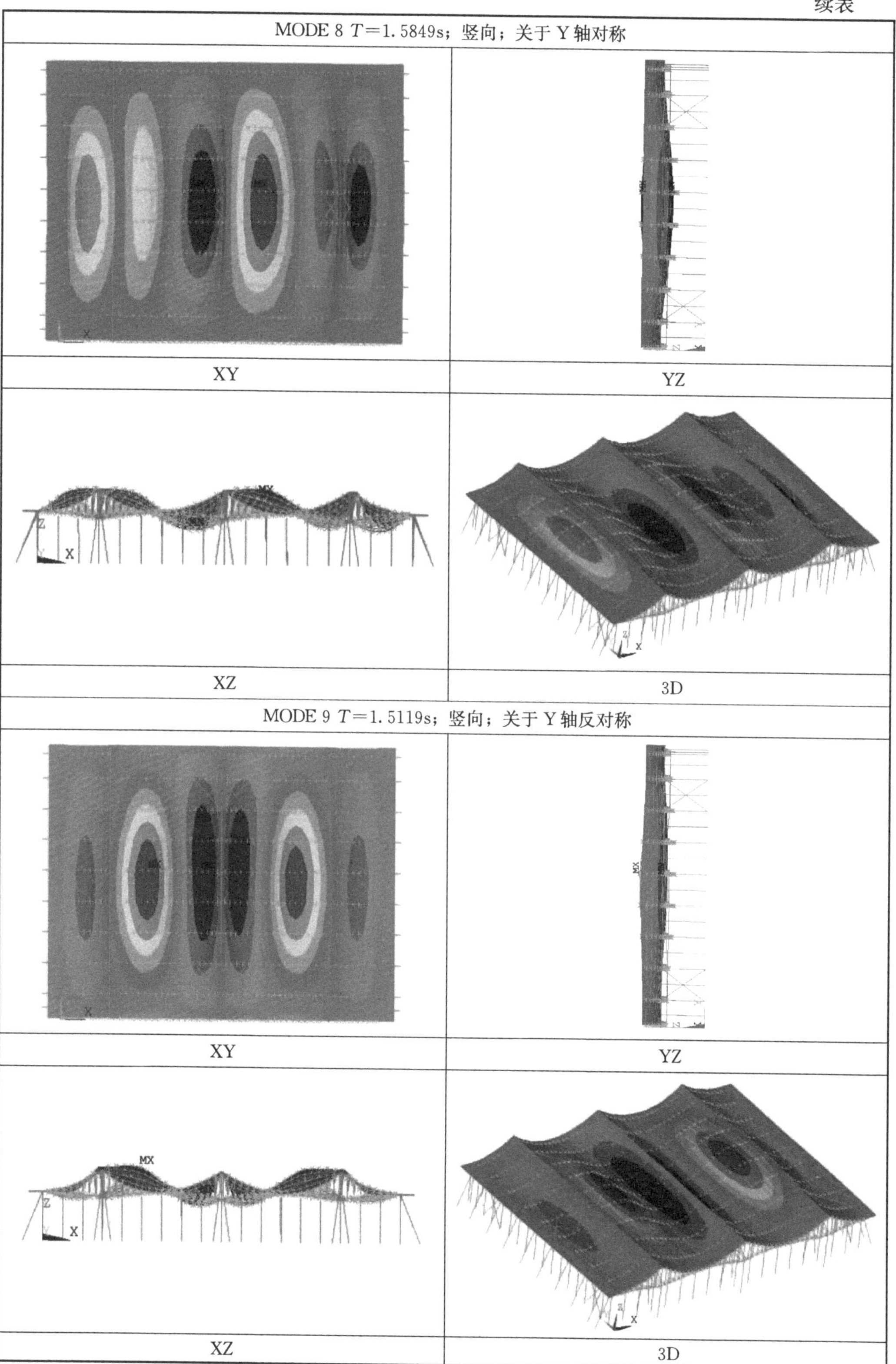

MODE 8 T=1.5849s；竖向；关于 Y 轴对称	
XY	YZ
XZ	3D
MODE 9 T=1.5119s；竖向；关于 Y 轴反对称	
XY	YZ
XZ	3D

续表

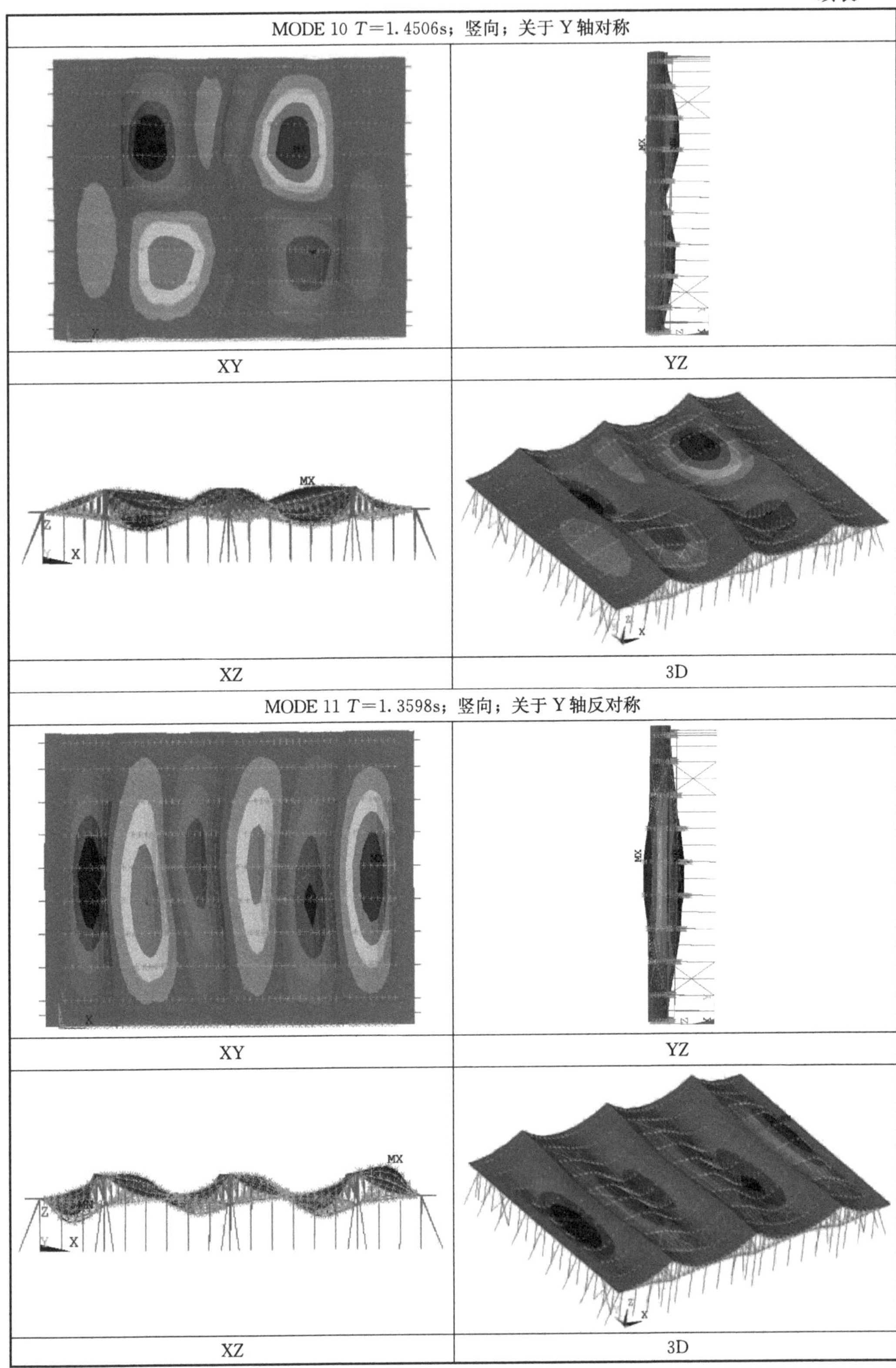

MODE 10 T=1. 4506s；竖向；关于 Y 轴对称	
XY	YZ
XZ	3D
MODE 11 T=1. 3598s；竖向；关于 Y 轴反对称	
XY	YZ
XZ	3D

续表

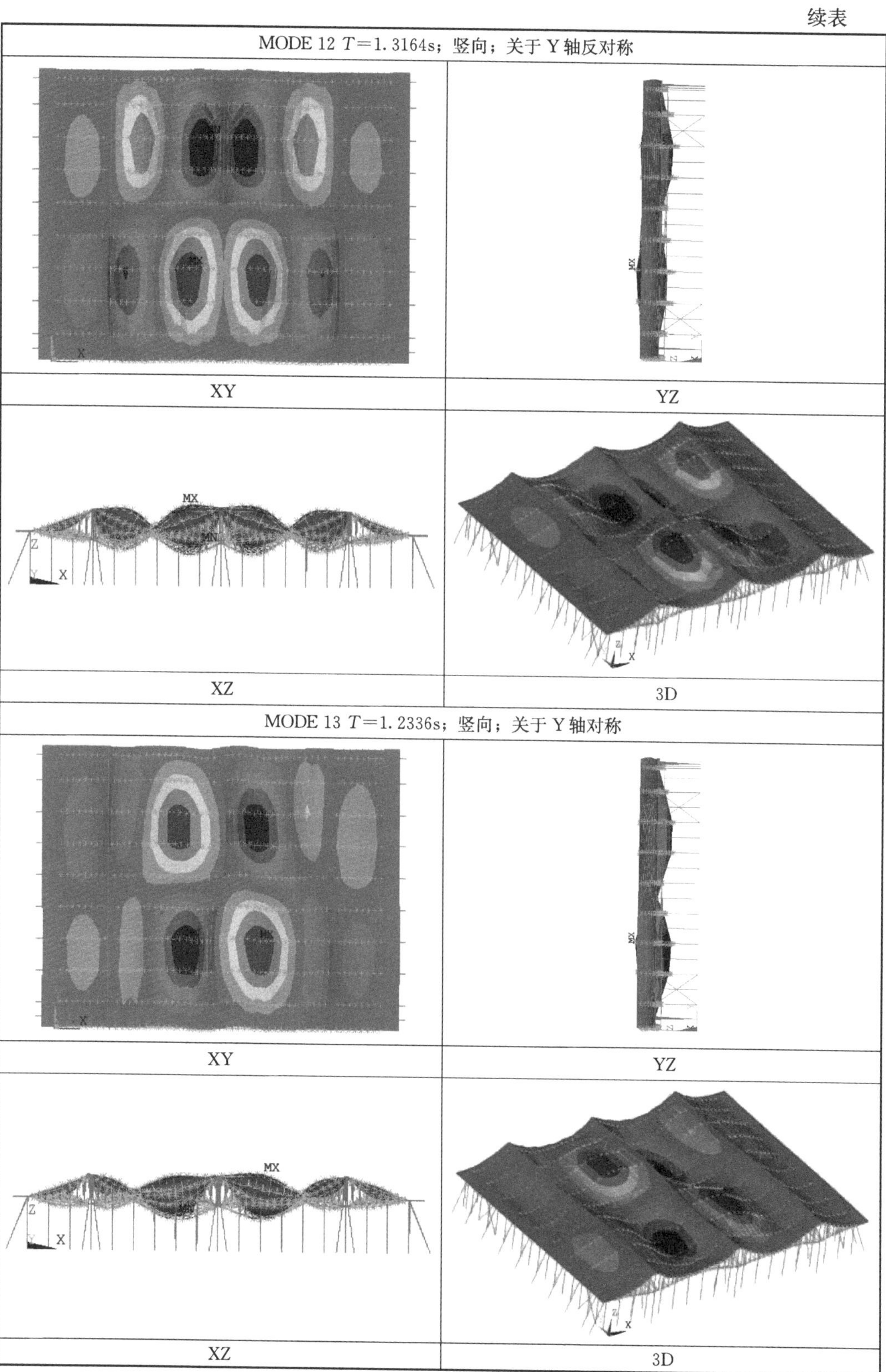
MODE 12 T=1.3164s；竖向；关于 Y 轴反对称
XY
YZ
XZ
3D
MODE 13 T=1.2336s；竖向；关于 Y 轴对称
XY
YZ
XZ
3D

续表

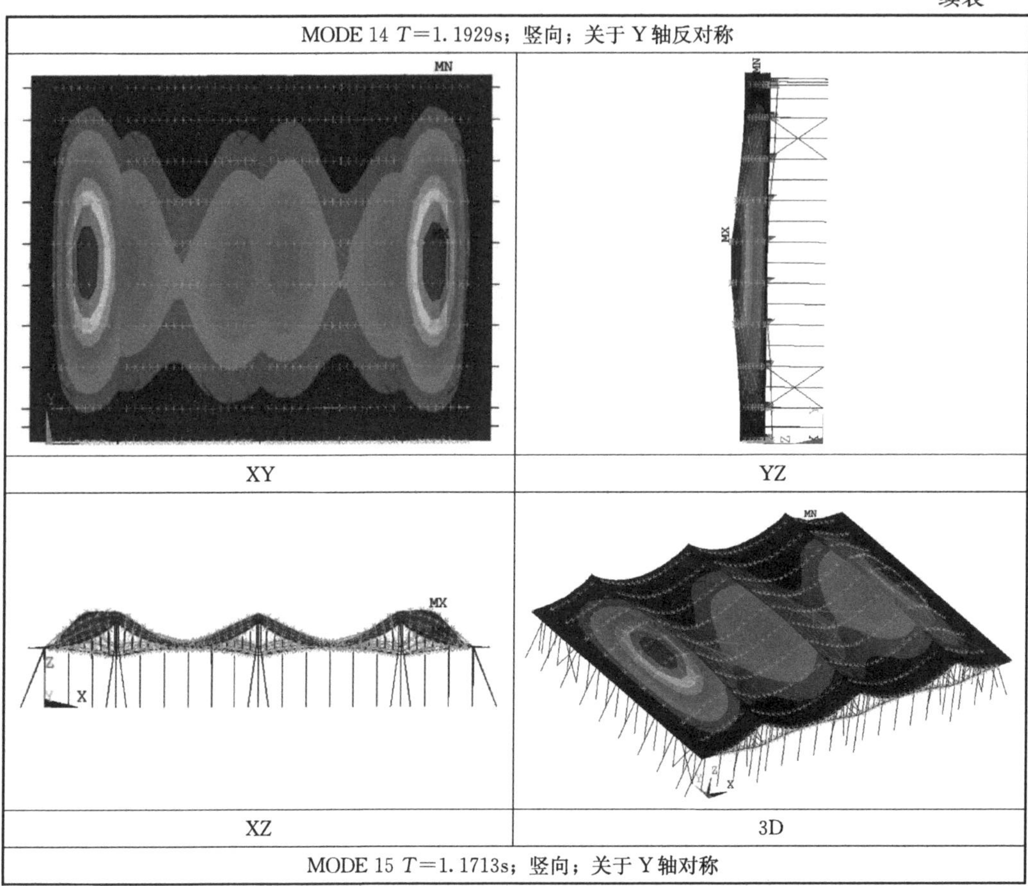

MODE 14 T=1.1929s；竖向；关于Y轴反对称

XY　　YZ

XZ　　3D

MODE 15 T=1.1713s；竖向；关于Y轴对称

基于上述有限元模型，计算模态有效参与质量、模态累积有效参与质量系数及振型参与系数比见表9-9～表9-11。

有效参与质量　　表9-9

模态	频率(Hz)	有效参与质量*(kg)		
		U_X	U_Y	U_Z
1	0.4468	209416	0	0
2	0.5332	0	184146	25
3	0.5341	527	4	0
4	0.5639	0	25853	2
5	0.5667	12	0	0
6	0.5813	105	51135	23
7	0.5814	2	704105	238
8	0.6310	1139	208	232056
9	0.6614	628663	0	352
10	0.6894	181	2	108712
11	0.7354	2458	0	171
12	0.7596	27230	0	636

续表

模态	频率 (Hz)	有效参与质量* (kg)		
		U_X	U_Y	U_Z
13	0.8106	12	0	936
14	0.8383	42	0	1367
15	0.8537	13	92	150988

* 第 i 阶模态在 k 方向的模态有效参与质量计算公式为：

$$M_{eff(i,k)} = \frac{(\phi_{i,k}^T[M]\{1\})^2}{\phi_{i,k}^T[M]\phi_{i,k}}$$

其中，i，k 为第 i 阶模态在 k 方向的振型向量；$[M]$ 为结构质量矩阵。

累积有效参与质量系数　　**表 9-10**

模态	频率 (Hz)	累积有效参与质量系数*					
		U_X	U_Y	U_Z	ROT_X	ROT_Y	ROT_Z
1	0.4468	9.84%	0%	0%	0%	6.68%	2.01%
2	0.5332	9.84%	61.38%	0%	8.69%	6.68%	30.92%
3	0.5341	9.87%	61.38%	0%	8.69%	6.69%	34.95%
4	0.5639	9.87%	62.24%	0%	8.81%	6.69%	35.36%
5	0.5667	9.87%	62.24%	0%	8.81%	6.69%	37.15%
6	0.5813	9.87%	63.94%	0%	9.03%	6.7%	40.12%
7	0.5814	9.87%	87.41%	0.01%	12.07%	6.7%	56.42%
8	0.6310	9.93%	87.42%	12.08%	20.87%	16.25%	56.42%
9	0.6614	39.47%	87.42%	12.1%	20.88%	24.97%	63.58%
10	0.6894	39.48%	87.42%	17.75%	24.91%	28.86%	63.58%
11	0.7354	39.59%	87.42%	17.76%	24.92%	28.92%	64.32%
12	0.7596	40.87%	87.42%	17.79%	24.94%	30.53%	64.78%
13	0.8106	40.87%	87.42%	17.84%	25.09%	30.58%	64.78%
14	0.8383	40.87%	87.42%	17.91%	25.14%	30.79%	65.13%
15	0.8537	40.87%	87.42%	96.4%	80.68%	87.02%	65.13%

* 第 i 阶模态在 k 方向的累积有效参与质量系数计算公式为：

$$CEM_{(i,k)} = \frac{\sum_{n=1}^{i} M_{eff(n,k)}}{\sum_{n=1}^{N} M_{eff(n,k)}}$$

其中，$Meff(n,k)$ 为第 n 阶模态在 k 方向的有效参与质量；N 为 ANSYS 模态分析中所提取的模态总数，在本项目中，$N=50$。

振型参与系数比　　**表 9-11**

模态	频率 (Hz)	振型参与系数比*						振型方向
		U_X	U_Y	U_Z	ROT_X	ROT_Y	ROT_Z	
1	0.4468	**0.58**	0.00	**0.00**	0.00	0.34	0.26	反对称竖向
2	0.5332	0.00	1.00	0.00	0.40	0.00	1.00	水平向
3	0.5341	0.03	0.00	0.00	0.00	0.01	0.37	
4	0.5639	0.00	0.12	0.00	0.05	0.00	0.12	
5	0.5667	0.00	0.00	0.00	0.00	0.00	0.25	
6	0.5813	0.01	0.17	0.00	0.06	0.01	0.32	
7	0.5814	0.00	0.62	0.01	0.23	0.01	0.75	
8	0.6310	**0.04**	0.01	**0.39**	0.40	0.41	0.01	对称竖向

续表

模态	频率 (Hz)	振型参与系数比*						振型方向
		U_X	U_Y	U_Z	ROT_X	ROT_Y	ROT_Z	
9	0.6614	**1.00**	0.00	**0.02**	0.01	0.39	0.50	反对称竖向
10	0.6894	0.02	0.00	0.27	0.27	0.26	0.01	对称竖向
11	0.7354	0.06	0.00	0.01	0.01	0.03	0.16	反对称竖向
12	0.7596	0.21	0.00	0.02	0.02	0.17	0.13	反对称竖向
13	0.8106	0.00	0.00	0.02	0.05	0.03	0.00	对称竖向
14	0.8383	0.01	0.00	0.03	0.03	0.06	0.11	反对称竖向
15	0.8537	**0.00**	0.01	**1.00**	1.00	1.00	0.01	对称竖向

* 振型参与系数比的定义为：设第 i 阶模态 k 方向的振型参与系数为 γ_{ik} 则第 i 阶模态在 k 方向的振型参与系数比（PFR，Participant Factor Ratio）为：

$$PFR(i,k)=\frac{\gamma_{i,k}}{\max(\gamma_{1,k},\gamma_{2,k},\cdots,\gamma_{N,k})}$$

其中，N 为 ANSYS 模态分析中所提取的模态总数，在本项目中，$N=50$；$\gamma_{i,k}$ 为第 i 阶模态 k 方向的振型参与系数，计算公式为：

$$\gamma_{i,k}=\frac{\phi_{i,k}^{T}[M]\{1\}}{\phi_{i,k}^{T}[M]\phi_{i,k}}$$

其中，$\phi_{i,k}$ 为第 i 阶模态在 k 方向的振型向量；$[M]$ 为结构质量矩阵。根据结构体系、荷载条件及阻尼器特点，本项目主要考虑结构竖向振动的减振，由上述分析结果可见，本结构在第 15 阶模态处竖向振动有效参与质量达 90%以上（高达 96.4%），故提取前 15 阶模态进行后续减振控制研究。

9.2.4 动力响应主控模态

综合模态振型、模态累积有效参与质量系数及模态参与系数比，确定结构主要对称（关于 Y 轴）竖向模态为：模态 8 与模态 15；主要反对称（关于 Y 轴）竖向模态为：模态 1 与模态 9。

观察模态分析结果，在前 15 阶模态中，第 15 阶与第 8 阶模态的竖向有效质量参与系数较大，分别为 78.5%和 12.07%，其中第 15 阶远远高于其他 14 阶模态的有效质量参与系数总和。

振型参与系数计算公式中单位荷载为对称分布，故反对称（关于 Y 轴）竖向振型参与系数接近 0，应结合模态振型图、竖向振型参与系数比和 X 方向振型参与系数比，共同确定反对称（关于 Y 轴）竖向模态：模态 1 和模态 9。

由于模态响应贡献不仅与模态有效参与质量有关，还受到模态频率和模态阻尼比的影响，具有较大有效参与质量的高阶模态由于高阶频率的影响，未必具有较大的模态响应。故本节以模态有效参与质量、模态阶次等信息为参考条件，提出更具参考价值的主控模态指标，即模态响应贡献。

根据第 9.2 节结构响应分析，确定结构在 5 种荷载工况下的最不利节点位置（0°，22.5°，67.5°，90°工况下，最不利节点位置均位于边跨中点，45°工况下，最不利节点位置位于中跨1/3跨节点），进而以最不利节点为响应观测节点，进行模态响应贡献分析；由9.2.3节的模态响应分析可知，第8阶、第15阶和第1阶对中跨响应的模态贡献较大，其中第8阶贡献尤其显著；第15阶和第8阶对边跨响应的贡献较大，且两阶模态均具有较大峰值。

故最终选定第8阶和第15阶作为结构主控模态，且减振控制中应尤其重视边跨的减振效果。

9.2.5　IMD减振控制研究

1. IMD减振控制原理及实验研究

研究显示，主动或半主动控制之所以较传统被动控制有更好的控制效果，是因为主动或半主动的控制方式通常具有一定的负刚度（Negative Stiffness）特性。近年来，基于负刚度特性的减振设备也因此得到了广泛关注，惯性质量阻尼器（Inertial Mass Damper，IMD）正是一种具有负刚度特性的阻尼器，其负刚度特性能放大阻尼器处结构振幅，有效提高了阻尼器的耗能，不仅使得其控制效果能数倍于传统被动粘滞阻尼器，还能够达到半主动甚至主动控制的水平。

（1）惯性质量阻尼器

一般IMD主要分为两部分，惯性质量部分与粘性阻尼部分。惯性质量可由机械惯质器如滚珠丝杠、液电惯容器或齿轮齿条惯质器等提供，粘性阻尼部分则可以选择传统粘滞阻尼器。其阻尼力可表示为：

$$f_{\mathrm{IMD}}=m_{\mathrm{e}}\ddot{u}+c_{\mathrm{d}}\dot{u} \tag{9-1}$$

其中，m_{e}为惯性质量，c_{d}为粘滞阻尼系数，u、$\dot{u}$、$\ddot{u}$分别为惯性质量阻尼器支撑点及与结构连接点的相对位移、速度以及加速度。

使用惯质器如飞轮型滚丝杠所获得的惯性质量m_{e}可表示为：

$$m_{\mathrm{e}}=2\left(\frac{\pi}{L_{\mathrm{d}}}\right)^{2}(r_{1}^{2}+r_{2}^{2})\rho_{\mathrm{s}}\pi h_{1}(r_{1}^{2}-r_{2}^{2})=n_{\mathrm{m}}\cdot m_{0} \tag{9-2}$$

其中，L_{d}为丝杠导程，为飞轮单位体积质量，h为飞轮高，r_1、r_2为飞轮外、内半径，m_0为飞轮的实际质量，n_{m}即为由于丝杠作用产生的惯性质量放大系数，可表示为：

$$n_{\mathrm{m}}=2\left(\frac{\pi}{L_{\mathrm{d}}}\right)^{2}(r_{1}^{2}+r_{2}^{2}) \tag{9-3}$$

可以发现，通过惯质器可以将阻尼器质量放大数倍甚至数百倍且不影响到结构本身的静态稳定。同时由于惯性质量的存在，惯性质量阻尼器获得了负刚度特性。若假设阻尼器端点相对位移为 $u=A\sin(\omega t)$ 时，阻尼器出力可以写为：

$$f_{\mathrm{IMD}}=-\omega^2 m_e u+c_d\dot{u} \tag{9-4}$$

由于激励频率 ω、惯性质量 m_e 均为实际物理量不为负，式（9-4）第一项为阻尼器提供了等效负刚度，其本身虽不提供任何耗能能力，但放大了粘滞阻尼的作用，获得了更大的阻尼力，有效提高了阻尼器耗能能力。图 9-5 为粘惯质阻尼器、惯质器、传统粘性阻尼器阻尼力-位移滞回曲线示意图。

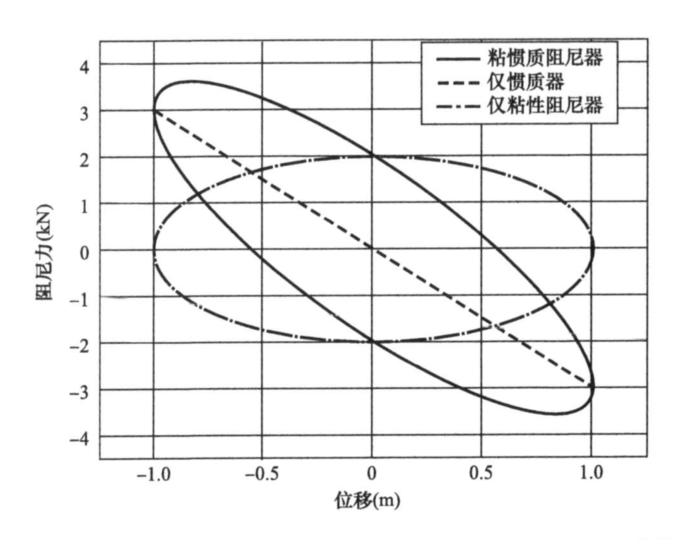

图 9-5　粘惯质阻尼器、惯质器、粘性阻尼器阻尼力-位移滞回曲线

研究显示，在使用 IMD 控制拉索结构振动时，存在着一组最优控制参数（阻尼器的惯性质量以及阻尼系数）使得控制效果达到最好，即被控模态的模态阻尼比达到一个最大值。因此，在使用 IMD 控制本项目大跨双向悬索结构时，将选择风致振动响应中的主导模态进行分析，通过有限元模型，针对被控模态计算得出单模态最优或多模态较优的阻尼器控制参数，以结构被控模态阻尼比和风致振动响应作为验证 IMD 有效性的指标。

（2）惯性质量阻尼器有垂度单索控制原理研究

IMD——有垂度拉索系统模型示意图如图 9-6 所示。

基于 IMD 工作原理以及拉索系统平衡方程可以得到系统的动力方程：

$$\ddot{v}(x,t)+c\dot{v}(x,t)-\frac{1}{\pi^2}v''(x,t)+\frac{\lambda^2}{\pi^2}\left[\int_0^1\ddot{v}(x,t)\right]=F_d(t)\delta(x-x_d) \tag{9-5}$$

其中，$v(x,t)$ 为拉索横向变形，（$'$）与（$\cdot$）分别表示拉索横向变形对 x 与 t 求偏导，λ 为拉索垂度系数，θ 为拉索倾角，$F_d(t)$ 即为 IMD 所提供阻尼力，x_d 为阻尼器所在位置，$\delta(\cdot)$ 为狄拉克函数。

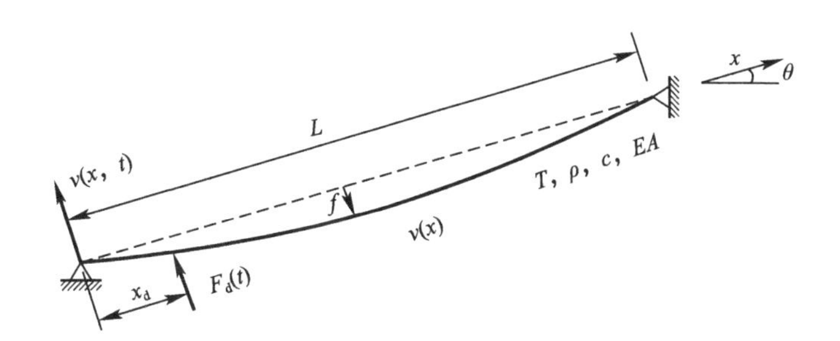

图 9-6　惯性质量阻尼器与有垂度拉索系统模型

假设拉索位移为多个正弦曲线形函数 $\varphi=\sin i\pi x$，$i=1$，2，3…的叠加，将形函数代入 IMD——拉索系统动力方程，运用伽辽金法对索沿全长进行积分后可以得到 IMD——拉索系统的矩阵方程：

$$\boldsymbol{M}\ddot{\boldsymbol{q}}+\boldsymbol{C}\dot{\boldsymbol{q}}+\boldsymbol{K}\boldsymbol{q}=\varphi F_{\mathrm{d}}(t) \tag{9-6}$$

结合状态向量 $\eta=[q^{T}\quad \dot{q}^{T}]^{T}$ 将矩阵方程写成状态方程：

$$\dot{\boldsymbol{\eta}}=\boldsymbol{A}\boldsymbol{\eta}+\boldsymbol{B}F_{\mathrm{d}}(t)+\boldsymbol{H}\boldsymbol{f} \tag{9-7}$$

于是 IMD——拉索系统的状态空间方程组即可写为以下形式：

$$\begin{cases}\dot{\boldsymbol{\eta}}=\boldsymbol{A}\boldsymbol{\eta}+\boldsymbol{B}\boldsymbol{f}\\ \boldsymbol{y}=\boldsymbol{C}\boldsymbol{\eta}+\boldsymbol{D}\boldsymbol{f}\end{cases}\qquad y=[v(x,\ t),\ F_{\mathrm{d}}(t)]^{\mathrm{T}} \tag{9-8}$$

其中：

$$\boldsymbol{A}=\begin{bmatrix}\boldsymbol{0} & \boldsymbol{I}\\ -\boldsymbol{M}^{-1}\boldsymbol{K} & -\boldsymbol{M}^{-1}\boldsymbol{C}\end{bmatrix}\qquad \boldsymbol{B}=\begin{bmatrix}\boldsymbol{0}\\ \boldsymbol{M}^{-1}\end{bmatrix}$$
$$\boldsymbol{C}=\begin{bmatrix}[\boldsymbol{\varphi}^{\mathrm{T}}(x)\quad \boldsymbol{0}^{\mathrm{T}}]\\ -[c_{d}\boldsymbol{\varphi}^{\mathrm{T}}\quad m_{\mathrm{e}}\boldsymbol{\varphi}^{\mathrm{T}}]\cdot\boldsymbol{A}\end{bmatrix}\quad \boldsymbol{D}=\begin{bmatrix}\boldsymbol{0}^{\mathrm{T}}\\ -[c_{d}\boldsymbol{\varphi}^{\mathrm{T}}\quad m_{\mathrm{e}}\boldsymbol{\varphi}^{\mathrm{T}}]\cdot\boldsymbol{B}\end{bmatrix} \tag{9-9}$$

通过求解 IMD——拉索系统的状态空间方程可以得到一组系统特征根，有阻尼情况下每个特征根均为复数，其形式如下所示：

$$\lambda_{1,\ 2}=-\xi_{n}\omega_{n}\pm\omega_{n}\sqrt{1-\xi_{n}^{2}}i \tag{9-10}$$

式中，ω_n 为第 n 阶模态无阻尼固有频率，ξ_n 即为第 n 阶模态阻尼比。在拉索垂度参数确定的情况下，可以得到惯性质量 e_{m}、阻尼系数 c_{d} 与模态阻尼比 ξ_n 的对应关系，选取 DCH 塔 NE_53 号斜拉索作为理论计算算例，设计 IMD 安装于距拉索锚固端 2% 位置处，拉索参数如表 9-12 所示。

DCH 塔 NE_53 号斜拉索参数　　表 9-12

IMD 安装位置	截面积 (m^2)	单位质量 (kg/m)	拉索索力 (N)	锚点间索长 (m)	拉索倾角余弦 cos θ	拉索垂度 λ^2
2%	0.00281	58	1.209e6	723.35	0.9895	1.724

计算前三阶模态阻尼比，结果如表 9-13 所示，并将惯性质量 e_m、阻尼系数 c_d 与模态阻尼比 ξ_n 对应关系绘于图 9-7～图 9-9 中。其中惯性质量与阻尼系数分别以无量纲形式给出，在相同垂度条件下，无量纲参数对任意参数拉索均适用。

DCH 塔 NE_53 号斜拉索前三阶最优控制参数及模态阻尼比　　表 9-13

模态阶数	无量纲惯性质量	无量纲阻尼系数	模态阻尼比
Mode 1	3.824	1.606	9.18%
Mode 2	1.077	1.009	9.51%
Mode 3	0.474	0.688	8.82%

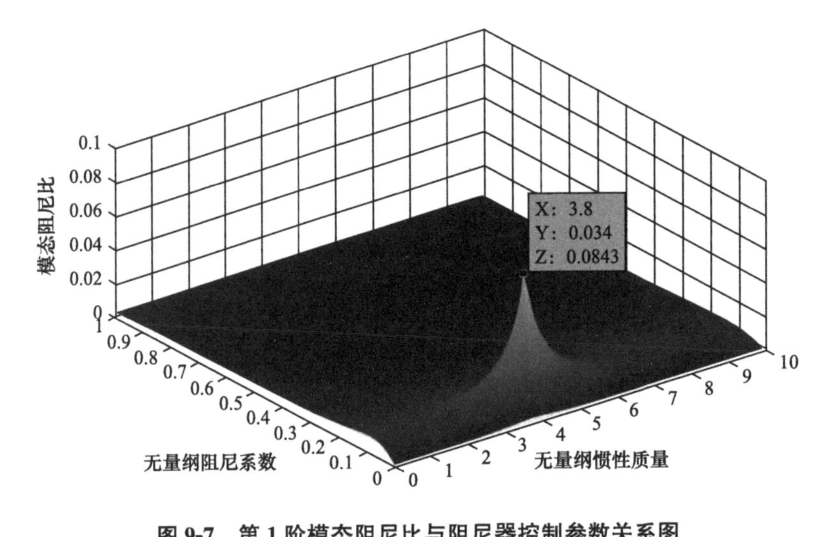

图 9-7　第 1 阶模态阻尼比与阻尼器控制参数关系图

图中所示峰值处的模态阻尼比达到理论最大值，其所对应的惯性质量及阻尼系数即为 IMD 针对被控模态的最优无量纲控制参数。从结果可以看出，当阻尼器均布置在距拉索锚固端 2%处时，相较于传统粘滞阻尼器（各模态阻尼比一般为 1%左右），IMD 作用下拉索前三阶模态阻尼比可以高达 9%左右，远远好于传统粘滞阻尼器，有效证明了 IMD 的减振能力。

(3) 惯性质量阻尼器有垂度单索控制试验研究

以苏通大桥 577m 级斜拉索为原型，设计并进行了缩尺拉索减振控制试验。缩尺模型拉索具体参数如表 9-14 所示。缩尺试验系统示意图见图 9-10。

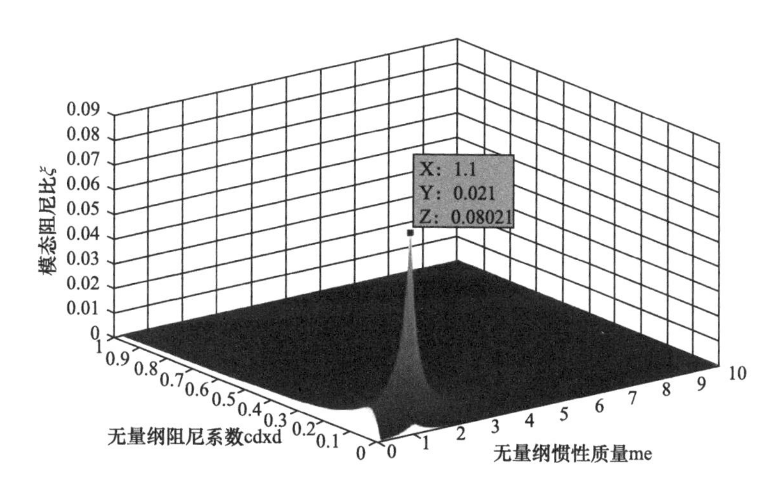

图 9-8　第 2 阶模态阻尼比与阻尼器控制参数关系图

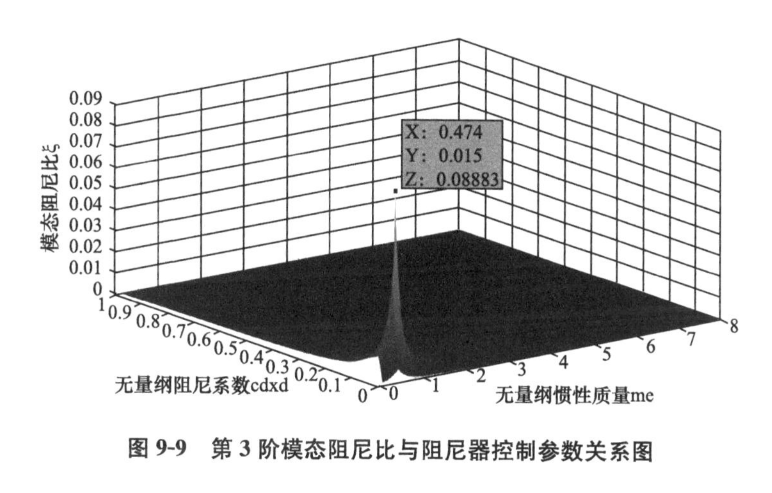

图 9-9　第 3 阶模态阻尼比与阻尼器控制参数关系图

缩尺模型拉索参数　　**表 9-14**

拉索斜长 (m)	倾角 (°)	抗拉刚度 (×10^{6}N)	质量 (kg/m)	索力 (kN)	前三阶计算频率 (Hz)		
					1阶	2阶	3阶
19.2	12.5	0.911	0.76	1.286	1.402	2.194	3.291

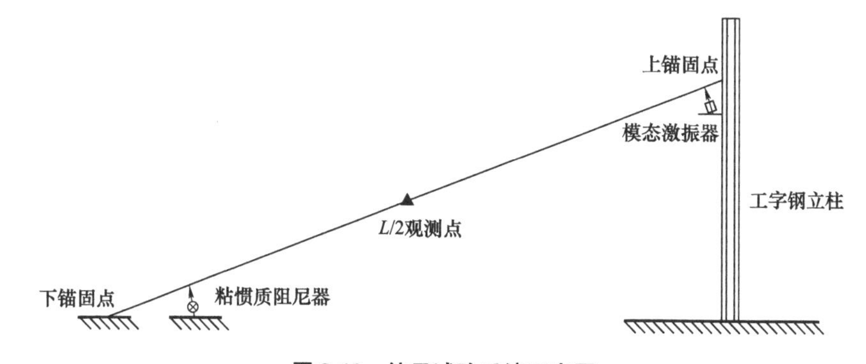

图 9-10　缩尺试验系统示意图

以剪切型粘滞阻尼器为基础，结合了飞轮式滚珠丝杠，设计并制作了试验用IMD，阻尼器设计图及实物图如图9-11所示。

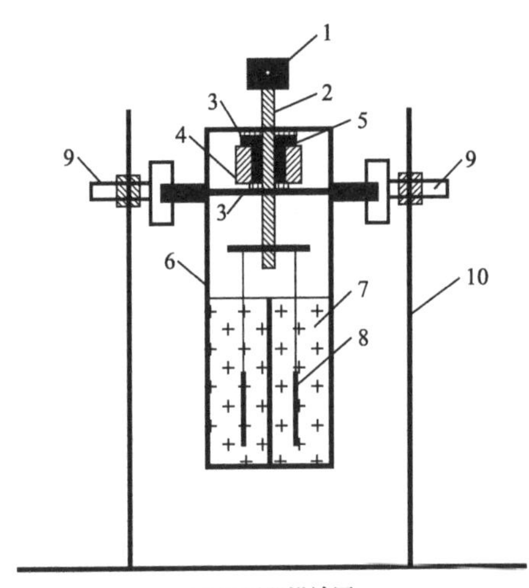

(a) 阻尼器设计图

(b) 阻尼器实物图

图9-11　阻尼系数与惯性质量双重可调的惯性质量阻尼器

1—连接件；2—滚珠丝杠；3—止推滚珠轴承；4—圆筒状质量块；5—滚珠螺母

6—阻尼器外壳；7—粘性阻尼液体；8—插板；9—高度调整装置；10—底座

IMD上端通过连接件与拉索相连，拉索面内的上下振动通过滚珠丝杠转变成了飞轮的旋转运动，从而获得了数倍于飞轮本身质量的惯性质量。而IMD下部浸没在阻尼液中的插板则为阻尼器提供了等效粘滞阻尼力。通过改变飞轮以及粘滞阻尼液种类，可以达到调节惯性质量与阻尼系数的目的。

根据所计算的阻尼器最优减振控制参数，设计了25种试验工况。在拉索安装IMD后，对拉索施加不同频率的外部激励，对其响应进行模态分析便可以获得响应的模态频率以及模态阻尼比，表9-15为所设计的25种工况。

缩尺拉索减振控制试验工况详表　　　　**表9-15**

工况序号	飞轮编号	阻尼液编号	对应无量纲惯性质量	对应无量纲粘滞阻尼系数	系统第一阶阻尼比理论值
1	无	无			
2	无	无			
3	FW0	无	1.4		
4	FW0	C1	1.4	0.008	0.36%
5	FW1	C1	3.3	0.008	0.81%
6	FW2	C1	5.0	0.008	0.33%

续表

工况序号	飞轮编号	阻尼液编号	对应无量纲惯性质量	对应无量纲粘滞阻尼系数	系统第一阶阻尼比理论值
7	FW3	C1	6.6	0.008	0.19%
8	FW0	C2	1.4	0.024	0.58%
9	FW1	C2	5.0	0.024	0.93%
10	FW2	C2	3.3	0.024	1.65%
11	FW1	C2	3.6	0.024	2.5%
12	FW1	C2	3.9	0.024	5.01%
13	FW1	C2	4.2	0.024	2.02%
14	FW3	C2	6.6	0.024	0.28%
15	FW0	C3	1.4	0.04	0.78%
16	FW1	C3	5.0	0.04	1.12%
17	FW2	C3	3.3	0.04	1.54%
18	FW1	C3	3.6	0.04	1.87%
19	FW1	C3	3.9	0.04	2.08%
20	FW1	C3	4.2	0.04	1.97%
21	FW3	C3	6.6	0.04	0.36%
22	FW0	C4	1.4	0.056	0.79%
23	FW1	C4	3.3	0.056	0.96%
24	FW2	C4	5.0	0.056	1.19%
25	FW3	C4	6.6	0.056	0.44%

使用模态激振器对拉索进行单点正弦激励，激出所需模态并待拉索稳定后撤去激励，使拉索做自由衰减振动。部分试验工况拉索时程图如图 9-12 所示。

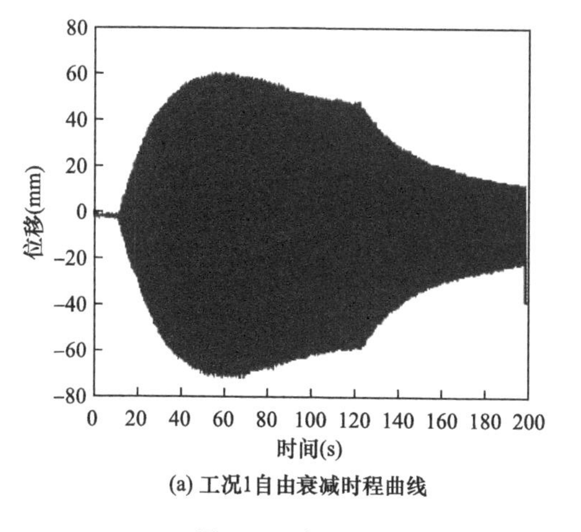

(a) 工况1自由衰减时程曲线

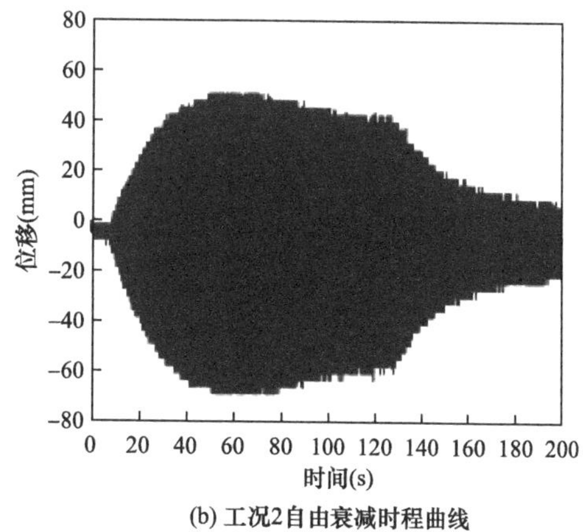

(b) 工况2自由衰减时程曲线

图 9-12　部分试验工况拉索中间点一阶模态自由衰减时程图（一）

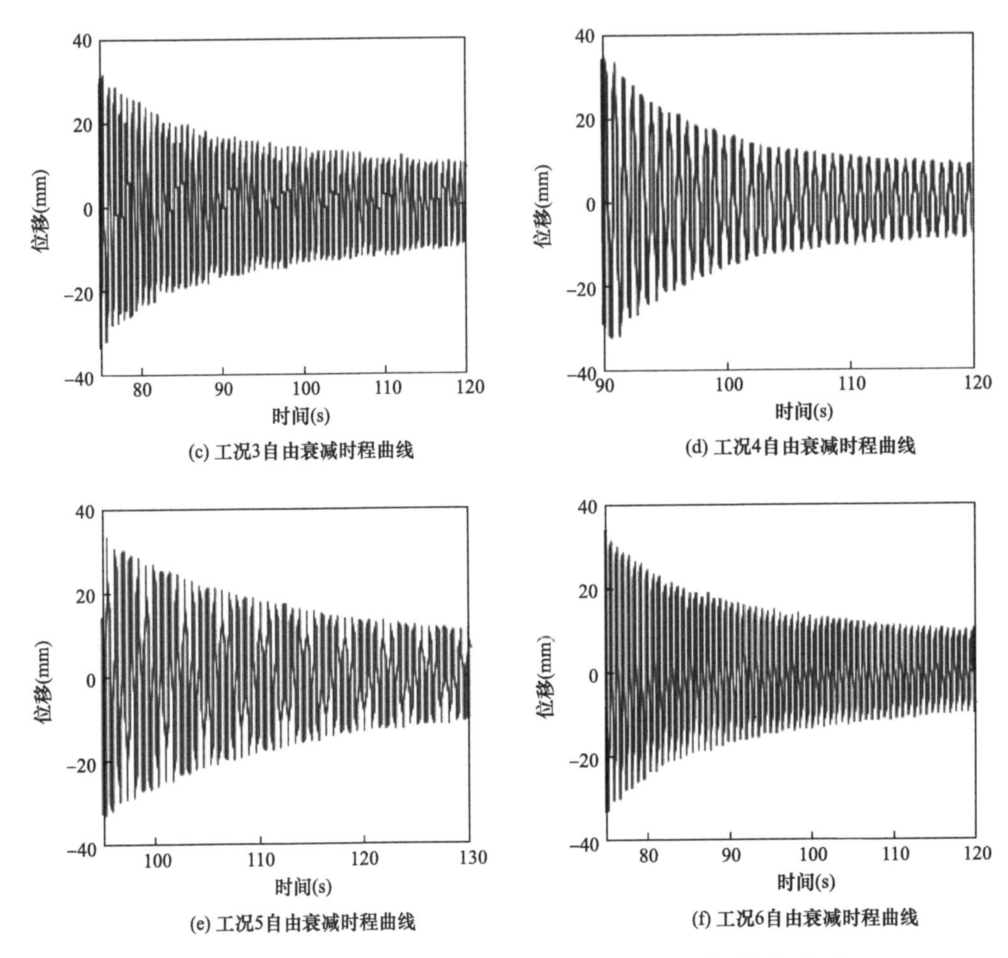

(c) 工况3自由衰减时程曲线

(d) 工况4自由衰减时程曲线

(e) 工况5自由衰减时程曲线

(f) 工况6自由衰减时程曲线

图 9-12　部分试验工况拉索中间点一阶模态自由衰减时程图（二）

通过对观测所得的位移时程数据进行分析，便可以得到其对应模态的模态阻尼比。部分模态阻尼比拟合结果与理论值对比图如图 9-13 所示。

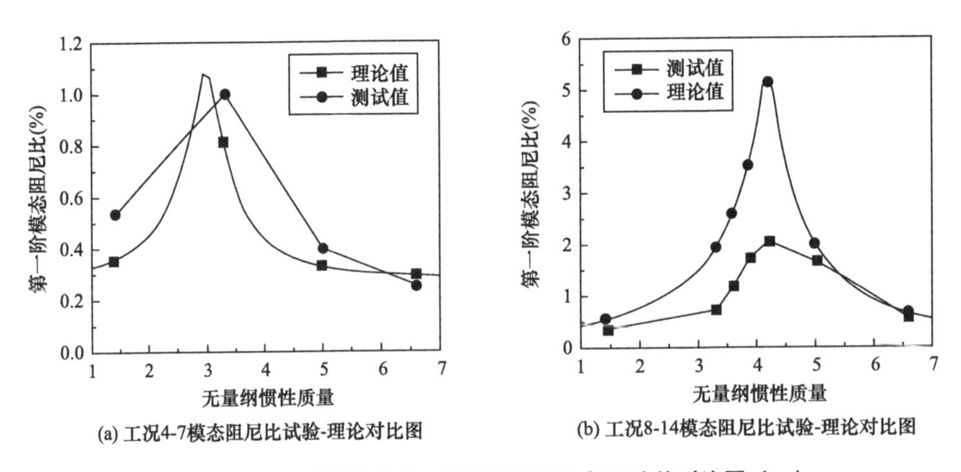

(a) 工况4-7模态阻尼比试验-理论对比图

(b) 工况8-14模态阻尼比试验-理论对比图

图 9-13　试验所得拉索第一阶模态阻尼比与理论值对比图（一）

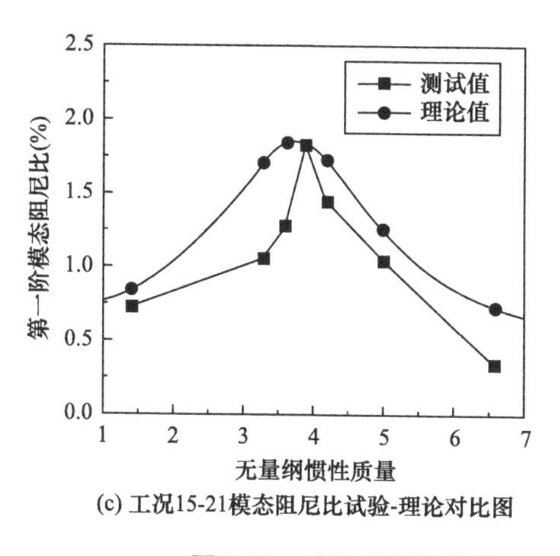

(c) 工况15-21模态阻尼比试验-理论对比图

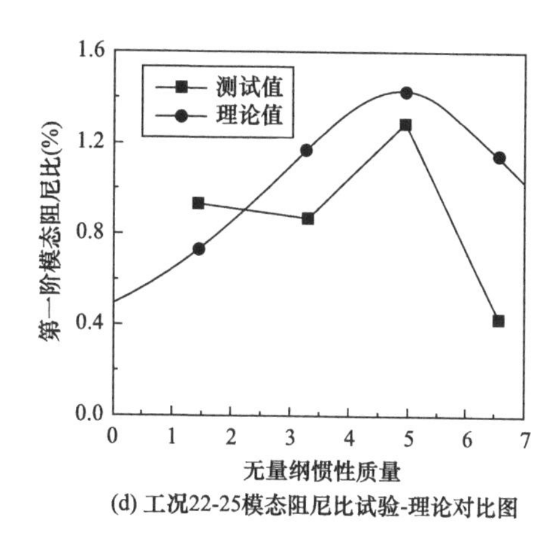

(d) 工况22-25模态阻尼比试验-理论对比图

图 9-13 试验所得拉索第一阶模态阻尼比与理论值对比图（二）

完成了多工况的惯质阻尼器-缩尺模型斜拉索减振试验，验证了阻尼器的惯性质量和阻尼系数对系统第一阶模态阻尼比的影响，得到以下结论：（1）以使用同种阻尼液为一组工况，每组均存在一个工况使得拉索系统获得最大模态阻尼比，该结果与理论预期吻合，基本符合理论机选结果；（2）因惯性质量阻尼器－拉索系统对阻尼器控制参数非常敏感，模态阻尼比随控制参数的变化明显，所以试验最优控制参数稍稍偏离实际最优控制参数时，所得模态阻尼比就会与预期有较大偏差，导致部分试验工况的减振效果未达到预期目标；（3）虽然整体试验距理论预期有一定差距，但试验中所得最优的第一阶模态阻尼比 2.08%，仍然远超同情况下粘性阻尼器（模态阻尼比为 0.78%），表明了惯质阻尼器负刚度的优越性和重要的工程应用价值。

2. IMD 减振设计方法

以 IMD 减振机理为基础，针对大跨双向悬索结构风致振动响应问题，提出一种减振设计方案，其设计流程及相关结果简述如下。

未设置 IMD 时 D 展馆第 15 阶与第 8 阶模态的初始模态阻尼比分别为 2.12%与 1.57%，模态频率分别为 0.854Hz 与 0.631Hz。振型图如图 9-14 所示。

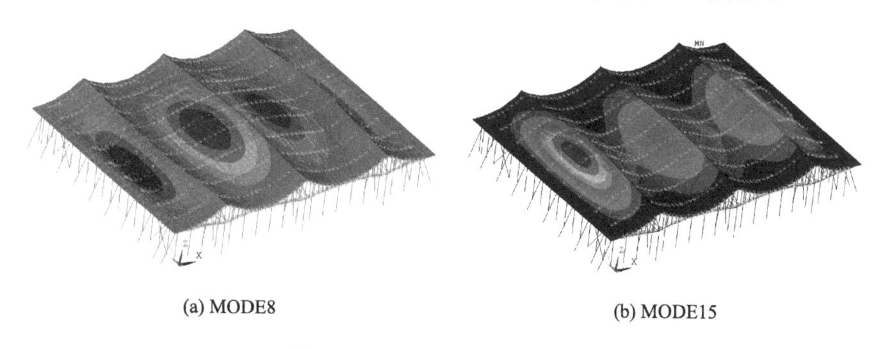

(a) MODE8　　(b) MODE15

图 9-14 主要控制模态振型图

(1) 基于IMD减振机理，拟定IMD安装位置

针对目标控制模态，选取中间位置的4榀悬索桁架进行减振控制。考虑到IMD出力原理，其一端需要与被控结构相连接，另一端则需要设置固定支撑以提供较稳定的相对位移、速度及可提供惯性质量的相对加速度。结合大跨双向悬索结构的结构形式，选取Y方向主桁架作为IMD支撑端，IMD方向与拉索弦线方向垂直，具体如图9-15所示。

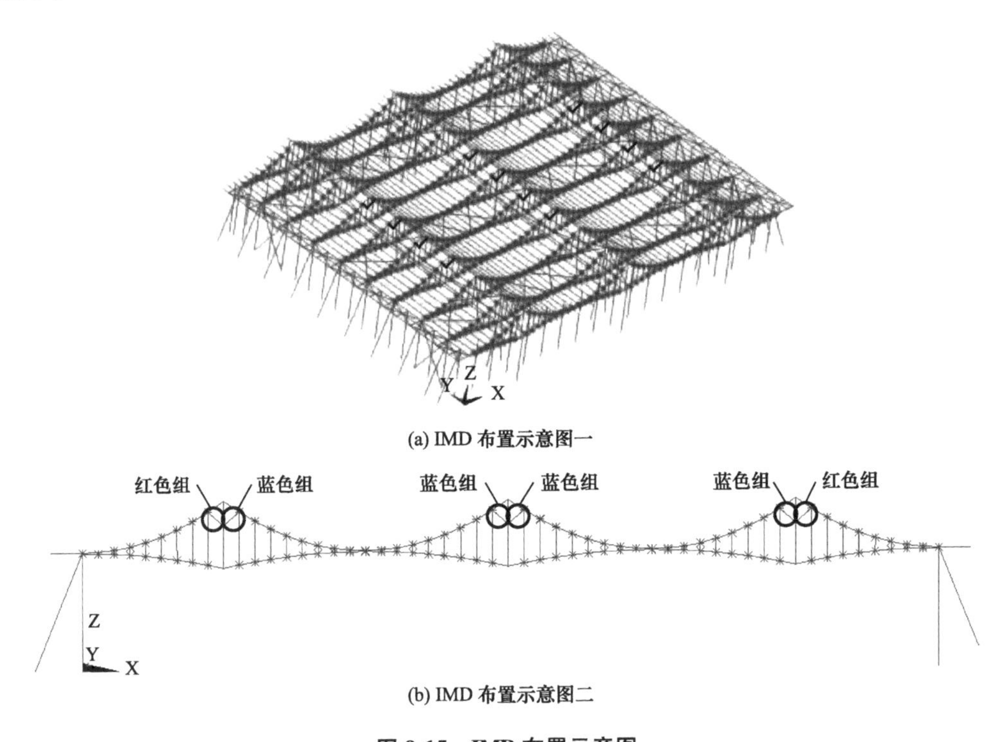

(a) IMD布置示意图一

(b) IMD布置示意图二

图9-15　IMD布置示意图

考虑到悬索桁架为对称结构，根据所选目标控制模态振型，将所布置IMD分为两组。图中蓝色组主要针对第8阶模态标记为IMD-1，控制悬索桁架内侧索段；红色组主要针对第15阶模态标记为IMD-2，控制悬索桁架两侧索段。

(2) IMD控制参数（阻尼器的惯性质量与阻尼系数）计算及优化

针对本项目中的大跨双向悬索结构，以模态阻尼比作为衡量IMD效果的指标，旨在寻找最大模态阻尼比。借助有限元分析软件ANSYS可以建立IMD-大跨双向悬索结构模型，通过带入IMD控制参数的方式估算模态阻尼比，结合实际工程经验，确定最终IMD控制参数。但由于整体模型较为复杂，计算量过大，故提出一种计算方法以寻找IMD最优控制参数，具体流程如下所述。图9-16中红色区域中心为理论最大模态阻尼比处。可以发现对任一确定的惯性质量（或阻尼系数），无论阻尼系数（或惯性质量）

如何变化，模态阻尼比均有一最大值，以此为依据便可得出 IMD 控制参数设计方法。

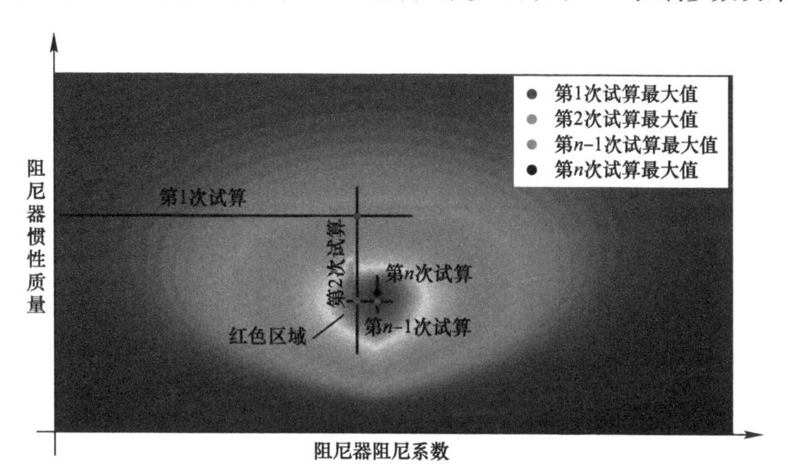

图 9-16 IMD 控制参数设计方法示意图

首先根据无量纲最优控制参数结合悬索结构参数（索长、单位长度质量、索力以及垂度）拟定一对有量纲 IMD 控制参数（m，c）。在保持惯性质量 m 不变的情况下在拟定阻尼系数 c 周围生成一系列 c_i 计算出各个（m，c_i）的模态阻尼比。其中（m，c_j）所得模态阻尼比 ξ_n 为该组控制参数能够得到的最大阻尼比。然后在保持阻尼系数 c_j 不变的情况下，在拟定惯性质量 m 周围生成一系列 m_i，计算出参数（m_i，c_j）情况下最大阻尼比 ξ_{n+1} 以及对应控制参数（m_j，c_j）。以此类推（图中黑线为计算路线设计示例）进行试算，在均出现峰值模态阻尼比前提下，经过 n 次试算，当第 n 次所得最大模态阻尼比 ξ_n 与 $n-1$ 次所得结果 ξ_{n-1} 相对误差在工程可接受范围内时，便可认为第 n 次所得结果为最优控制解，其对应 IMD 参数为最优控制参数。

现以第 15 阶模态为例，结合上述计算方法，给出 IMD-2 针对第 15 阶模态控制最优控制参数计算的过程及结果。图 9-17 为第 4 次计算时第 15 阶模态阻尼比随 IMD 阻尼系数变化关系图，其 IMD 惯性质量 m_e 为 96000kg 保持不变。由图可知，当阻尼系数 c_d 为 487kNs/m 时，第 15 阶模态阻尼比出现最大值为 42.36%。之后选定 IMD 阻尼系数 c_d 为 487kNs/m 保持不变情况下进行第 5 次计算，其第 15 阶模态阻尼比随惯性质量 m_e 变化图如图 9-18 所示，可以发现当阻尼系数 m_e 为 490.15kNs/m 时，第 15 阶模态阻尼比出现最大值 43.17%。由于两次计算均出现模态阻尼比最大值且相对误差仅为 1.9%，故认定 IMD-1 针对第 15 阶模态控制最优控制参数如表 9-16 所示。

3. IMD 减振实施方案

以上文所给出 IMD 减振布置原则为基础，结合 IMD 选定布置位置，IMD 目标控制模态，提出了针对本项目大跨双向悬索结构风致振动响应的 IMD 减振实施方案，其中 IMD 具体参数如表 9-17 所示。

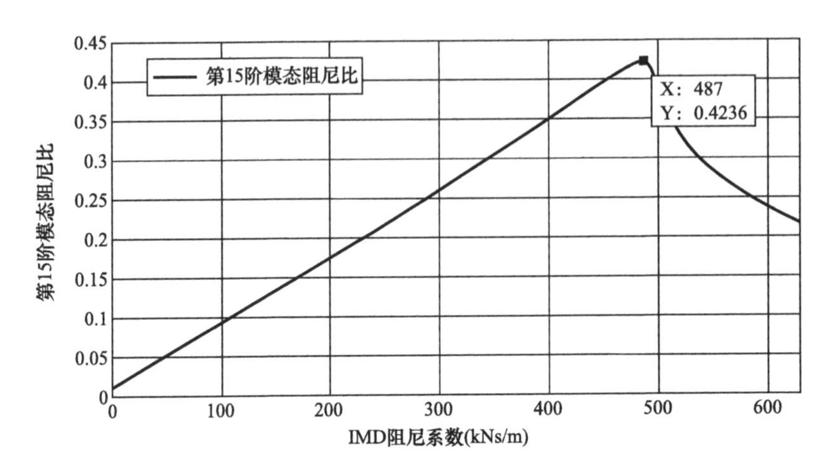

图 9-17 第 4 次估算第 15 阶模态阻尼比随阻尼系数变化关系图

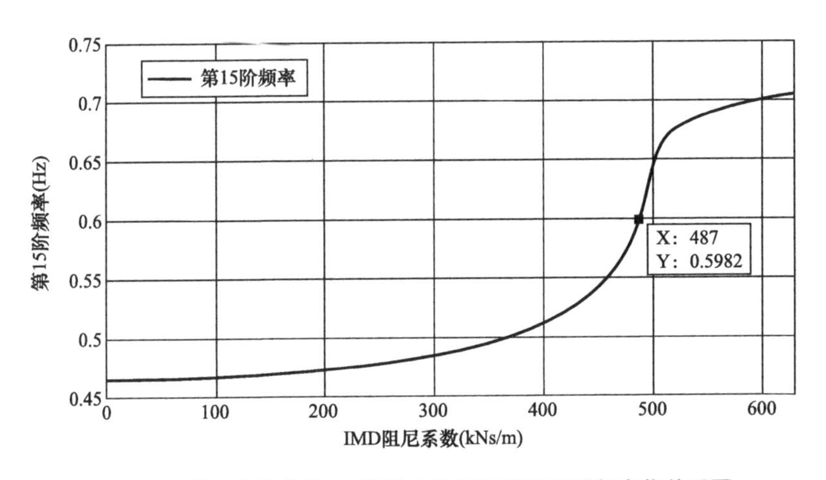

图 9-18 第 5 次估算第 15 阶模态阻尼比随阻尼系数变化关系图

第 15 阶模态 IMD 最优控制参数及模态阻尼比 **表 9-16**

最优惯性质量控制参数	最优阻尼系数控制参数	最优模态阻尼比
100500 [kg]	490.15 [kNs/m]	43.17%

IMD 控制参数 **表 9-17**

最优惯性质量控制参数	蓝色组（IMD-1）	红色组（IMD-2）
目标控制模态	主控 Mode-8	主控 Mode-15
惯性质量 [kg]	136000	100500
阻尼系数 [kNs/m]	316.22	490.15

蓝色组主要针对 Mode-8 用于控制悬索结构中间两跨索段的竖向振动。红色组主要针对 Mode-15 用于控制悬索结构外侧两跨索段的竖向振动。

4. IMD 减振效果分析

安装 IMD 后，结构模态频率及模态阻尼比改变如表 9-18 所示，可以发现目标控制模态 Mode-8 以及 Mode-15 的模态阻尼比分别从 1.57%和 2.12%增大至 18.79%和 57.74%，证明 IMD 控制效果显著。

安装 IMD 前后结构振动特性对比　　表 9-18

模态	模态频率 (Hz)			模态阻尼比 (%)		
	未安装 IMD	已安装 IMD	变化 (%)	未安装 IMD	已安装 IMD	增幅 (倍)
8	0.631	0.364	−42.3%	1.57%	18.79%	10.97
15	0.854	0.441	−48.3%	2.12%	57.74%	26.23

IMD 方案动力响应衰减情况见表 9-19。

IMD 方案减振效果　　表 9-19

工况	中跨 1/3 跨节点响应极值 (mm)			边跨中点响应极值 (mm)		
	安装前	安装后	减幅（%）	安装前	安装后	减幅（%）
0°	573.51	181.87	68.29	684.24	94.26	86.22
22.5°	398.02	166.52	58.16	412.12	100.33	75.66
45°	964.84	247.53	74.35	616.17	139.35	77.38
67.5°	330.92	202.22	38.89	525.46	116.82	77.77
90°	421.68	197.35	53.20	779.34	146.50	81.20

9.2.6　MTMD 减振控制研究

1. MTMD 减振控制原理

在结构空间和跨度的严格限制下，仅通过结构自身优化有时仍不能解决其结构振动过量问题，且造价高昂。此时，通过安装被动减振装置调谐质量阻尼器（Tuned Mass Damper，TMD）可以经济有效地解决该问题。

调谐质量阻尼器（TMD）是一种经典的减振装置，早期被用来减小机器所引起的振动响应，70 年代后逐渐应用于建筑结构振动控制。TMD 是由一个质量块、弹簧和阻尼器所组成的振动控制系统。结构振动引起 TMD 产生共振时，TMD 产生的振动惯性力反作用于主体结构，起到抑制主体结构动力响应的目的。TMD 减振原理清晰、成本低廉、安装简单，是目前工程中广泛应用的被动控制系统之一。

在 TMD 设计过程中，TMD 系统的固有频率需与受控结构的自振频率调谐至一个合理的比值以满足最优耗能减振效果。然而，由于理论计算与施工之间的误差、结构自身的非线性特征等因素，结构实际动力特性难以得到准确估计；加之外载对结构的长期作用，实际结构的动力特性不断变化，导致受控结构的自振频率难以确定。然而

TMD的有效控制频带相当窄，频率一旦误调或发生偏移，TMD对结构的振动控制效果就会骤减。从这个角度来讲，TMD系统的鲁棒性很差。

因此，美国学者Igusa等提出使用多个具有不同动力特性的TMD（Multiple Tuned Mass Dampers，MTMD）对结构进行控制的构想，即在结构上布置具有各不相同的自振频率且围绕中心频率呈线性分布的多个TMD，从而形成一个频率范围，扩大了MTMD的有效控制带宽，提高了振动控制的鲁棒性。

附加竖向MTMD的多自由度系统在竖向荷载作用下的动力方程可以表示为：

$$M\{\ddot{x}\}+C\{\dot{x}\}+K\{x\}=F \tag{9-11}$$

$$M=\begin{bmatrix} M_s & 0 \\ E^T & M_d \end{bmatrix};C=\begin{bmatrix} C_s & -EC_d \\ 0 & C_d \end{bmatrix};K=\begin{bmatrix} K_s & -EK_d \\ 0 & K_d \end{bmatrix};\{x\}=\begin{bmatrix} \{x_s\} \\ \{x_d\} \end{bmatrix};F=\begin{bmatrix} \{f_s(t)\} \\ \{0\} \end{bmatrix} \tag{9-12}$$

M_s、C_s、K_s分别为主结构的质量、阻尼、刚度矩阵；$\{x_s\}$为主结构位移向量；M_d、C_d、K_d分别为各TMD组成的质量、阻尼、刚度矩阵；$\{x_d\}$为各TMD相对于主结构的位移向量，其中水平位移均为0，仅有竖向相对位移；E为各TMD的位置矩阵；$f_s(t)$为主结构所受外载。

假设TMD个数为$N(=2n+1)$，定义以下参数：

单个TMD质量m；

单个TMD阻尼比ξ_T；

TMD自振频率范围（ω_{-n}，ω_n）；

MTMD控制频带宽度$B=\frac{2(\omega_n-\omega_0)}{\omega_0}$；

MTMD总质量$m_{total}=Nm$；

MTMD总质量比$\mu_{total}=\frac{m_{total}}{M}$；

由上可见，MTMD系统存在多个参数，这些参数的最优值往往随着具体结构和外部激励的不同而不同，同时优化这么多的参数计算量巨大，对于实际屋盖结构几乎不可能实现。因此，设计MTMD振动系统时将考虑实际工程限制，如悬索所能承受的附加集中力容许值等限制参数确定部分参数值范围，其他参数则根据相关研究成果确定范围，然后进行优化分析。

空间屋盖结构相比高耸、高层结构，突出的区别在于：（1）高耸、高层结构显著的特点是各振型间具有一定的离散度，且振动多以第1阶振型为主，控制了第1阶振型，便会取得很好的控制效果。而空间屋盖结构往往振型分布十分密集，振型之间耦联严重，没有明显的主要振型，因此需要同时控制多个振型才能取得较满意的控制效果；（2）高耸、高层结构附加 MTMD 系统一般都可简化为单质点（单振型）附加 MTMD 系统，无论在频域还是在时域分析都相对容易，而屋盖结构由于振型密集，同时又是复杂的空间结构，一般必须建立比较准确的三维空间模型再附加 MTMD 系统，无论在频域分析还是时域分析都相当费时。

基于上述特点，对于本项目大跨双向悬索结构竖向振动的 MTMD 控制，应同时控制多个振型，并优化 MTMD 各参数。拟建立结构有限元模型，通过模态分析，确定结构主要竖向模态并获得对应振型，根据振型特点进行 MTMD 布置，分别布置若干组 MTMD 控制多个主要模态，并以结构模态阻尼比和风振响应峰值为指标验证 MTMD 有效性。

2. MTMD 减振设计方法

通过对 MTMD 减振机理及大跨结构风振响应特点的分析，提出 MTMD 减振设计方法，设计流程及相关结果简述如下。

（1）拟定 MTMD 安装位置

以第 15 阶和第 8 阶模态为主控模态，根据 MTMD 减振原理，各阻尼器安装于振型位移较大处安装范围如图 9-19 所示，主要集中于 Y 轴方向中间位置的 4 榀索桁架。制定 MTMD 布置方案如图 9-20 所示，其中，蓝色组主要用于控制第 15 阶模态，绿色组主要控制第 8 阶模态。

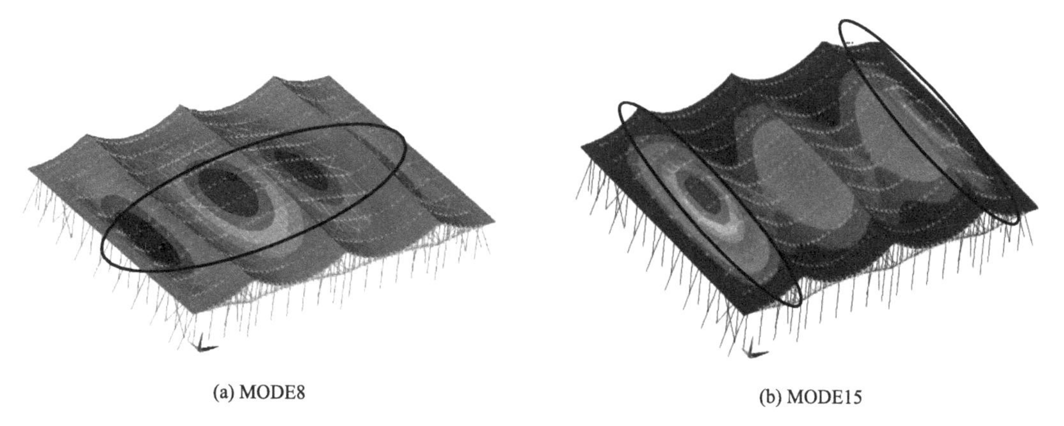

(a) MODE8　　(b) MODE15

图 9-19　MTMD 安装位置范围

（2）拟定 MTMD 设计参数

MTMD 系统由多个 TMD 组成，能够有效缩减单个阻尼器质量，通过合理确定单个阻尼器频率可使 MTMD 系统的控制频率具备一定带宽，从而提高 MTMD 减振控制

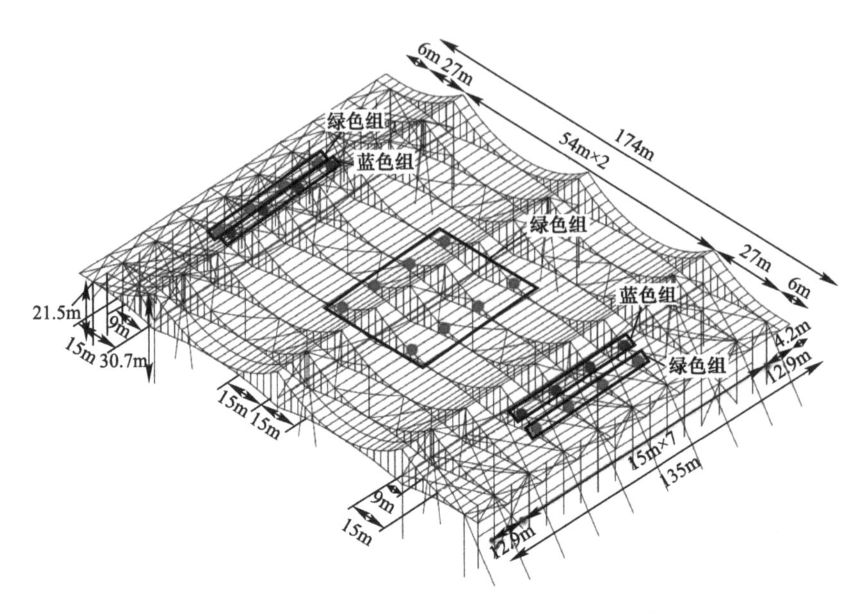

图 9-20 模态 1 控制方案 MTMD 安装位置示意图

系统的鲁棒性。

基于结构动力特性分析，确定主控模态为模态 8 与模态 15，分别针对两个模态进行 MTMD 设计。以下以模态 15MTMD 系统为例简述主要设计参数拟定方法。

为简化设计与施工流程，假设 MTMD 系统中每个 TMD 质量与阻尼比均相等。下面以总质量 1600kg，单个 TMD 质量 200kg 为例，展示在某一质量条件下，TMD 设计频率 ω_i 与 TMD 阻尼比 ξ 等参数的确定方法。

1）MTMD 调谐频率 ω_0、调谐带宽 B 与 TMD 设计频率 ω_i

由 TMD 减振控制原理可知，当 TMD 自振频率接近主结构控制频率时减振效果最优。故 MTMD 调谐频率 ω_0 取第 15 阶模态频率，即 $\omega_0=0.854\text{Hz}$ 在结构服役条件下，由于结构退化、添加附属设施等原因，结构频率可能发生一定漂移；在 MTMD 系统设计过程中，由于数值模型与实际结构存在一定差异，也可能使参数的确定出现微小误差。为提高 MTMD 系统对上述不确定因素的抗干扰能力，在 MTMD 系统中以调谐频率 ω_0 为中心，各 TMD 频率在调谐频率两侧 ω_0 等间距均匀分布，使得 MTMD 系统具备一定的控制带宽。

设 MTMD 系统包含 $N(=2n)$ 个 TMD，频率分布范围为（ω_1，ω_{2n}）。定义 MTMD 无量纲调谐带宽 B：

$$B=\frac{2(\omega_{2n}-\omega_0)}{\omega_0} \tag{9-13}$$

相关文献提出了无量纲调谐带宽最小临界值 B_c：

$$B_c = \sqrt{(\mu_{total} T)} / 2 \tag{9-14}$$

其中，

$$T = \gamma + \ln(N) \tag{9-15}$$

$$\gamma = 0.57721(\text{Eulers constant}) \tag{9-16}$$

本节参考该公式计算无量纲频带宽度最小临界值 B_c 作为参数优化的初始值，进而基于实际工程要求确定合理调谐带宽 B_{opt}。

根据 MTMD 调谐频率 ω_0 与调谐带宽 B 即可确定各 TMD 设计频率 ω_i：

$$\omega_i = \omega_0 \left[1 - \frac{B}{2} + \frac{(i-1)B}{2n-1}\right] i = 1,\ 2,\ \cdots,\ 2n \tag{9-17}$$

2）TMD 刚度系数 k

TMD 刚度系数 k_i 可由调谐频率 ω_i 与 TMD 质量 m 确定：

$$k_i = m\omega_i^2 (i = 1,\ 2,\ \cdots,\ 8) \tag{9-18}$$

3）TMD 阻尼比 ξ 与阻尼系数 c

为简化设计流程，同一 MTMD 系统中各 TMD 设置相同的阻尼比 ξ_T。根据相关文献，在一定范围内，结构主控模态阻尼比 ξ_s 随 TMD 阻尼比 ξ_T 增大而增大，在某一 TMD 阻尼比 ξ_{opt} 处达到峰值，随后结构主控模态阻尼比 ξ_s 随 TMD 阻尼比 ξ_T 的增大而减小。

在本节中，调整 TMD 阻尼比 ξ_T，计算安装 TMD 后结构模态阻尼比，取原 15 阶频率附近的 9 阶 TMD 局部振动模态阻尼比绘制"ξ_s-ξ_T"变化曲线，即可获得给定条件下 TMD 阻尼比设计最优值 ξ_{opt}。

在 m=200kg，B=0.05 条件下，对不同 TMD 阻尼比 ξ_T 计算安装 TMD 后结构模态阻尼比 ξ_s，绘制"ξ_s-ξ_T"变化曲线如图 9-21 所示。

在图 9-21 中共包含 9 条曲线，分别为安装 TMD 后原 15 阶频率附近的 9 阶 TMD 局部振动模态阻尼比，曲线描述了结构模态阻尼比 ξ_s 随 TMD 阻尼比 ξ_T 的变化趋势。

由图可见，当 TMD 阻尼比 ξ_T 在 0.01 到 0.05 之间时，局部模态中最小模态阻尼比随 TMD 阻尼比的增加而增大；当 TMD 阻尼比 ξ_T 超过 0.05 后，局部模态中最小模态阻尼比随 TMD 阻尼比的增加而减小。最小模态阻尼比在 TMD 阻尼比取 0.05 时达到峰值 0.05。最小模态阻尼比取得峰值时的 TMD 阻尼比即为最优 TMD 阻尼比 ξ_{opt}。

然而随着 TMD 阻尼比的继续增加，虽然局部模态中最小模态阻尼比开始减小，其他模态阻尼比却显著提升，动力响应可能随着其他模态阻尼比的提升而降低，故从动力响应的角度看，该阻尼比 ξ_{opt} 并非使得结构响应最低的最优阻尼比，但以该值作为

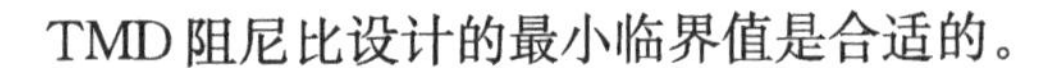

TMD阻尼比设计的最小临界值是合适的。

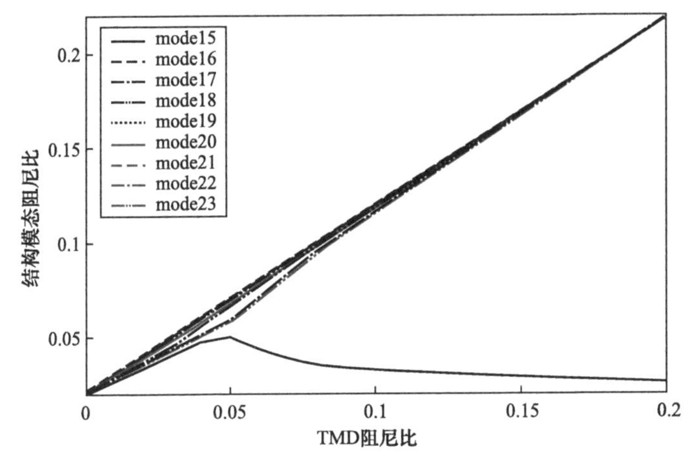

图 9-21　ξ_s-ξ_T 曲线图

为保证结构减振效果，取最小模态阻尼比取得峰值时的TMD阻尼比作为TMD阻尼比设计最小临界值，即$\xi_{Tmin}=0.05$。以此最小临界值为TMD阻尼比设计初始值，进行动力响应分析，并根据动力衰减效果及实际工程技术条件进行阻尼比的调整。阻尼系数c可由TMD质量m、调谐频率ω_i和阻尼比ξ_T确定：

$$c_i=2m\omega_i\xi_T$$

（3）以动力响应衰减效果为参考指标进行MTMD参数优化

在TMD布置位置及个数已确定的情况下，MTMD系统关键设计参数包括MTMD调谐频率ω_0、调谐带宽B、TMD质量m和TMD阻尼比ξ_T。其他主要参数可由以上四个关键参数计算得到。

在本节中，MTMD参数优化流程简述如下：

1）通过初步试算，拟定MTMD总质量与单个TMD质量m；

2）根据总质量比μ_{total}和TMD个数N计算临界调谐带宽B_c，根据结构频率估计精度和工程实际要求确定MTMD调谐带宽B，进而确定各TMD设计频率ω_i并计算TMD弹性系数k_i；

3）在TMD质量m和MTMD调谐带宽B条件下，对不同TMD阻尼比ξ_T下的“MTMD-结构”整体系统进行阻尼模态分析，获得结构主控模态阻尼比ξ_s，进而绘制“ξ_s-ξ_T”曲线，确定该条件下TMD阻尼比设计最小临界值ξ_{Tmin}；

4）以TMD质量m、调谐带宽B和TMD阻尼比设计最小临界值ξ_{Tmin}为初始条件，进行结构动力响应分析，并根据响应衰减效果进行阻尼比参数调整；

5）若上述步骤可得到理想的响应衰减结果，则结束；否则返回第 2）步，重新进行总质量比 μ_{total} 的拟定。

3. MTMD减振实施方案

MTMD减振实施方案共包含 2 组 MTMD，分别用于控制模态 8 和模态 15，下文分别表示为 MTMD-8 和 MTMD-15。

根据模态振型分析结果，MTMD-8 共包含 16 个 TMD；MTMD-15 共包含 8 个 TMD，具体位置见图 9-20。其中，蓝色组主要用于控制第 15 阶模态，绿色组主要控制第 8 阶模态。

MTMD控制参数见表 9-20～表 9-21。

MTMD 系统参数 **表 9-20**

参数	MTMD-8	MTMD-15
总质量比*	0.014	0.001
TMD 个数	16	8
单个 TMD 质量	200kg	200kg
调谐频率	0.631Hz	0.854Hz
无量纲调谐带宽	6.0%	5.0%
控制频率范围	0.612～0.650Hz	0.833～0.875Hz
TMD 阻尼比	20.0%	10.0%

* 总质量比为 MTMD 系统中 TMD 总质量与主控模态的模态有效参与质量的比值。第 8 阶模态的有效参与质量为 232056kg，第 15 阶模态的有效参与质量为 1509880kg。

MTMD 参数 **表 9-21**

MTMD	TMD	质量 (kg)	刚度系数 (N/m)	阻尼系数 (N · s/m)
MTMD-8	1	200	2972	308
	2	200	2996	310
	3	200	3021	311
	4	200	3046	312
	5	200	3071	313
	6	200	3095	315
	7	200	3121	316
	8	200	3146	317
	9	200	3171	319
	10	200	3196	320
	11	200	3222	321
	12	200	3247	322
	13	200	3273	324
	14	200	3299	325
	15	200	3325	326
	16	200	3351	327

续表

MTMD	TMD	质量 (kg)	刚度系数 (N/m)	阻尼系数 (N · s/m)
MTMD-15	1	200	5431	208
	2	200	5511	210
	3	200	5592	212
	4	200	5673	213
	5	200	5754	215
	6	200	5837	216
	7	200	5919	218
	8	200	6003	219

4. MTMD减振效果分析

对设计方案进行减振效果分析。由于MTMD引入新的质量单元，在原第8阶与第15阶模态频率附近分布多个近似模态，均为MTMD振动的局部模态。

安装MTMD前后结构振动特性变化见表9-22。

安装MTMD前后结构振动特性对比 **表9-22**

未安装			已安装				
模态号	频率 (Hz)	阻尼比 (%)	模态号	频率 (Hz)	阻尼比 (%)	频率变化 (%)	阻尼比增幅 (倍)
1	0.447	1.11	1	0.446	1.15	−0.11	0.03
2	0.533	1.32	2	0.534	1.33	0.08	0.00
3	0.534	1.33	3	0.534	1.33	0.07	0.00
4	0.564	1.40	4	0.564	1.40	0.06	0.00
5	0.567	1.41	5	0.567	1.41	0.06	0.00
6	0.581	1.44	6	0.578	1.44	−0.51	0.00
7	0.581	1.44	7	0.579	1.44	−0.45	0.00
8	0.631	1.57	8	0.599	21.37	−5.08	12.63
			9	0.601	21.38	−4.72	12.64
			10	0.604	21.38	−4.28	12.64
			11	0.606	21.37	−3.93	12.64
			12	0.609	21.37	−3.49	12.64
			13	0.611	21.37	−3.16	12.63
			14	0.613	21.40	−2.77	12.65
			15	0.629	2.05	−0.35	0.31
			16	0.616	21.42	−2.42	12.67
			17	0.619	21.41	−1.95	12.66
			18	0.621	21.41	−1.60	12.66
			19	0.624	21.43	−1.15	12.67
			20	0.626	21.41	−0.81	12.66
			21	0.629	21.42	−0.36	12.66

续表

未安装			已安装				
模态号	频率(Hz)	阻尼比(%)	模态号	频率(Hz)	阻尼比(%)	频率变化(%)	阻尼比增幅（倍）
8	0.631	1.57	22	0.631	21.41	−0.04	12.66
			23	0.633	21.43	0.35	12.67
			24	0.635	21.46	0.69	12.70
9	0.661	1.64	25	0.660	2.04	−0.21	0.24
10	0.689	1.71	26	0.689	1.84	−0.01	0.08
11	0.735	1.83	27	0.735	1.86	0.01	0.02
12	0.760	1.89	28	0.757	2.44	−0.32	0.29
13	0.811	2.01	29	0.811	2.14	0.04	0.06
14	0.838	2.08	30	0.823	11.79	−1.87	4.66
15	0.854	2.12	31	0.829	11.83	−2.89	4.58
			32	0.839	2.28	−1.78	0.08
			33	0.836	11.52	−2.11	4.43
			34	0.839	11.86	−1.79	4.59
			35	0.847	11.85	−0.87	4.59
			36	0.852	3.48	−0.20	0.64
			37	0.853	11.92	−0.07	4.62
			38	0.861	11.50	0.85	4.42
			39	0.862	11.94	0.93	4.63
16	0.906	2.25	40	0.907	2.26	0.03	0.01
17	0.913	2.27	41	0.913	2.27	0.03	0.00
18	0.927	2.30	42	0.929	2.69	0.20	0.17
19	0.940	2.33	43	0.941	2.51	0.10	0.08
20	0.987	2.45	44	0.988	2.53	0.08	0.03
21	0.988	2.46	45	0.990	2.67	0.19	0.09

MTMD方案动力响应衰减情况见表9-23。

MTMD方案减振效果 **表 9-23**

风向	中跨1/3跨节点响应极值（mm）			边跨中点响应极值（mm）		
	安装前	安装后	减幅（%）	安装前	安装后	减幅（%）
0°	573.51	240.57	58.05	684.24	335.01	51.04
22.5°	398.02	276.19	30.61	412.12	236.39	42.64
45°	964.84	330.40	65.76	616.17	229.32	62.78
67.5°	330.92	247.51	25.21	525.46	290.44	44.73
90°	421.68	257.22	39.00	779.34	297.49	61.83

计算安装MTMD后的结构模态响应贡献，如图9-22、图9-23所示。

对比安装MTMD前后模态8和模态15响应贡献，可见MTMD能够实现具体模态的精确控制。根据工程减振效果要求，可基于本报告提出的MTMD设计方法，通过增

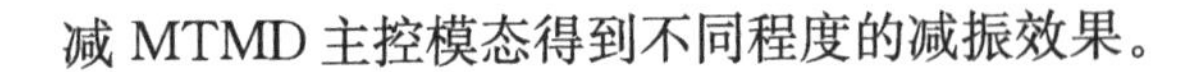

减 MTMD 主控模态得到不同程度的减振效果。

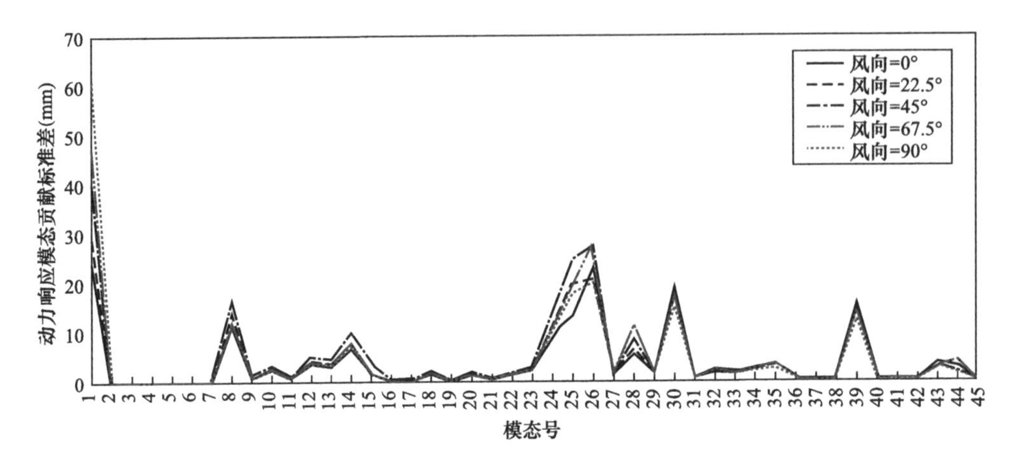

图 9-22　安装 MTMD 后中跨模态响应贡献

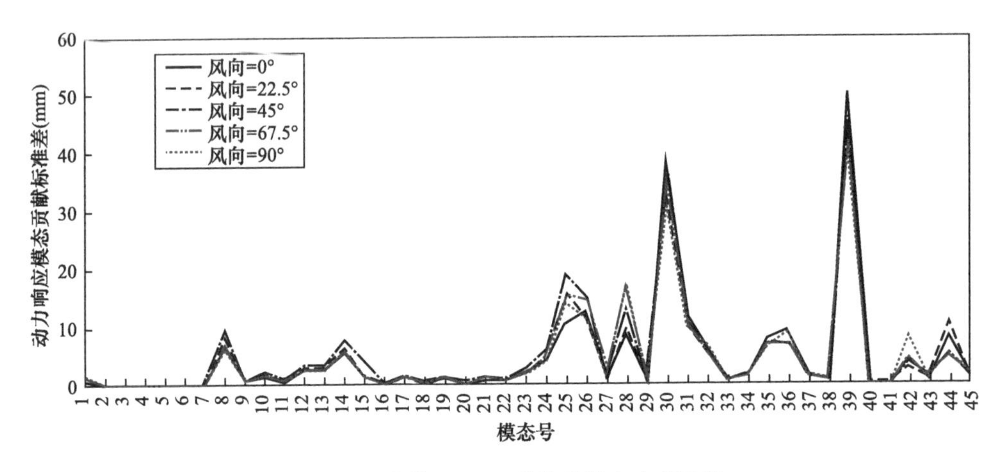

图 9-23　安装 MTMD 后边跨模态响应贡献

5. 小结

本节以提升结构模态阻尼比和降低结构动力响应为目标，提出了 IMD 和 MTMD 两种减振实施方案。通过减振效果分析，得到以下结论：（1）相较于传统调谐质量阻尼器，惯性质量阻尼器具有更加优异的减振功能，减振效果显著；（2）多质量调谐质量阻尼器对阻尼器刚度和阻尼系数的要求更低，设计、安装技术成熟，能够达到较好的减振效果，不失为经济可行的可选方案。

第10章
耐火试验及抗火验算

10.1 研究背景

石家庄国际展览中心主要包括中央大厅、标准展厅、多功能厅、南登录厅、北登录厅等几部分，如图10-1所示。项目由悬索张拉成型，几何非线性和材料非线性明显，火灾高温下的性能比较复杂，耐火极限要求为2h。因此，对石家庄国际展览中心的A展厅钢悬索结构的耐火性能进行试验研究和抗火验算，确定其耐火极限是否不小于2h。本章对其余钢结构部分不作介绍。

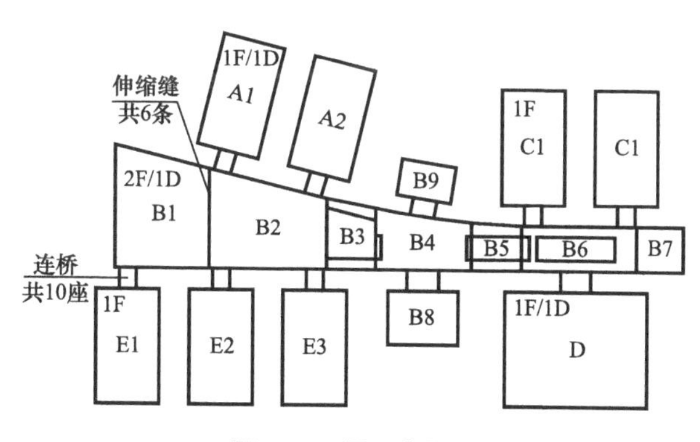

图10-1　展厅布置图

10.2 钢悬索及其节点温度场测试试验

根据《建筑钢结构防火技术规范》CECS 200：2006，钢结构（含钢悬索结构）抗火验算首先要确定火灾高温下结构及构件的温度场，之后进行结构的抗火验算。

10.2.1 ISO 1034标准升温曲线

根据《建筑钢结构防火技术规范》GB 51249—2017第6.1.1条，建筑火灾温度场根据可燃物性质采用ISO 1034标准升温曲线或烃类火灾升温曲线，或者大空间建筑可采用根据实际火灾荷载大小和分布确定的火灾温度场。展览类建筑的展品一般以纤维素类可燃为主，钢悬索结构抗火设计中火灾升温曲线采用ISO 1034标准升温曲线。由于ISO 1034标准升温曲线升温较高，火灾条件比较严苛，采用该升温曲线可确保结构抗火设计的抗火安全。

ISO 1034标准升温曲线表达式如下：

$$T = T_0 + 345\lg(10t + 1) \quad (10\text{-}1)$$

其中T为火灾温度（℃），t为构件升温经历的时间（min），T_0为室内初始温度（℃）。室温为20℃时标准升温曲线如图10-2所示。

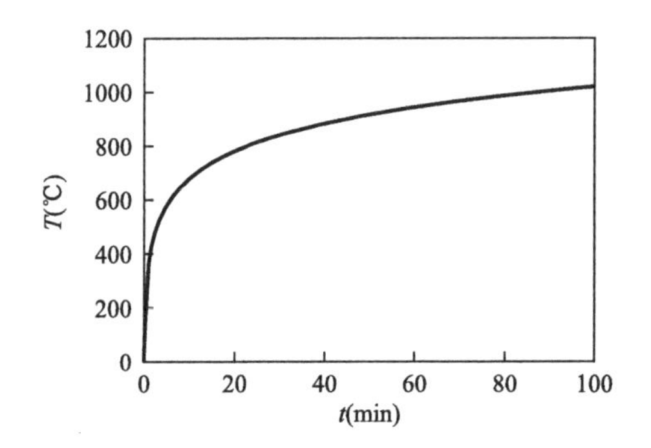

图10-2 ISO 1034标准升温曲线

本项目耐火试验炉升温曲线采用上述ISO 1034标准升温曲线。

10.2.2 试件设计

本项目室内和室外钢悬索分别采用室内钢结构防火涂料和室外钢结构防火涂料，试验中测试了室内和室外两种防火涂料保护下钢悬索的温度发展历程。室内钢悬索直径共有5种，室外钢悬索直径共有4种，共选择了上述总共9种直径索试件进行试验，每种试件取1个试件，共9个试件。试验中测试了上述所有直径钢悬索的温度-时间历程。室内和室外涂料钢悬索温度场测试钢悬索试件详细情况分别见表10-1和表10-2。

室内防火涂料试件详细情况表　　表10-1

钢悬索直径 D（mm）	长度（mm）	数量（个）	备注
D133	1500	1	索截面中间和索周边各预埋1只热电偶
D113	1500	1	索截面中间和索周边各预埋1只热电偶
D97	1500	1	索截面中间和索周边各预埋1只热电偶
D63	1500	1	索截面中间和索周边各预埋1只热电偶
D26	1500	1	索截面中间和索周边各预埋1只热电偶

室外防火涂料试件详细情况表　　表 10-2

钢悬索直径 D（mm）	长度（mm）	数量（个）	备注
D133	1500	1	索截面中间和索周边各预埋 1 只热电偶
D113	1500	1	索截面中间和索周边各预埋 1 只热电偶
D97	1500	1	索截面中间和索周边各预埋 1 只热电偶
D106	1500	1	索截面中间和索周边各预埋 1 只热电偶

在每个索试件长度中间截面的截面中心和周边各布置一只热电偶，共两只热电偶，测试索截面测点的温度，取两只热电偶的平均温度代表索试件截面的平均温度。索试件热电偶的布置如图 10-3 所示。

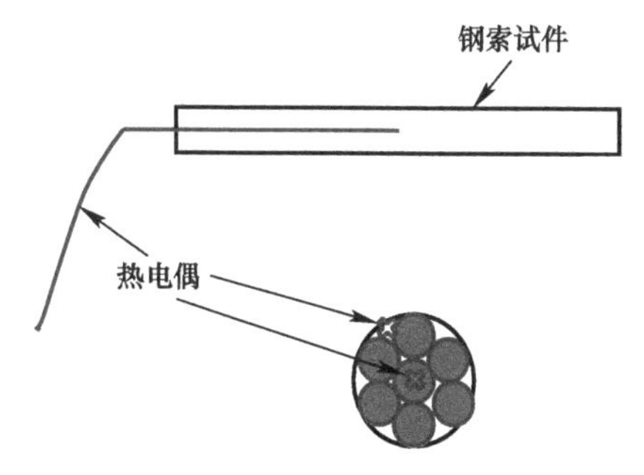

图 10-3　钢悬索试件热电偶布置

10.2.3　温度场测试

1. 涂刷薄型钢结构涂料

首先在钢悬索表面和索节点表面分层涂刷 5mm 厚的薄型防火涂料，实测厚度以检测报告为准，室内防火涂料如图 10-4 所示，待刷涂料的钢悬索试件如图 10-5 所示，涂料涂刷过程中的情形如图 10-6 所示，涂刷完毕之后的钢索试件如图 10-7 所示。

图 10-4　室内薄型防火涂料

图 10-5　待刷涂料的钢悬索试件

2. 试件温度场测试

钢结构防火涂料涂刷完毕养护接近一个月，待涂料充分干燥后，进行钢悬索试件的温度场测试试验。高温试验炉采用中国建筑科学研究院有限公司建筑安全与环境国家重点实验室结构耐火实验室的水平炉，按照 ISO 1034 标准升温曲线升温或者其他升温曲线升温。

图 10-6　涂刷过程中的钢悬索试件

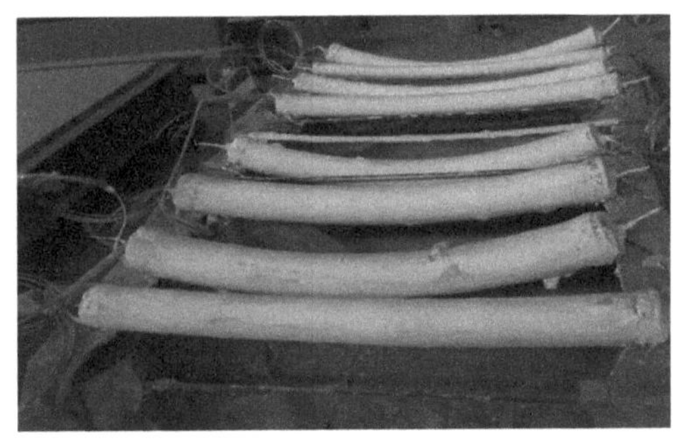

图 10-7　涂刷涂料完毕之后的钢悬索试件

由于钢索试件较重，涂刷涂料过程中不易翻身，钢索试件两端少部分面积没有涂刷。试验前钢索两端包裹防火岩棉，防止热量从两端没有涂刷涂料处进入，中间涂料完全暴露的钢索试件长度为 95cm，可完全模拟实际工程中索的受火段长度。

试验时首先将钢索试件吊运至炉内，并在炉内模拟钢索周边受火环境，钢索吊装过程中的情形如图 10-8 所示，试件在高温炉内的布置如图 10-9 所示。

图 10-8　钢索试件调运至高温炉内

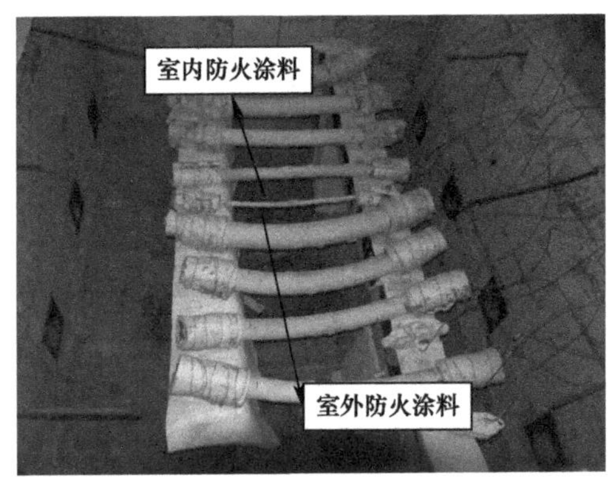

图 10-9　钢索试件在高温炉内的布置

试验过程中，试验炉按照 ISO 1034 标准升温曲线升温，实时采集钢悬索试件各测点的温度，试验过程中的试验炉和测试设备分别如图 10-10～图 10-12 所示。

试验测试完毕打开炉盖，各试件状态如图 10-13 所示，其详细状态如图 10-14 所示，可见涂料有一定的膨胀。

3. 温度场测试结果

耐火试验后，测得了高温炉平均温度及钢悬索试件各测点的温度-时间关系曲线。测试得到的平均炉温 T—受火时间 t 关系曲线如图 10-15 所示。涂刷室内防火涂料各试件测点温度 T—受火时间 t 关系曲线如图 10-16 所示。图中测点 1 位于索横截面的外周，测点 2 位于索横截面的中心。

图 10-10　试验过程中的高温试验炉

图 10-11　试验过程中的炉温控制及监测设备

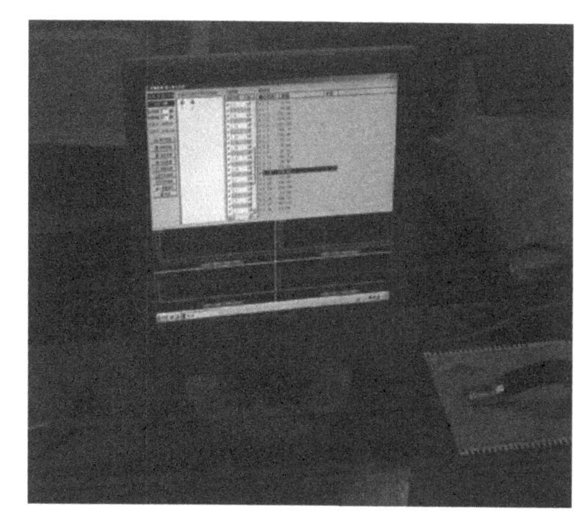

图 10-12　试验过程中的热电偶测点温度监测设备

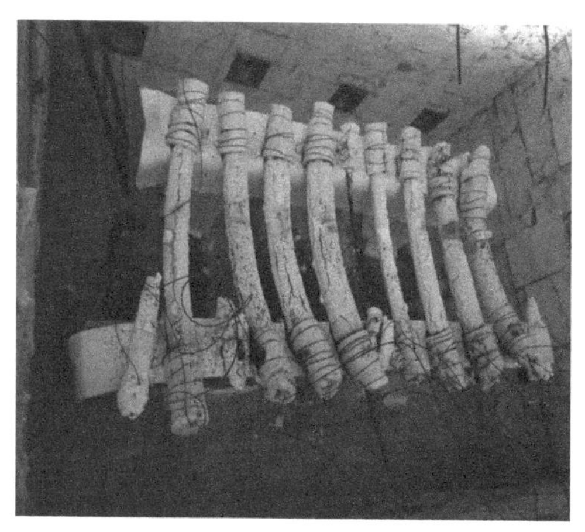

图 10-13　试验后各试件的涂料总体状态

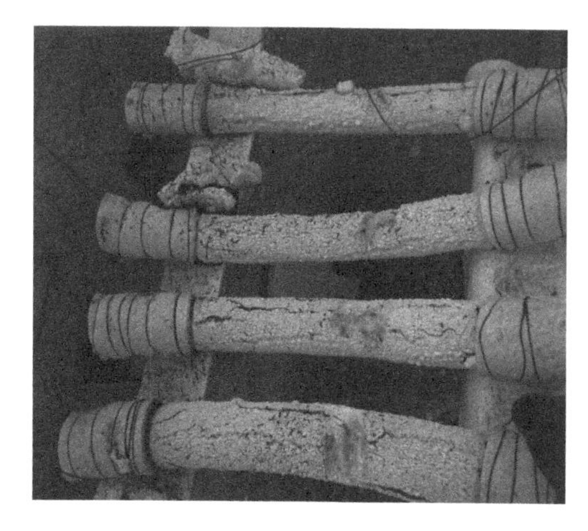

图 10-14　试验后各试件的涂料详细状态

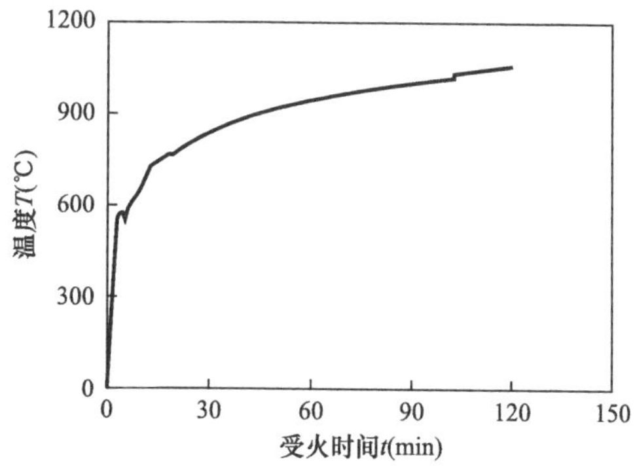

图 10-15　平均炉温-时间关系

涂刷室外防火涂料各试件测点温度 T—受火时间 t 关系曲线如图 10-17 所示，图中测点 1 位于索横截面的最外边，测点 2 位于索横截面的中心。其中试件 D106-1 测点由

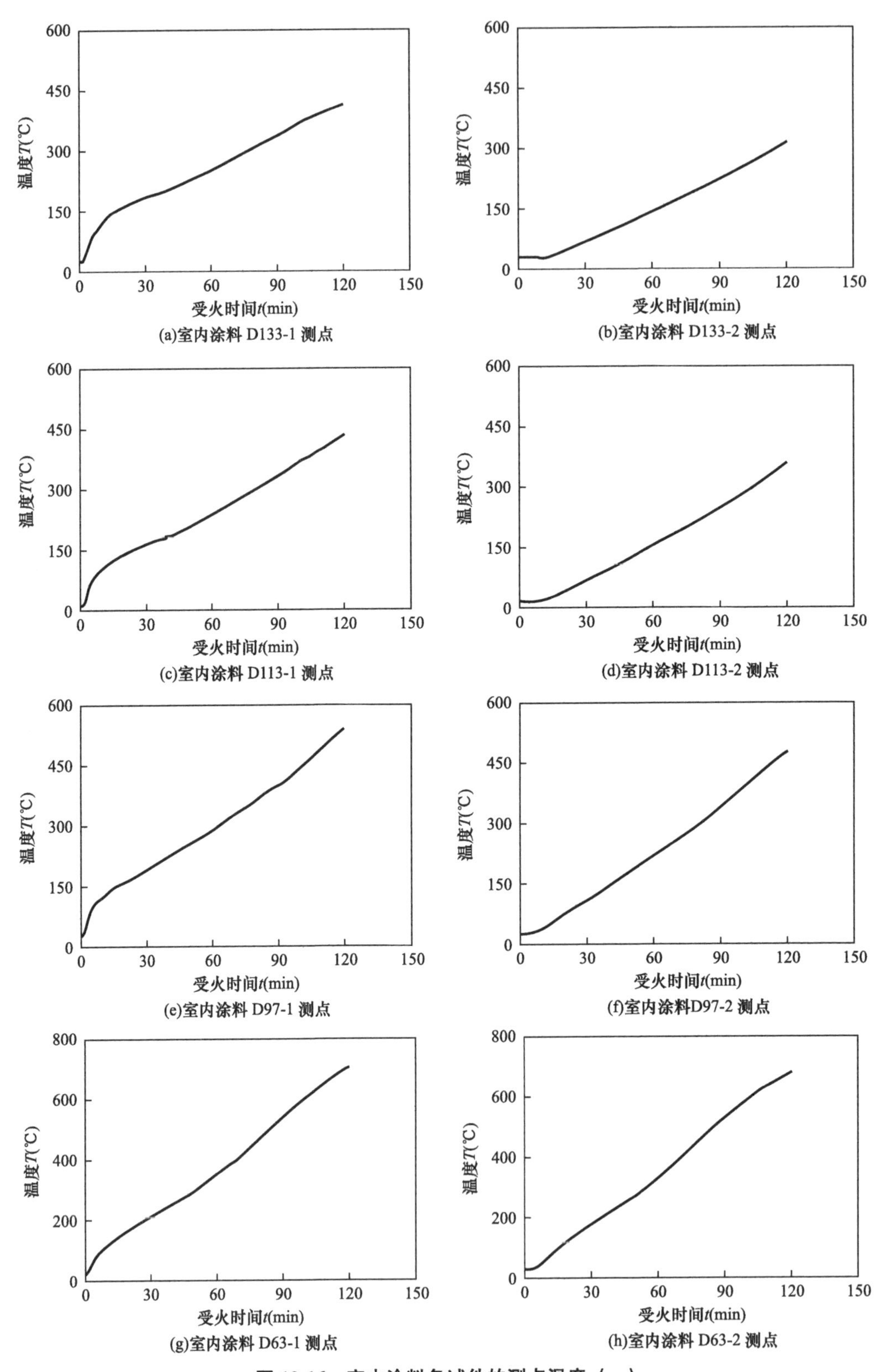

图 10-16　室内涂料各试件的测点温度（一）

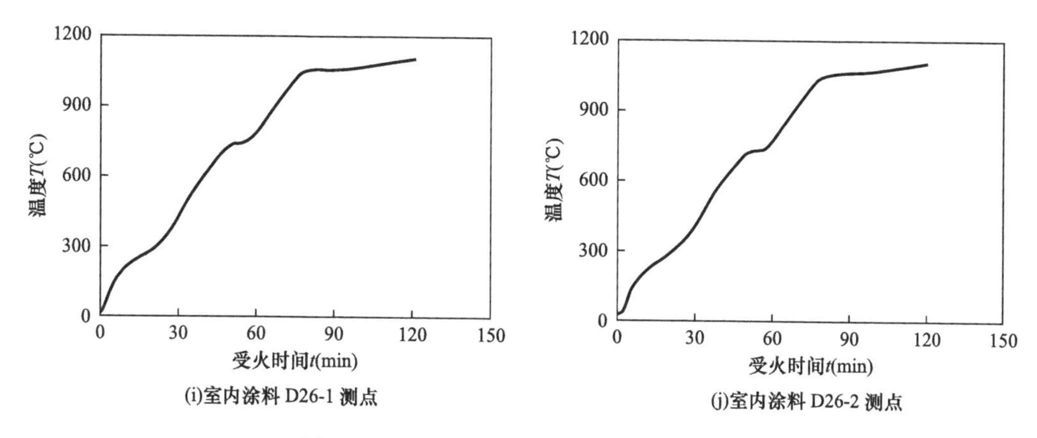

图 10-16　室内涂料各试件的测点温度（二）

于接触不良在受火时间 t 为 6.5～70min 之间测试数据异常，参照 D106-2 测点的曲线形状，实际应用时可将这两点直接用直线连接即可。

从以上各图可以看出，试件测点 1 和测点 2 同一时刻的温度值有一定差别。对于直径较大试件，两个测点的温度差别较大，对于直径较小试件，两个测点 1 和 2 的温

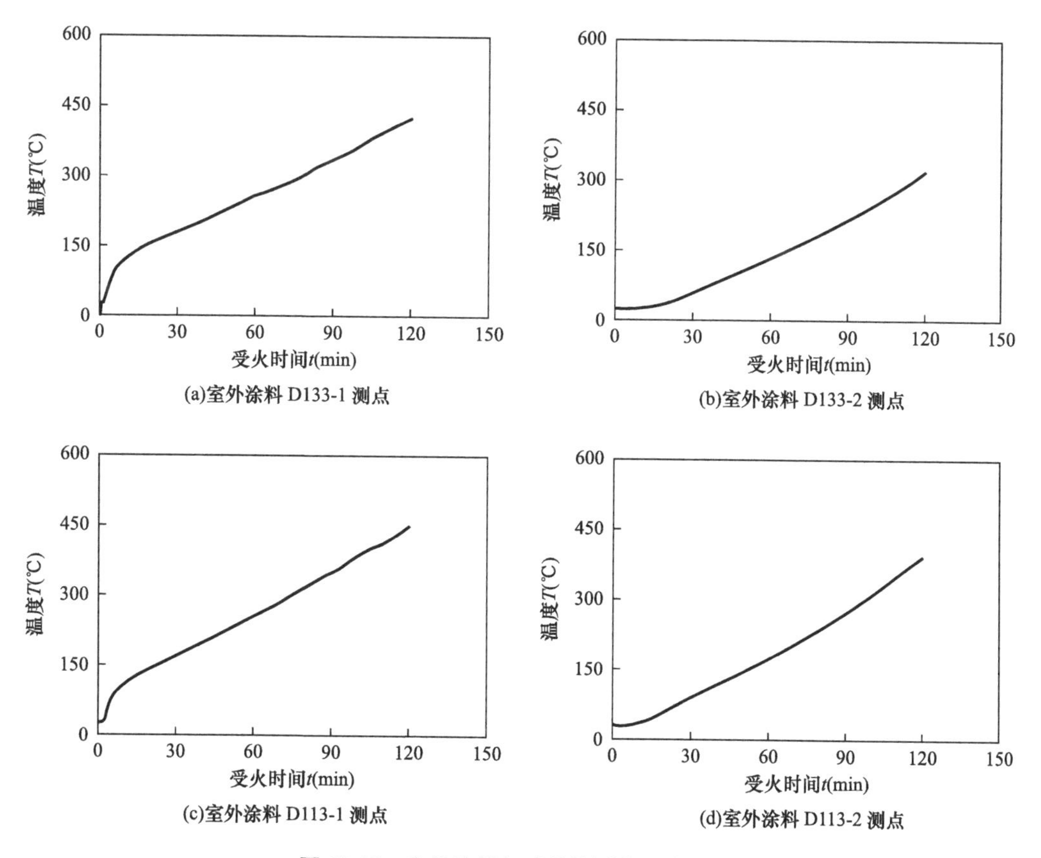

图 10-17　室外涂料各试件的测点温度（一）

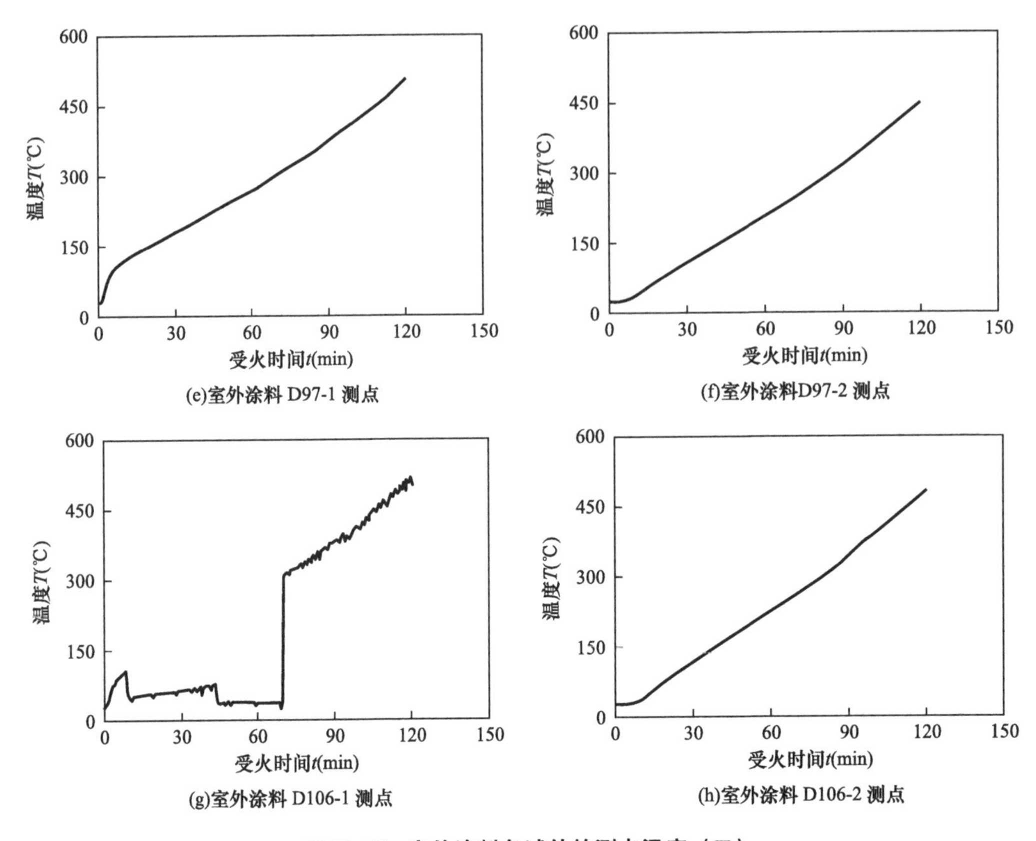

图 10-17　室外涂料各试件的测点温度（二）

度差别较小。钢索试件的截面由高强钢丝组成，高强钢丝之间有空气，空气的存在使钢索截面内的传热系数相对于纯钢截面小，因此，截面周围和截面形心之间存在一定的温度差。这种温度差对于 D133 的索最大，对于 D26 的索最小，室内涂料 D133 和 D26 两个测点的温度-时间关系分别如图 10-18 和图 10-19 所示。可见，D133 两个测点温度之差大于 D26 两个测点温度之差。

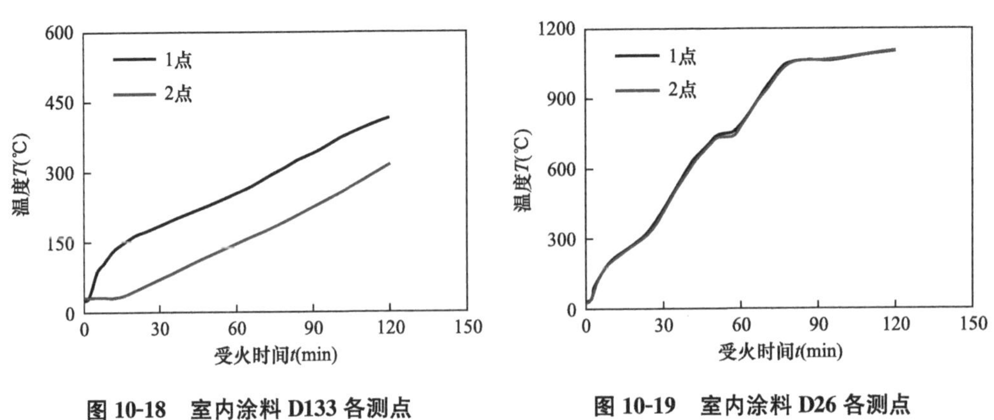

图 10-18　室内涂料 D133 各测点

图 10-19　室内涂料 D26 各测点

10.3 火灾下钢悬索构件的温度场

本项目根据钢索构件截面各测点的实测温度，确定钢索构件的温度，根据钢索构件的温度，进行火灾下结构的安全评估和抗火设计。

10.3.1 钢悬索编号

展厅采用索桁架作为次承重结构、预应力索刚架作为主承重结构体系，展厅钢悬索结构承重体系及索编号如图 10-20 所示，其中展厅各索的特性见表 10-3。

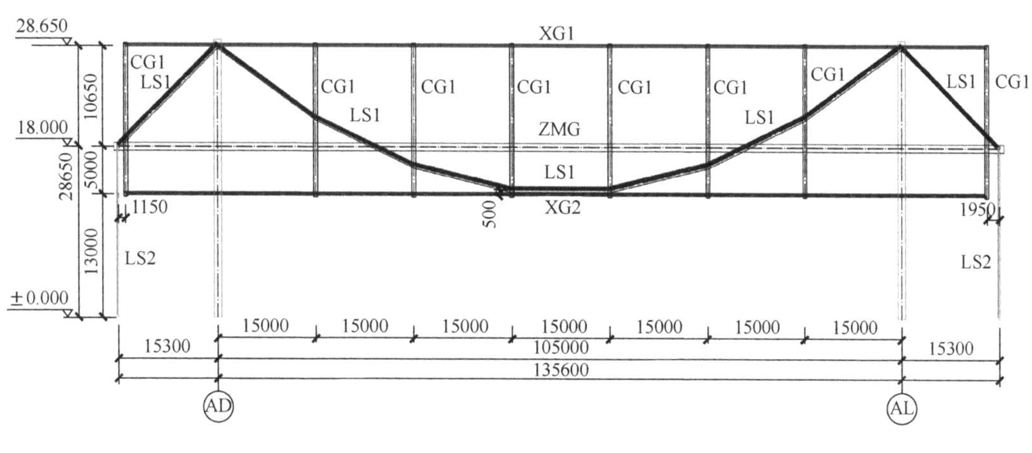

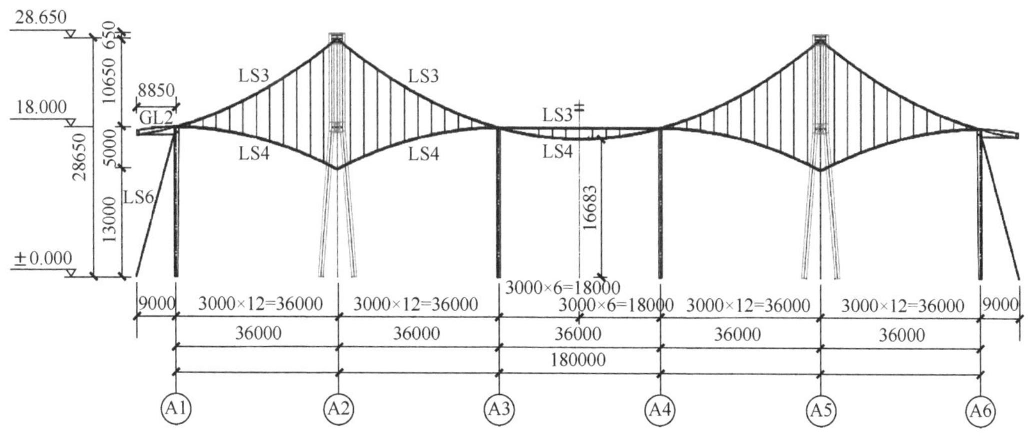

图 10-20　展厅钢悬索结构承重体系及索编号

展厅各根索的特性　　表 10-3

序号	编号	截面	材质	备注
1	LS1	4×D133	钢绞线	高钒拉索
2	LS2	4×D97	钢绞线	高钒拉索
3	LS3	2×D97	钢绞线	高钒拉索

续表

序号	编号	截面	材质	备注
4	LS4	1×D63	钢绞线	高钒拉索
5	LS5	1×D26	钢绞线	高钒拉索
6	LS6	2×D133	钢绞线	高钒拉索

10.3.2 钢悬索构件温度场计算

本项目展厅室内为一个防火分区，室内发生火灾时，按最不利情况，火焰会通过门窗洞口向室外溢流，室外钢悬索结构也会遭受火灾。根据《建筑设计防火规范》GB 50016，从最严格的火灾考虑，展厅室内、外火灾温度均按照 ISO 1034 标准升温曲线取值。

本项目通过 ISO 1034 标准升温作用下索结构温度场测试试验确定各个不同直径索测点的温度-时间关系。如前所述，每个钢索试件截面布置两个热电偶，测点 1 位于截面周围，测点 2 位于截面中心。这里近似取两个测点温度平均值作为该钢索试件的平均温度，并将钢索平均温度作为钢索的温度输入抗火计算模型进行抗火计算。室内防火涂料钢索试件 D133、D113、D97 各测点温度及其平均温度分别如图 10-21～图 10-23 所示，室外防火涂料钢索试件 D133 各测点温度及其平均值如图 10-24 所示。

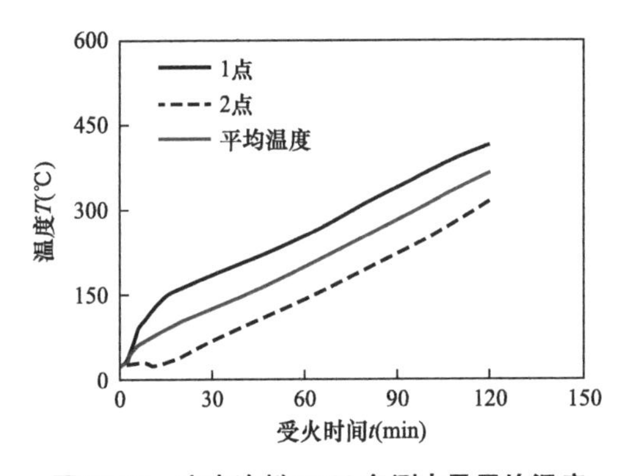

图 10-21 室内涂料 D133 各测点及平均温度

1点
2点
平均温度
温度T(℃)
受火时间t(min)

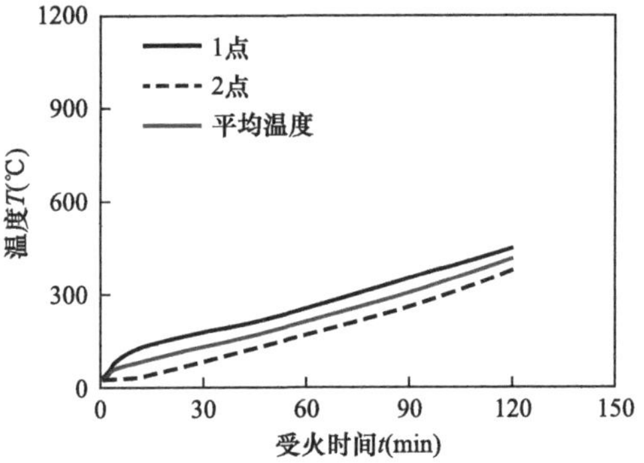

图 10-22 室内涂料 D113 各测点及平均温度

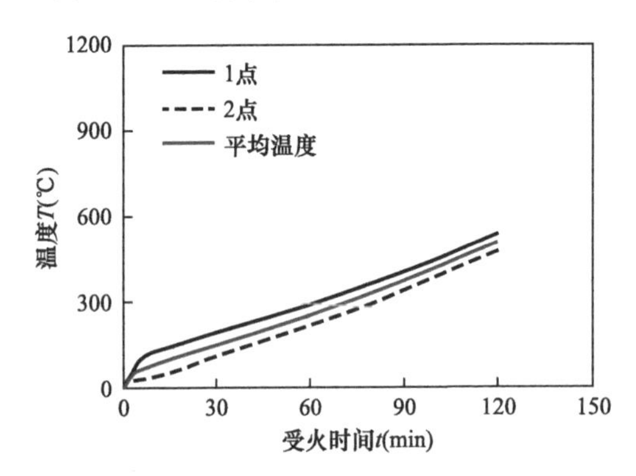

图 10-23 室内涂料 D97 各测点及平均温度

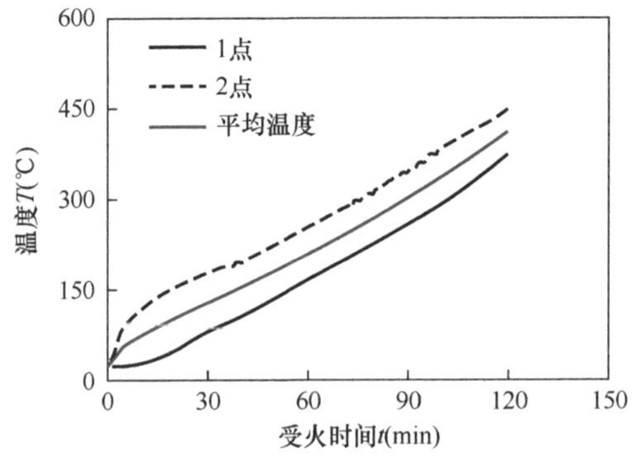

图 10-24 室外涂料 D133 各测点及平均温度

10.4 钢悬索的抗火验算

10.4.1 计算步骤

建筑结构抗火设计是对火灾高温下结构安全的设计和校核，建筑钢结构抗火设计依据《建筑钢结构防火技术规范》CECS 200：2006 进行。

结构抗火设计首要的工作是确定火灾温度场。有了火灾温度之后，需要确定火灾条件下结构或构件的温度场。确定结构构件火灾下温度场的方法有两类：第一类是通过传热分析确定；第二类是通过试验确定。本项目采用薄型钢结构防火涂料，火灾高温条件下防火涂料涂层发生膨胀厚度不断变化，而且厚度的变化无法预知。《建筑钢结构防火技术规范》GB 51249—2017 规定对于薄型防火涂料，火灾下结构构件的温度场宜采取试验方法确定。

确定火灾下钢悬索的温度之后，需要进行钢悬索整体结构及其构件在火灾高温条件下的抗火设计及防火保护设计。钢结构抗火设计及分析的一般过程如图 10-25 所示[55]。

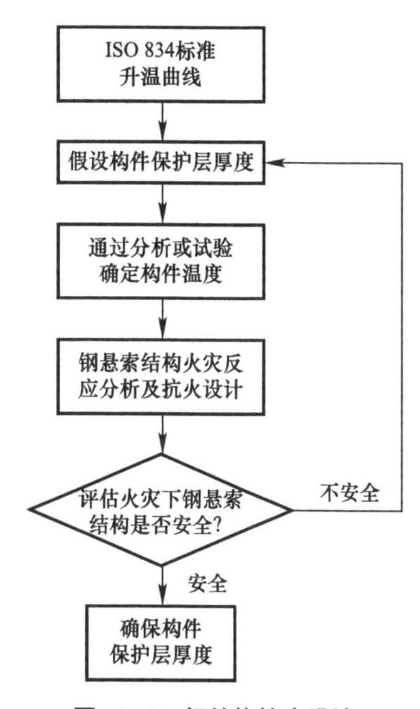

图 10-25 钢结构抗火设计

10.4.2 温度场的确定

对于厚型钢结构防火涂料一般采用传热分析或结构耐火试验的方法确定构件的温度场，对于薄型钢结构防火涂料一般采用耐火试验的方法确定构件的温度场。

传热分析时，采用求解瞬态热传导微分方程的方法进行，瞬态热传导的基本微分方程：

$$\frac{\partial T}{\partial t}=\frac{1}{c\rho}\left[\frac{\partial}{\partial x}\left(\lambda\frac{\partial T}{\partial x}\right)+\frac{\partial}{\partial y}\left(\lambda\frac{\partial T}{\partial y}\right)+\frac{\partial}{\partial z}\left(\lambda\frac{\partial T}{\partial z}\right)\right] \tag{10-2}$$

其中 T 为温度，ρ 为密度，x、y、z 为坐标。

结构构件的温度场计算就是在给定的初始条件和边界条件下求解此方程。

10.4.3 抗火设计方法

《建筑钢结构防火技术规范》CECS 200：2006 规定，钢结构抗火设计有耐火极限方法、承载力法等。其中承载力方法规定：在规范要求的一定耐火极限时间内，建筑结构或构件的承载能力 R_d 不应小于包括火灾作用在内的相关荷载的组合效应 S_m，即式：

$$R_d \geqslant S_m \tag{10-3}$$

一方面，火灾下，建筑结构构件受热温度升高，建筑结构及构件受热要发生热膨胀，热膨胀将导致钢结构中的内力发生重分布。同时，火灾发生时，建筑结构上仍作用有其他荷载，建筑结构的设计内力还要考虑其他的荷载效应组合。

另一方面，随建筑结构温度升高，建筑材料的性能退化，建筑结构及构件的承载能力降低。因此，建筑结构抗火设计要考虑建筑结构火灾下产生的效应组合，同时也要考虑火灾下建筑结构及构件承载能力的降低，即式（10-3）中 R_d 和 S_m 均要考虑火灾的影响。

根据《建筑钢结构防火技术规范》CECS 200：2006，火灾下结构及构件的效应组合 S_m 按下列两种情况的不利情况采用：

$$S_m = \gamma_0 (S_{Gk} + S_{Tk} + \psi_f S_{Qk}) \tag{10-4}$$

$$S_m = \gamma_0 (S_{Gk} + S_{Tk} + \psi_q S_{Qk} + 0.4 S_{wk}) \tag{10-5}$$

式中 S_m——荷载（作用）效应组合的设计值；

S_{Gk}——永久荷载效应标准值；

S_{Tk}——火灾下结构的温度效应标准值；

S_{Qk}——楼面或屋面活荷载效应标准值；

S_{wk}——风荷载效应标准值；

γ_0——结构重要性系数；对于耐火等级为一级的建筑，$\gamma_0 = 1.15$；对于其他建筑，$\gamma_0 = 1.05$；

ψ_f——楼面或屋面活荷载频遇值系数，按现行国家标准《建筑结构荷载规范》GB 50009 的规定取值；

ψ_q——楼面或屋面活荷载准永久值系数，按现行国家标准《建筑结构荷载规范》GB 50009 的规定取值。

10.4.4 抗火验算方法

《建筑钢结构防火技术规范》CECS 200：2006 第 5.2.5 条规定，跨度大于 100m 的建筑结构宜进行整体结构抗火分析。整体结构抗火分析是利用非线性有限元方法，考虑材料非线性和几何非线性，分析火灾升温条件下建筑结构的变形、应力以及倒塌破坏情况，对火灾下的建筑结构实际行为进行分析。本项目采用非线性分析软件ABAQUS热力耦合计算功能完成结构及构件耐火性能的计算。

1. 物理参数

本项目钢悬索是由1670级高强钢丝生产而成。除钢悬索外，其余钢结构构件由结构钢材料制作而成。《建筑钢结构防火技术规范》CECS 200：2006规定高温下钢材的热工参数应按表10-4确定。

高温下钢材的热工参数　　表10-4

参数	符号	数值	单位
热膨胀系数	α_s	1.4×10^{-5}	m/（m·℃）
热传导系数	λ_s	45	W/（m·℃）
比热容	c_s	600	J/（kg·℃）
密度	ρ_s	71050	kg/m^3

2. 高温下结构钢的力学性能

《建筑钢结构防火技术规范》CECS 200：2006强度规定，高温下结构钢的屈服度设计值按以下公式计算：

$$f_{yT}=\eta_T f_y \tag{10-6}$$

$$\eta_T=\begin{cases}1.0, & 20℃\leqslant T_s<300℃\\ 1.24\times10^{-8}T_s^3-2.096\times10^{-5}T_s^2 & \\ +9.228\times10^{-3}T_s-0.2168, & 300℃\leqslant T_s<800℃\\ 0.5-T_s/2000, & 800℃\leqslant T_s<1000℃\end{cases} \tag{10-7}$$

式中　T_s——钢材的温度（℃）；

f_{yT}——温度为T_s时钢材的屈服强度（MPa）；

f_y——常温下钢材的屈服强度（MPa）；

η_T——高温下钢材强度折减系数。

高温下结构钢的弹性模量应按下列公式计算：

$$E_T=\chi_T E \tag{10-8}$$

$$\chi_T=\begin{cases}\dfrac{7T_s-4780}{6T_s-4760}, & 20℃\leqslant T_s<600℃\\ \dfrac{1000-T_s}{6T_s-2800}, & 600℃\leqslant T_s<1000℃\end{cases} \tag{10-9}$$

式中　E_T——温度为T_s时钢材的弹性模量（MPa）；

E——常温下钢材的弹性模量（MPa）；

χ_T——高温下钢材弹性模量的折减系数。

3. 高温下钢悬索的力学性能

目前，对于高温下钢悬索的力学性能的研究成果较少。相关文献采用了理想弹塑性模型，屈服强度取索的最小破断力与索截面有效面积之比，并给出了高温下钢悬索的屈服强度与温度的关系为：

$$f_{yT}/f_y = 1.013 - 1.3 \times 10^{-3} T + 6.179 \times 10^{-6} T^2 - 2.4610 \times 10^{-10} T^3 + 2.279 \times 10^{-11} T^4 \tag{10-10}$$

式中　T——钢悬索的温度（℃）；

f_{yT}——高温下钢悬索的屈服强度；

f_y——常温下钢悬索的屈服强度，近似按索的最小破断力与其有效截面面积之比取值。

上述文献给出高温下钢悬索的弹性模量与温度的关系：

$$E_{sT} = \frac{E_s}{0.975 + 0.007\exp(T/90)} \tag{10-11}$$

式中　E_{sT}——高温下钢悬索的弹性模量；

E_s——常温下钢悬索的弹性模量。

上述文献中高温下钢悬索的应力-应变关系采用理想弹塑性模型，取得了较好的效果。

在《高钒索火灾作用下（后）力学性能试验研究》一文中提出了高温下高钒索的极限强度（极限强度为索的破断力与截面有效截面面积之比）随温度的变化规律，即：

$$\frac{f_{puT}(T)}{f_{pu}} = 0.994 - 0.947 \times 10^{-6} T + 2.2110 \times 10^{-6} T^2 - 2.079 \times 10^{-10} T^3 + 2.192 \times 10^{-11} T^4 \tag{10-12}$$

其中，f_{puT}（T）和 f_{pu} 分别为高温下钢索的极限强度和常温下的极限强度。式（10-12）表示的规律如图 10-26 所示。经分析知，式（10-12）表示的曲线在式（10-10）表示的曲线之上，采用式（10-10）偏于安全。

上述文献还提出了高钒索高温下的应力-应变关系试验曲线，如图 10-27 所示。从图中可见，应力-应变关系曲线接近理想弹塑性模型。本项目对钢悬索整体结构进行耐火性能分析时采用理想弹塑性模型，屈服应力取索的最小破断力与有效截面面积之比。

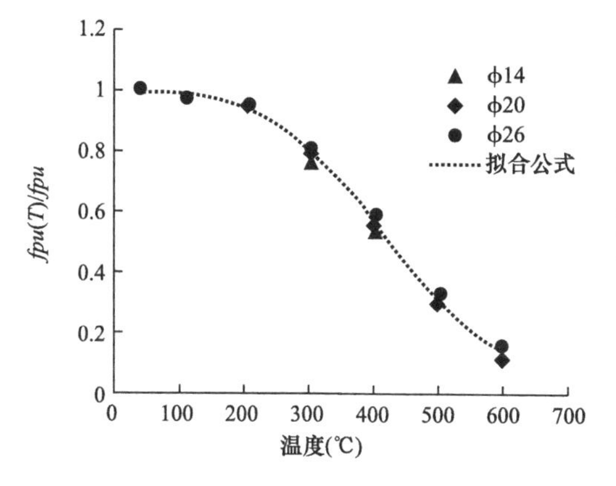

图 10-26 高钒索极限强度退化规律

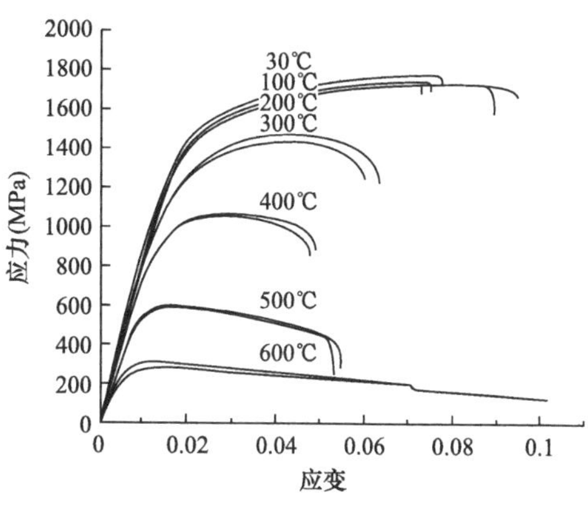

图 10-27 高钒索应力-应变关系曲线

10.5 悬索整体结构耐火性能计算模型

本项目建立悬索整体结构耐火性能计算模型的前提和假设是：支承悬索的钢结构及钢管混凝土结构（简称支承结构）在 ISO 1034 标准升温 2h 以内是安全的，因为悬索结构在支承结构上，悬索结构的耐火极限理论上不会大于支承结构的耐火极限。

10.5.1 计算模型选择

展厅两个方向的结构尺寸分别为 1910m 和 135.6m，展厅钢悬索结构跨度均超过 100m，为大跨结构。钢悬索结构为预应力结构，预应力结构依靠结构的拉力形成的刚度承受荷载，结构变形与受力大小密切相关，几何非线性和材料非线性十分明显，结构受力复杂，分析难度较高。

另外，展览馆人员密集，火灾荷载较大，一旦发生火灾下结构倒塌，将会造成很大的生命和财产损失，本项目建筑结构抗火性能的重要性很高。

《建筑钢结构防火技术规范》CECS 200：2006 规定跨度大于 100m 的建筑结构和特别重要的建筑结构要进行整体结构抗火分析。《建筑结构抗倒塌设计规范》CECS 392：2014 第 6.1.1 条规定重要的大跨结构要进行建筑结构抗火灾倒塌设计。依据上述规定，本项目首先进行了悬索整体结构的抗火性能分析。

10.5.2 设计荷载组合

按照《建筑钢结构防火技术规范》CECS 200：2006 的要求，钢结构抗火设计时需要首先进行火灾及荷载的荷载效应组合，即根据式（10-4）和式（10-5）计算火灾效应参与组合条件下的荷载效应组合。即本项目抗火设计时考虑的火灾荷载组合包含：(1) 恒载和活载频遇值组合之后，再和温度效应进行组合；(2) 恒载和活载的准永久组合之后，再和风荷载和温度效应进行组合。

本节提供了展厅极值风压系数最大值及最小值，如图 10-28 所示。从图中可以看出，最小风压（负风压）的绝对值绝大多数数据都在 0.6kPa 以下，最大风压（正风压）的绝对值绝大多数数据都在 0.6kPa 以下，取上述风荷载作为均布风荷载施加。计算中分别考虑正风压作用和负风压作用，取荷载组合较大值。虽然有小部分面积风压系数绝对值大于上述值，但所占面积很小，采用上述均布风荷载总体上可行。

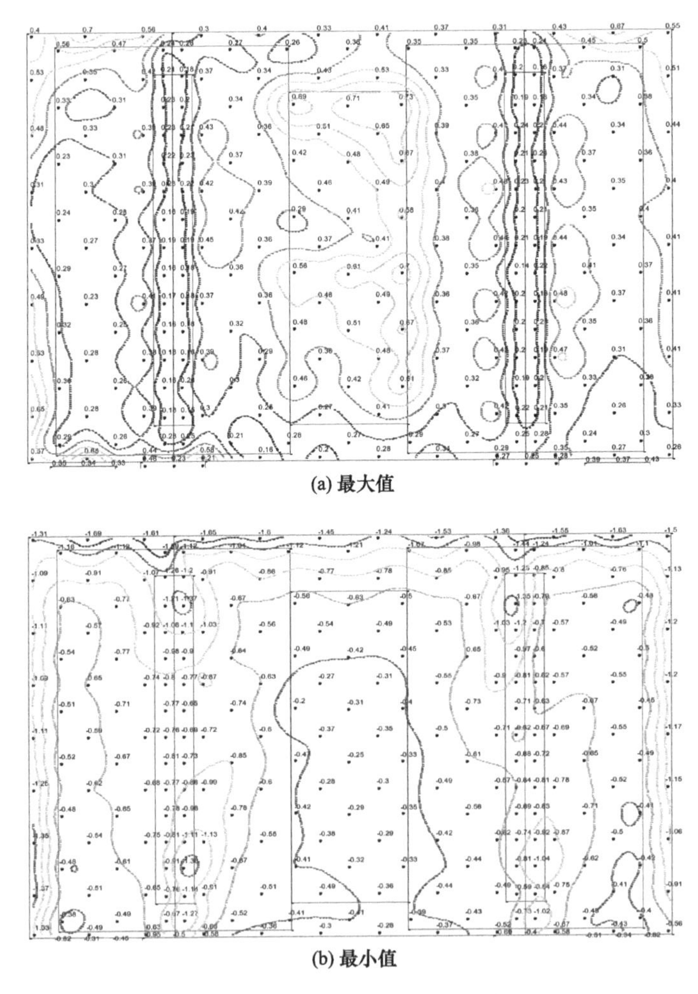

(a) 最大值

(b) 最小值

图 10-28　展厅极值风压力系数

其中，恒荷载（不包含檩条，但包含屋面板）为 1kN/m^2，活荷载为 0.5kN/m^2。根据现行国家标准《建筑结构荷载规范》GB 50009，不上人屋面的活荷载频遇值和准永久值系数分别为 0.5 和 0。根据规范要求，本项目耐火等级为二级，所以结构的重要

性系数 γ_0 取 1.05。根据《建筑钢结构防火技术规范》CECS 200：2006，本项目按照本章式（10-4）和式（10-5）确定钢悬索结构屋盖上的设计荷载。

10.5.3　高温下钢悬索材料特性

采用钢材的理想弹塑性模型模拟钢悬索，高温下材料特性和应力应变关系模型按第 10.2 节取值，理想弹塑性模型中常温下钢索的屈服强度取最小破断应力，即最小破断力与有效截面面积的比值。其中，各直径钢索的最小破断力标准值及弹性模量如图 10-29 所示。

锌-5%铝-稀土合金镀层钢绞线
(钢绞线截面参数与力学性能)

钢丝公称抗拉强度1670MPa，弹性模量(1.6±0.1)×10^5N/mm²				
钢绞线公称直径(mm)	参考重量(kg/100m)	钢绞线结构	钢绞线有效截面积(mm²)	钢绞线最小破断拉力(kN)
Φ12	70	1x19	93	140
Φ14	102	1x19	125	188
Φ16	124	1x19	158	237
Φ18	157	1x37	182	267
Φ20	193	1x37	244	359
Φ22	234	1x37	281	413
Φ24	278	1x61	352	517
Φ26	327	1x61	403	592
Φ28	379	1x61	463	680
Φ30	434	1x91	525	772
Φ32	493	1x91	601	883
Φ34	557	1x91	691	1020
Φ36	624	1x91	755	1110
Φ38	681	1x127	839	1230
Φ40	783	1x127	965	1420
Φ42	855	1x127	1050	1540
Φ44	933	1x91	1140	1680
Φ46	1020	1x91	1260	1850
Φ48	1110	1x91	1380	2030
Φ50	1200	1x91	1450	2130
Φ52	1300	1x127	1600	2350
Φ56	1510	1x127	1840	2700
Φ60	1730	1x169	2120	3120
Φ63	1900	1x169	2340	3440
Φ65	1990	1x169	2450	3600
Φ68	2230	1x169	2690	3950
Φ71	2430	1x217	3010	4420
Φ73	2560	1x217	3150	4630
Φ75	2680	1x217	3300	4850
Φ77	2860	1x217	3450	5070
Φ80	3080	1x217	3750	5510
Φ82	3240	1x217	3940	5790
Φ84	3400	1x217	4120	6060

图 10-29　钢索最小破断力（一）

钢绞线公称直径(mm)	参考重量(kg/100m)	钢绞线结构	钢绞线有效截面积 (mm²)	钢绞线最小破断拉力(kN)
Φ86	3560	1x271	4310	6330
Φ88	3730	1x331	4590	6750
Φ90	3900	1x331	4810	7070
Φ92	4080	1x331	5030	7390
Φ95	4290	1x331	5260	7730
Φ97	4480	1x397	5500	8080
Φ101	4920	1x397	6040	8880
Φ105	5300	1x469	6500	9550
Φ108	5620	1x469	6810	10010
Φ110	5830	1x469	7130	10480
Φ113	6080	1x469	7460	10960
Φ116	6480	1x547	7940	11670
Φ119	6780	1x547	8320	12230
Φ122	7170	1x547	8700	12790
Φ125	7470	1x631	9160	13160
Φ128	7890	1x631	9590	13770
Φ133	8540	1x721	10470	15040
Φ136	8940	1x721	10960	15740
Φ140	9350	1x721	11470	16470

1. 浇注拉索最小破断力

$F_j=S_n \times f_{ptk} \times K_1 \times K_2/1000$

2. 压制拉索最小破断力

$F_y=S_n \times f_{ptk} \times K_1 \times K_3/1000$

式中：

F_j —— 浇注拉索最小破断力，　单位：kN；
F_y —— 压制拉索最小破断力，　单位：kN；
S_n —— 钢绞线有效截面积，　单位：mm^2；
f_{ptk} —— 钢丝公称抗拉强度，　单位：MPa；
K_1 —— 钢绞线强度折减系数，K1值见下表；

钢绞线强度折减系数表

钢绞线结构形式	钢绞线强度折减系数
1x19	0.9
1x37、1x61、1x91、1x127、1x169、1x217、1x271、1x331、1x397、1x469、1x547	0.88
1x631、1x721	0.86

K_2–浇注拉索折减系数取1.0，拉索静载破断荷载不应小于钢绞线最小破断力的95%；
（执行JG/T330-2011《建筑工程用索》）
K_3–压制拉索折减系数取0.9；
（执行JG/T 201-2007《建筑幕墙用钢索压管接头》）

图 10-29　钢索最小破断力（二）

10.5.4　整体结构有限元计算模型

按照施工及加载的先后顺序，在结构模型原始位置上分别施加预应力、恒荷载、活荷载（或风荷载）和温度作用。建立钢悬索结构模型时，本项目只进行钢悬索结构的抗火设计，对模型适当进行了简化。采用 ABAQUS 软件的梁单元 B32 和桁架单元模拟结构构件，梁单元 B32 有三个节点，精度较高，单元长度可以采取较大值，可以在采用较少单元的前提下获得较高精度。该梁单元可以考虑剪切变形、弯曲变形及翘曲变形，可考虑截面不同位置处温度的不同，可完全满足本项目钢结构抗火验算要求。为了提高计算精度，采用同一模型同时分析结构的局部破坏及整体破坏，划分网格时采用较密的网格密度。

利用上述方法建立的展厅钢悬索结构计算模型如图 10-30 所示，模型在聚焦结构主要受力、传力特征的基础上进行适当简化。整体模型中省略了 A 形柱，图中主受力钢框架与 A 形柱相连节点处采用铰接边界条件（钢框架与 A 形柱的低处节点和高处节点约束 A 形柱平面内及竖向线位移）。依据试验结果，得出除钢悬索以外的钢结构和钢管混凝土结构的耐火极限均大于 2h，即在受火 2h 以内这些结构不会发生破坏，主受力钢架与 A 形柱连接处设置为铰接边界条件是合适的。

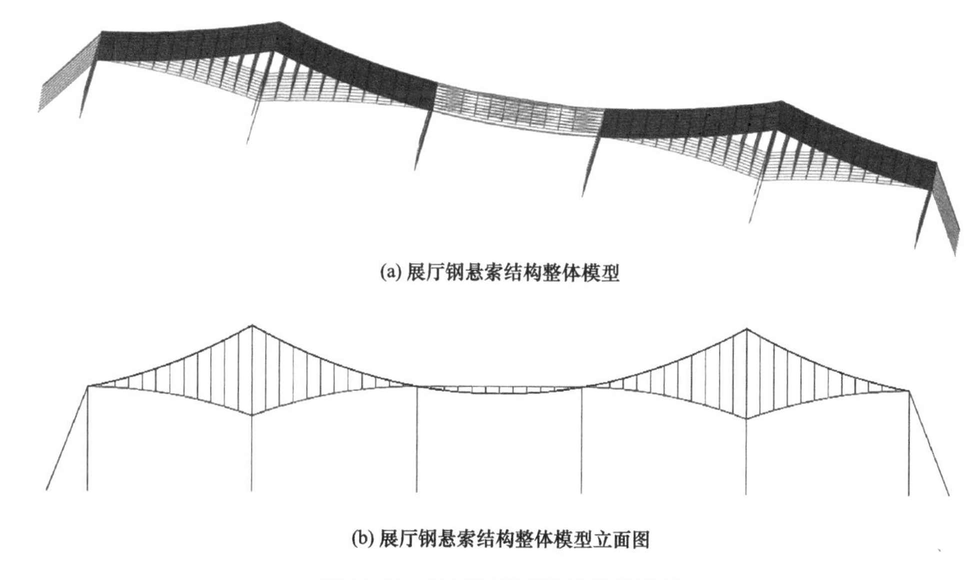

(a) 展厅钢悬索结构整体模型

(b) 展厅钢悬索结构整体模型立面图

图 10-30　展厅钢悬索结构整体模型

10.6　钢悬索结构抗火验算

《建筑钢结构防火技术规范》CECS 200：2006 规定对于跨度大于 100m 的大跨钢结构除要进行基于构件的抗火验算外，还需进行整体结构的抗火验算。

10.6.1 钢悬索整体结构抗火验算

1. 位移

计算得到的ISO 1034标准升温作用0.5h、1h、1.5h和2h时，展厅钢悬索屋盖整体结构的竖向位移U3（单位：m）云图，分别如图10-31～图10-34所示。从图中可见，受火过程中，随受火时间增加，钢悬索整体结构的竖向位移增加。火灾作用下，随钢悬索温度升高，钢悬索的弹性模量降低，导致结构整体的变形增加。

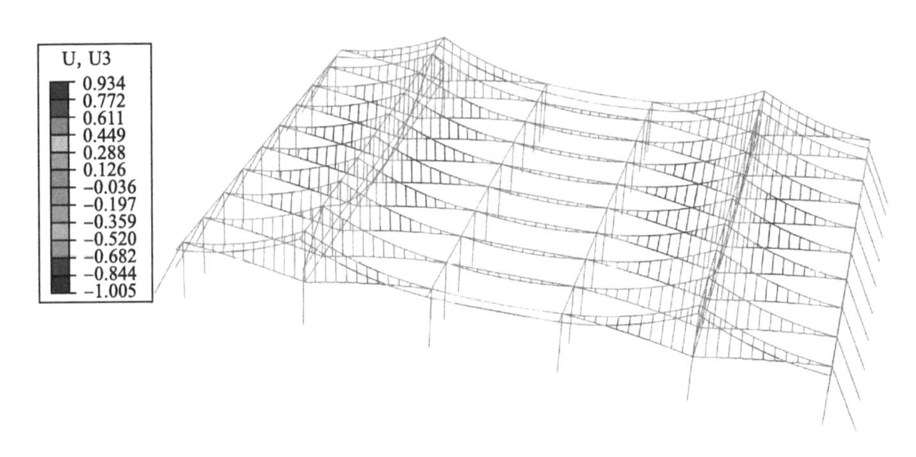

图10-31 ISO 1034标准升温0.5h时竖向位移云图（m）

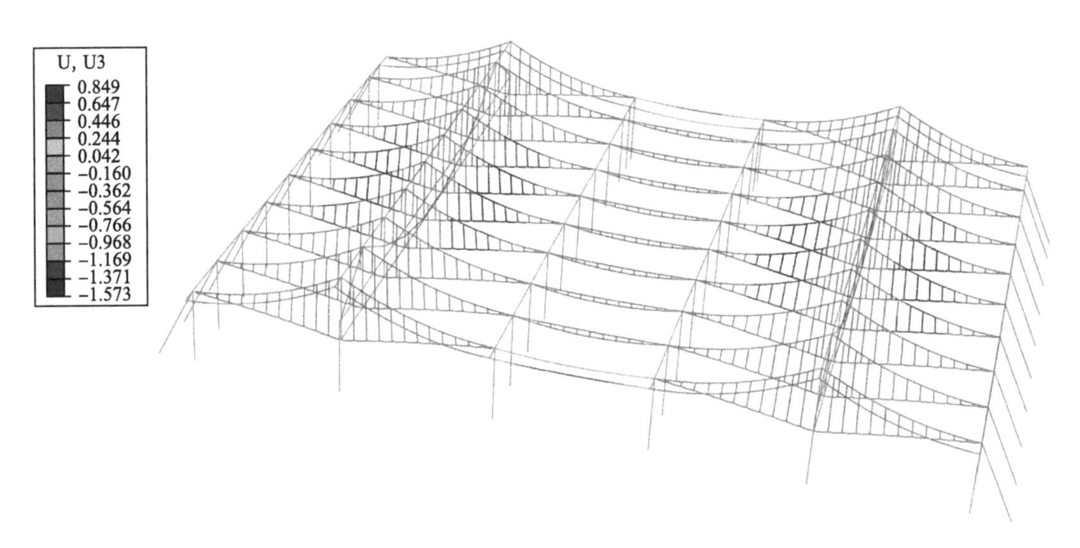

图10-32 ISO 1034标准升温1h时竖向位移云图（m）

2. 应力及应变

ISO 1034标准升温1h和2h时展厅钢悬索结构有效塑性应变PEEQ（即累积到目前状态所有塑性应变增量绝对值之和，大于0表示结构到达塑性状态，等于0表示结

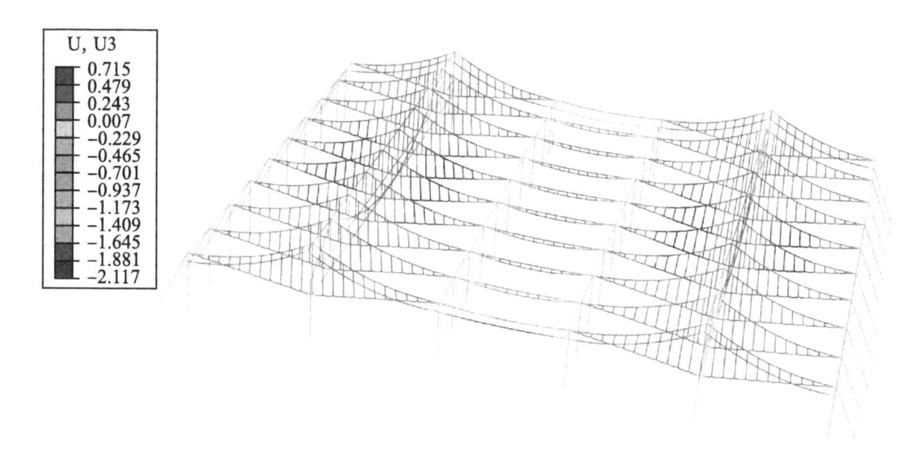

图 10-33　ISO 1034 标准升温 1.5h 时竖向位移云图（m）

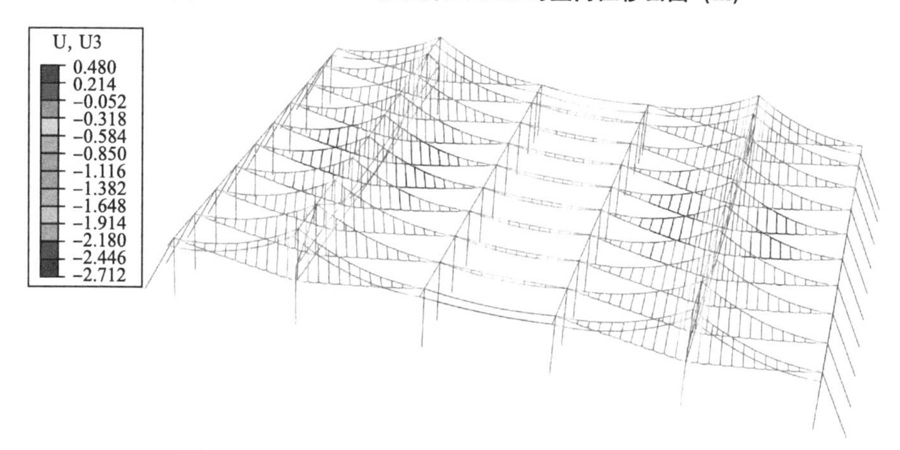

图 10-34　ISO 1034 标准升温 2h 时竖向位移云图（m）

构仍是弹性状态）分别如图 10-35、图 10-36 所示。经查询，除其余钢结构外，所有钢悬索构件的有效塑性应变均为 0。可见，ISO 1034 标准升温曲线作用 2h 以内钢悬索结构材料仍处于弹性阶段，没有出现塑性变形。

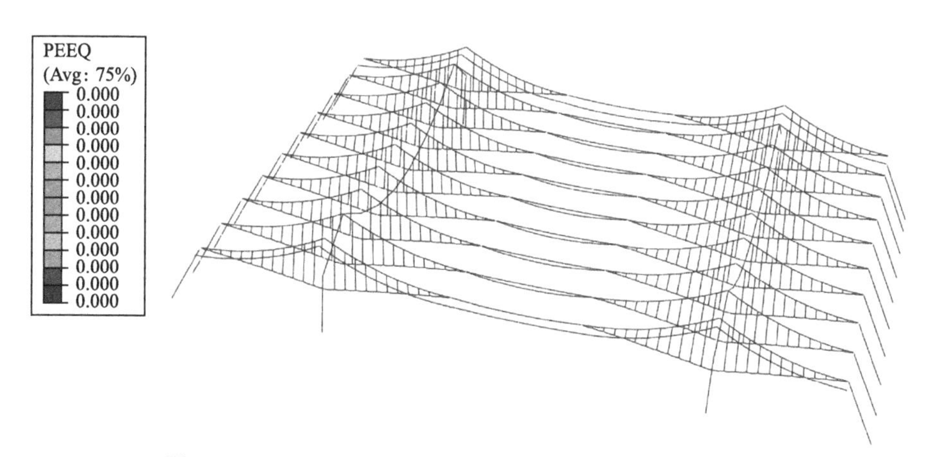

图 10-35　ISO 1034 标准升温 1h 时展厅钢悬索结构塑性应变

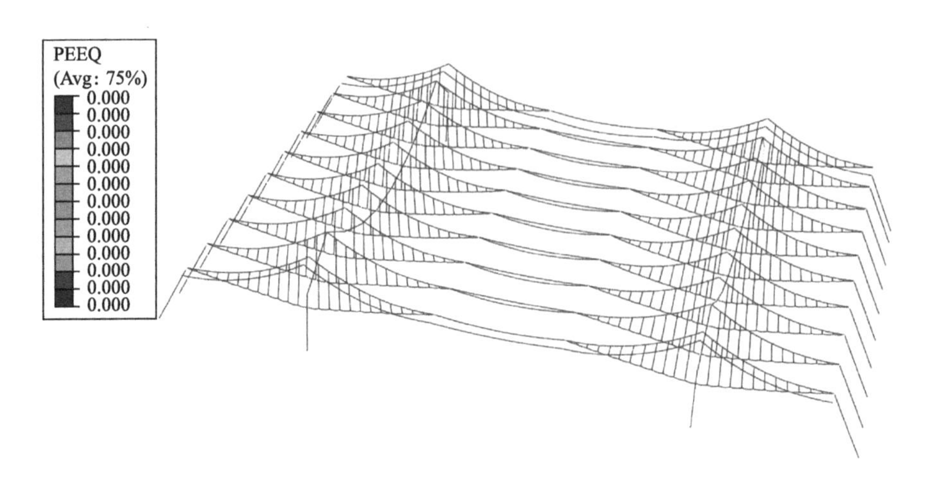

图 10-36　ISO 1034 标准升温 2h 时展厅钢悬索结构塑性应变

ISO 1034 标准升温作用 0.5h、1h、1.5h 和 2h 时，展厅钢悬索结构的应力 S11（单位：N/m^2）云图分别如图 10-37～图 10-40 所示。从图中可见，在受火过程中，钢悬索的应力总体上有一定变化。这是因为钢悬索系柔性结构，温度作用会产生膨胀变形，结构构件主要受拉力，索中拉力会有所变化。

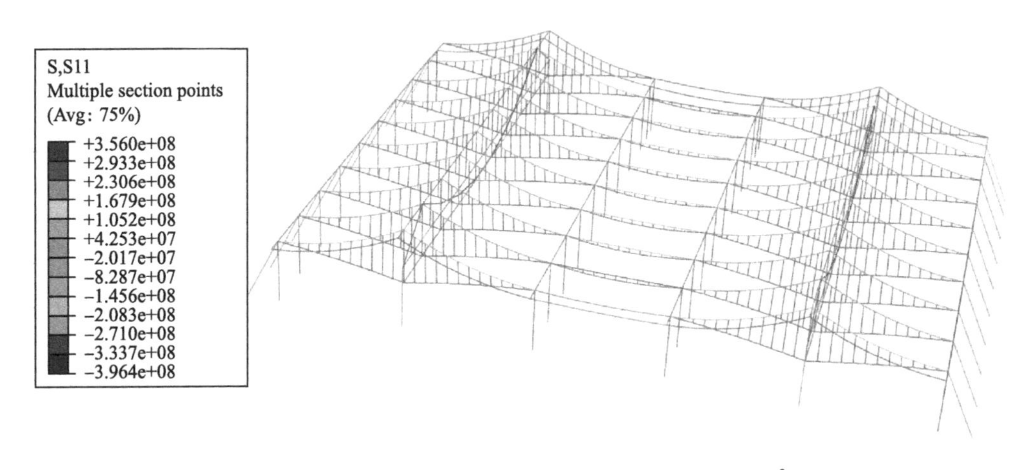

图 10-37　ISO 1034 标准升温 0.5h 时应力云图（N/m^2）

ISO 1034 标准升温作用 2h 时轴向应力 S11 小于 10MPa 的索分布如图 10-41 中黑色箭头所示。可见，此时索桁架中的竖向索 LS5 和稳定索 LS4 的拉应力均较小，这两类索处于接近松弛状态。索 LS4 和索 LS5 是稳定索，其作用为固定主索的位置，对主索起稳定作用。随着温度升高，索 LS4 和索 LS5 发生热膨胀变形，预应力逐渐损失殆尽，索逐渐松弛，几乎退出工作，屋面荷载由索桁架中的主索 LS3 承担。由于主索 LS3 尚未到达高温下的承载能力极限状态，索结构是安全的。

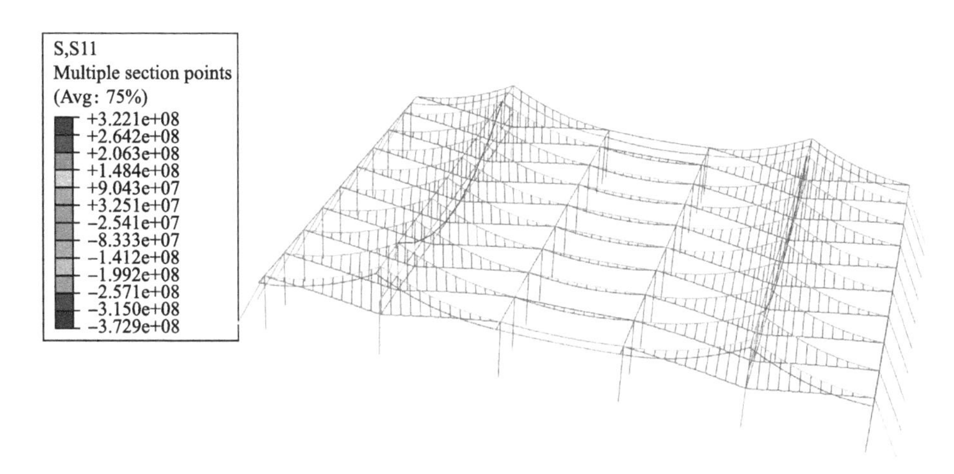

图 10-38　ISO 1034 标准升温 1h 时应力云图（N/m^2）

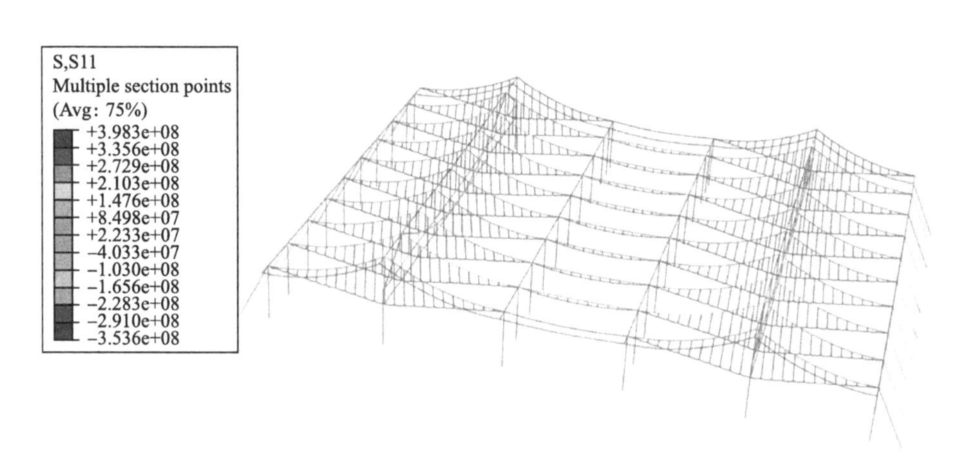

图 10-39　ISO 1034 标准升温 1.5h 时应力云图（N/m^2）

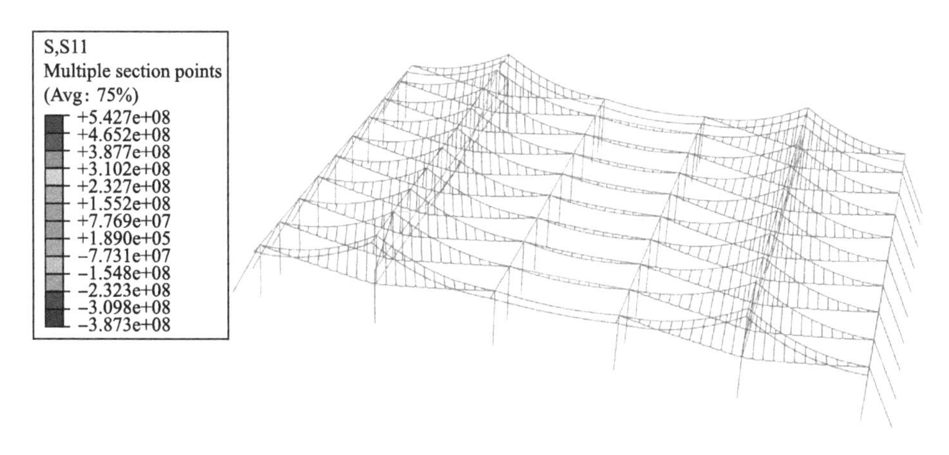

图 10-40　ISO 1034 标准升温 2h 时应力云图（N/m^2）

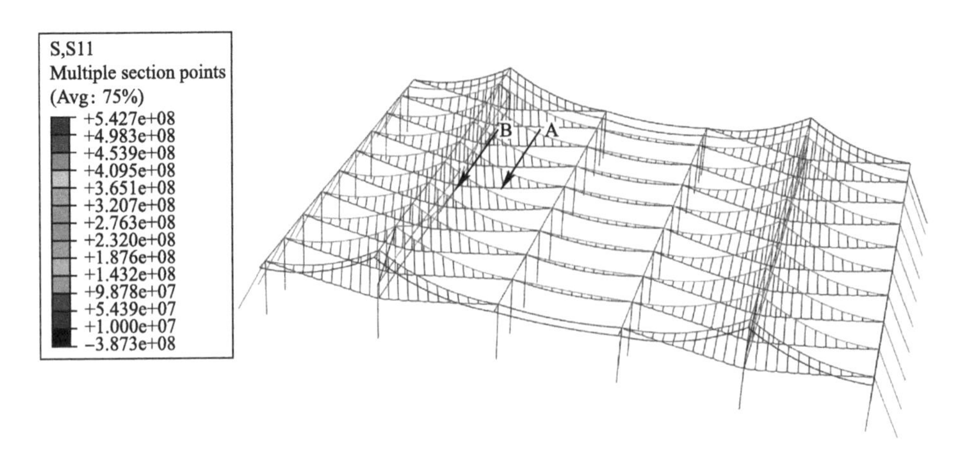

图 10-41　ISO 1034 标准升温 2h 时应力小于 10MPa 的索分布（黑色）

3. 位移-时间关系

选取钢悬索整体结构中两个典型的节点考察整体结构火灾下的位移变化情况，其中 A 点是屋面竖向位移最大的点，B 点是主索竖向位移最大的点，A、B 两点的位置如图 10-41 所示。A、B 两点的竖向位移 U_3—受火时间 t 关系曲线如图 10-42 所示。从图中可见，随受火时间增加，温度升高，两个特征点的竖向位移逐步增加。至受火 2h 时，两个特征点的位移并没有发生发散式增加，说明结构还没有到达耐火极限状态，结构仍能够承载。可见，钢悬索整体结构的耐火极限不小于 2h。此时，索桁架自主钢框架至中柱的跨度为 36m，跨中挠度为 1.63m，跨中挠度与跨度之比为 4.5%，索桁架相对变形不大。

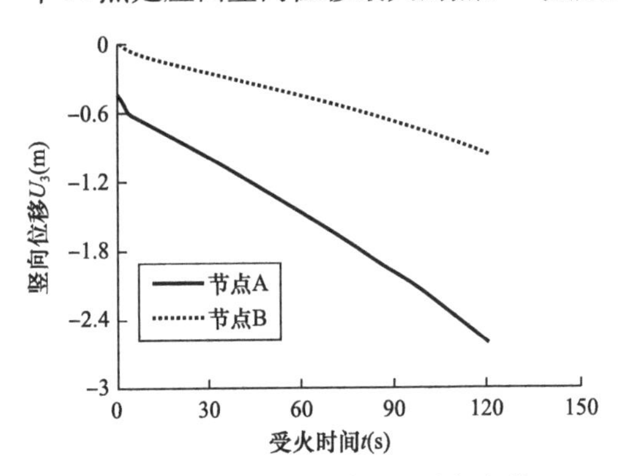

图 10-42　展厅钢悬索屋盖特征点的竖向位移 U_3—受火时间 t 关系

4. 整体结构抗火验算结论

从上面分析可知，ISO 1034 标准升温作用 2h 以内，展厅的钢悬索整体结构（不包含索结构以外的钢结构），总体上悬索结构应力不大，结构变形稳定，没有发生倒塌破坏现象。由此可见，展厅钢悬索整体结构的耐火极限不小于 2h，满足 2h 的耐火极限要求。

10.6.2　钢悬索构件抗火验算

钢悬索构件的抗火验算方法采用《建筑钢结构防火技术规范》CECS 200：2006 式（7.2.1）进行抗火验算，即：

$$\frac{N}{A_n}=\eta_T\gamma_R f=f_{yT} \tag{10-13}$$

其中，$\gamma_R f$ 取钢索常温下的破断应力（索的最小破断力与钢索有效截面面积之比）标准值，最小破断力标准值由设计院提供；f_{yT} 为钢索高温下的破断应力，在此称为高温屈服强度。

按照《建筑钢结构防水技术规范》CECS 200：2006 的要求，构件抗火验算时只需按照弹性材料本构关系进行结构内力计算，本项目基于构件的抗火验算，采用弹性材料本构关系，但弹性模量考虑温度的影响，以考虑温度导致的内力重分布。

1. 钢索 LS1

对索 LS1 按构件进行抗火验算时，由于索 LS1 与固定它的周围钢结构构件之间可能发生内力重分布，索 LS1 的内力有可能减小，本项目取 2h 受火过程中索 LS1 的最大应力进行验算，这种方法偏于安全。

ISO 1034 标准升温开始、0.5h、1h、1.5h、2h 时索 LS1 应力云图（N/m^2），如图 10-43～图 10-47 所示。从图中可见，随受火时间增加，索 LS1 拉应力逐渐减小，各图中索的最大应力为 392MPa。经考察，自升温开始至 2h 的受火过程中，索 LS1 的最大应力为 392MPa。此时索 LS1 的温度为 365℃，根据式（10-9），索 LS1 的高温屈服强度 f_{yT} 为 1003MPa。受火过程中，索 LS1 的最大应力 392MPa 小于 $f_{yT}=1003$MPa。可见，ISO 1034 标准升温作用下，受火 2h 时索 LS1 是安全的，其耐火极限不小于 2h。

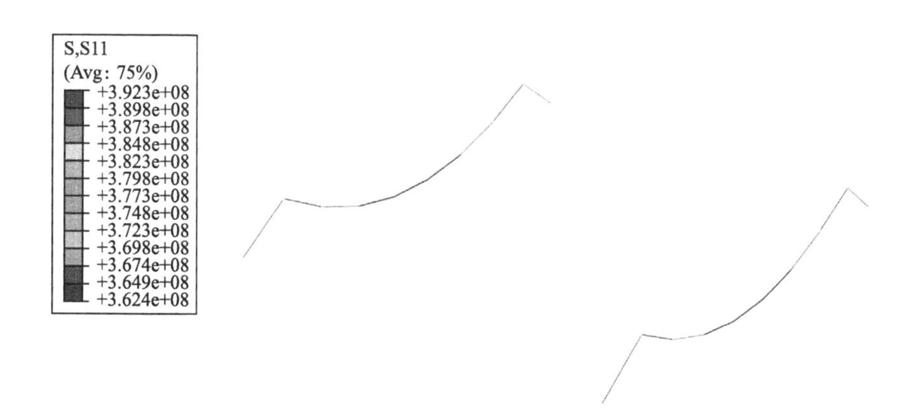

图 10-43　ISO 1034 标准升温开始时索 LS1 应力云图（N/m^2）

2. 钢索 LS2

ISO 1034 标准升温开始、0.5h、1h、1.5h、2h 时索 LS2 应力云图（N/m^2），如图 10-48～图 10-52 所示。为简化计算，分别进行受火 1h 和受火 2h 时构件的抗火验算。

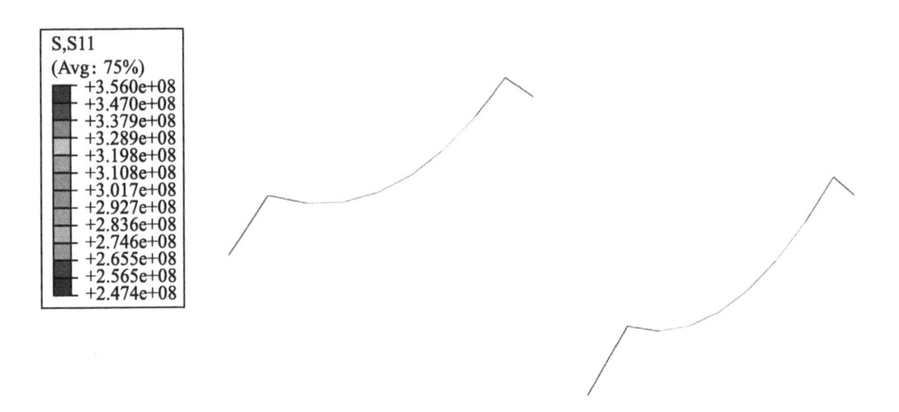

图 10-44　ISO 1034 标准升温 0.5h 时索 LS1 应力云图（N/m^2）

图 10-45　ISO 1034 标准升温 1h 时索 LS1 应力云图（N/m^2）

图 10-46　ISO 1034 标准升温 1.5h 时索 LS1 应力云图（N/m^2）

受火 1h 时，索 LS2 的最大应力为 111MPa。此时，索 LS2 温度为 237℃，索 LS2 的高温屈服强度为 $f_{yT}=1125$MPa。索 LS2 的最大应力 111MPa 小于 $f_{yT}=1125$MPa。

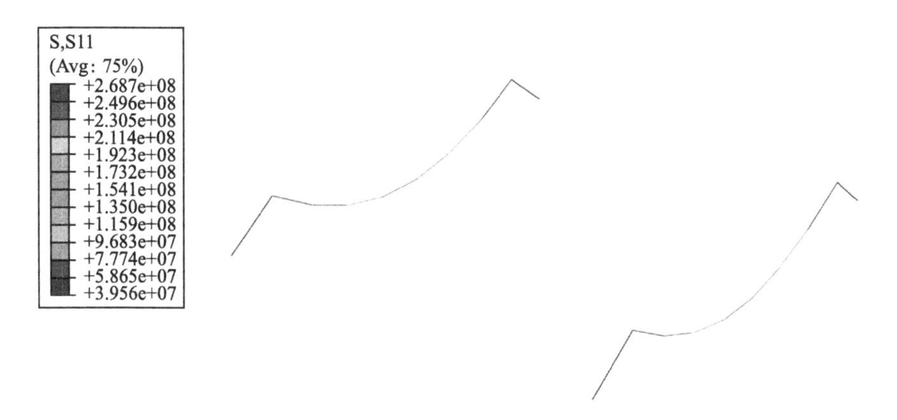

图 10-47 ISO 1034 标准升温 2h 时索 LS1 应力云图（N/m^2）

图 10-48 ISO 1034 标准升温开始时索 LS2 应力云图（N/m^2）

图 10-49 ISO 1034 标准升温 0.5h 时索 LS2 应力云图（N/m^2）

受火 2h 时，索 LS2 的最大应力为 1.56MPa。此时，索 LS2 温度为 476℃，索 LS2 的高温屈服强度为 $f_{yT}=430$MPa。索 LS2 的最大应力 1.56MPa 小于 $f_{yT}=430$MPa。其余时刻也满足强度要求。可见，ISO 1034 标准升温作用下，受火 2h 时索 LS2 是安全的，其耐火极限不小于 2h。

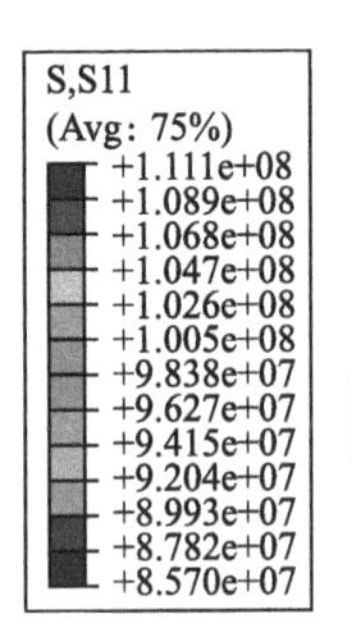

图 10-50　ISO 1034 标准升温 1h 时索 LS2 应力云图（N/m^2）

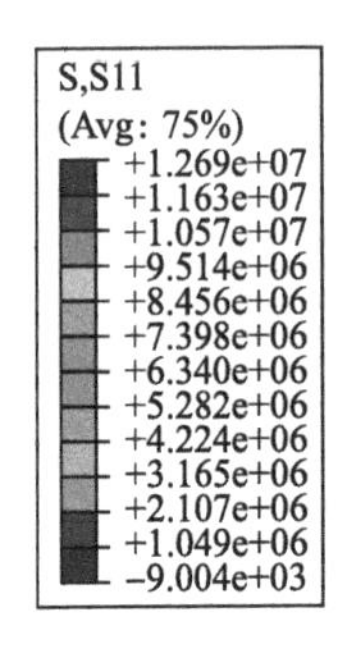

图 10-51　ISO 1034 标准升温 1.5h 时索 LS2 应力云图（N/m^2）

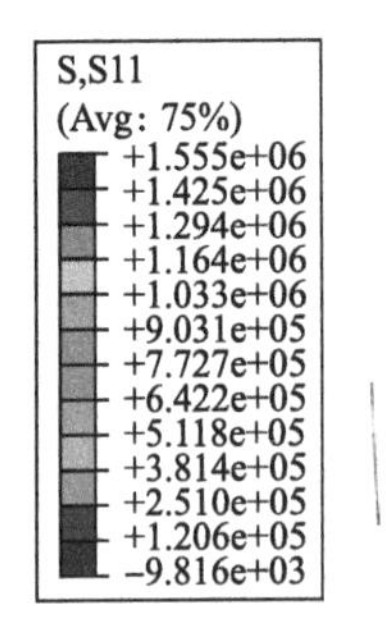

图 10-52　ISO 1034 标准升温 2h 时索 LS2 应力云图（N/m^2）

3. 钢索 LS3

ISO 1034 标准升温开始、0.5h、1h、1.5h、2h 时索 LS3 应力云图（N/m²）如图 10-53～图 10-57 所示。为简化计算，分别进行受火 1h 和受火 2h 时构件的抗火验算。受火 1h 时，索 LS3 的最大应力为 248MPa。此时，索 LS3 温度为 254℃，LS4 索的高温屈服强度为 f_{yT}=1090MPa。LS3 的最大应力 248MPa 小于 f_{yT}=1090MPa。

图 10-53 ISO 1034 标准升温开始时索 LS3 应力云图（N/m²）

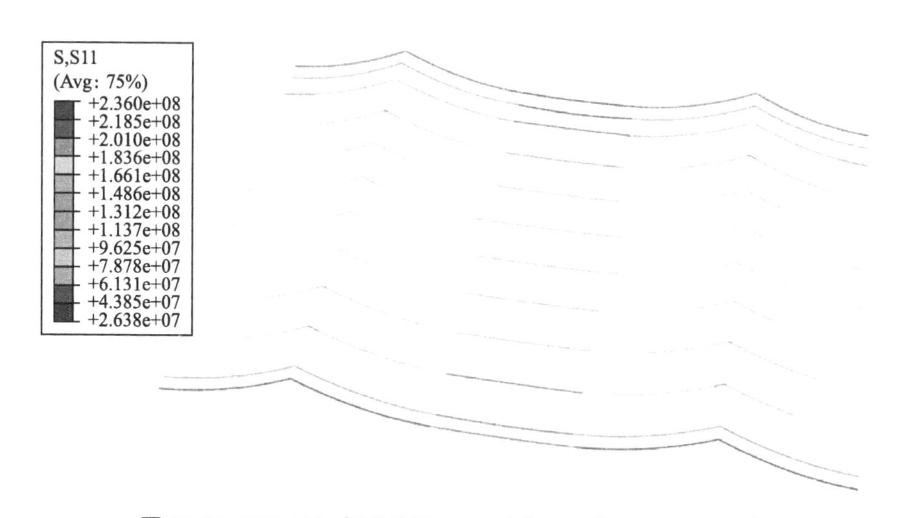

图 10-54 ISO 1034 标准升温 0.5h 时索 LS3 应力云图（N/m²）

受火 2h 时，索 LS3 的最大应力为 224MPa。此时，索 LS3 温度为 5010℃，索 LS3 的高温屈服强度为 f_{yT}=341MPa。索 LS3 的最大应力 224MPa 小于 f_{yT}=341MPa。其余时刻也满足强度要求。可见，ISO 1034 标准升温作用下，受火 2h 时索 LS3 是安全的，其耐火极限不小于 2h。

图 10-55　ISO 1034 标准升温 1h 时索 LS3 应力云图（N/m^2）

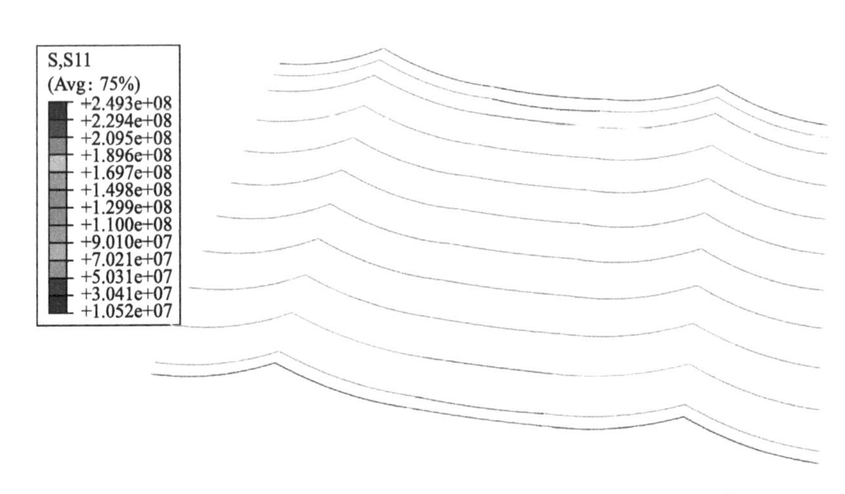

图 10-56　ISO 1034 标准升温 1. 5h 时索 LS3 应力云图（N/m^2）

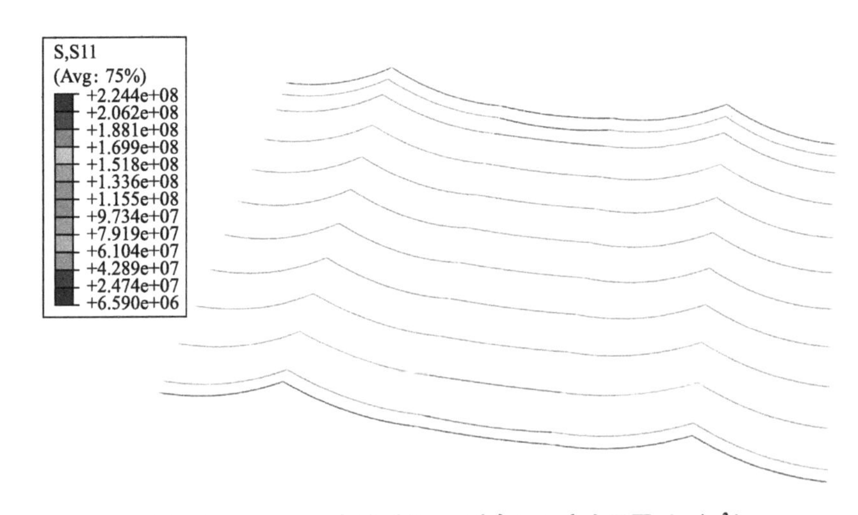

图 10-57　ISO 1034 标准升温 2h 时索 LS3 应力云图（N/m^2）

4. 钢索 LS4 和 LS5

索 LS4 和索 LS5 属于稳定索，对主索起稳定作用，不参与主体结构受力。当温度很高时，这两类索的应力基本释放掉，索逐渐松弛。此时，索 LS4 和索 LS5 只承受自重，这两类索对主体悬索结构的安全作用较小，对主体悬索结构耐火极限没有影响。

5. 钢索 LS6

ISO 1034 标准升温开始、0.5h、1h、1.5h、2h 时索 LS6 应力云图（N/m²）。如图 10-58～图 10-62 所示。为简化计算，分别进行受火 1h 和受火 2h 时构件的抗火验算。受火 1h 时，索 LS6 的最大应力为 1109MPa。此时，索 LS6 温度为 197℃，索 LS6 的高温屈服强度为 $f_{yT}=1200$MPa。LS6 的最大应力 189MPa 小于 $f_{yT}=1200$MPa。受火 2h 时，索 LS6 的最大应力为 143MPa。此时，索 LS6 温度为 374℃，LS6 索的高温屈服强度为 $f_{yT}=770$MPa。LS6 的最大应力 143MPa 小于 $f_{yT}=770$MPa。其余时刻也满足强度要求。可见，ISO 1034 标准升温作用下，受火 2h 时索 LS6 是安全的，其耐火极限不小于 2h。

图 10-58　ISO 1034 标准升温开始时索 LS6 应力云图（N/m²）

6. 钢悬索构件抗火验算结论

依据《建筑钢结构防火技术规范》CECS 200：2006 中式（7.2.1）进行了本项目展厅钢悬索结构构件的抗火验算。验算结果表明，ISO 1034 标准升温作用 2h 时，钢悬索构件的承载力大于钢悬索拉力，钢悬索构件是安全的，其耐火极限不小于 2h。

10.6.3　抗火验算结论

本节依据《建筑钢结构防火技术规范》CECS 200：2006 进行了基于整体结构和基于构件的钢悬索结构的抗火验算。验算结果表明，展厅整体结构和构件的抗火验算都

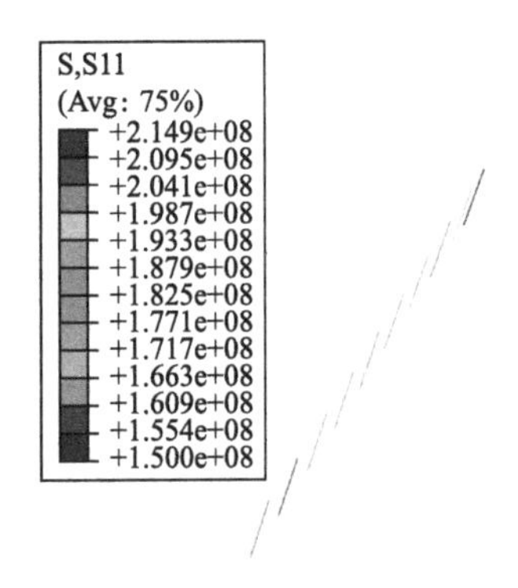

图 10-59　ISO 1034 标准升温 0.5h 时索 LS6 应力云图（N/m^2）

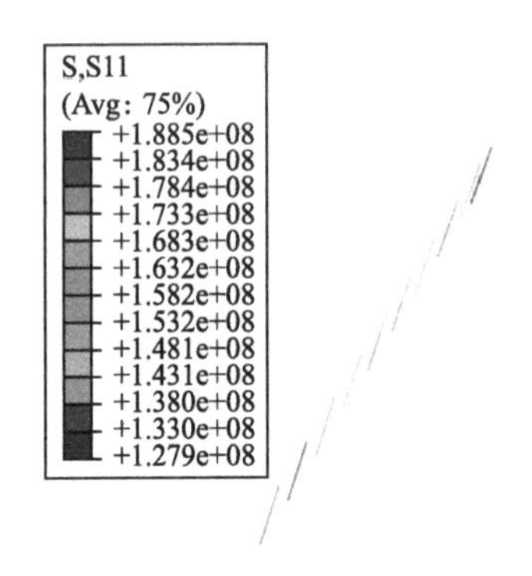

图 10-60　ISO 1034 标准升温 1h 时索 LS6 应力云图（N/m^2）

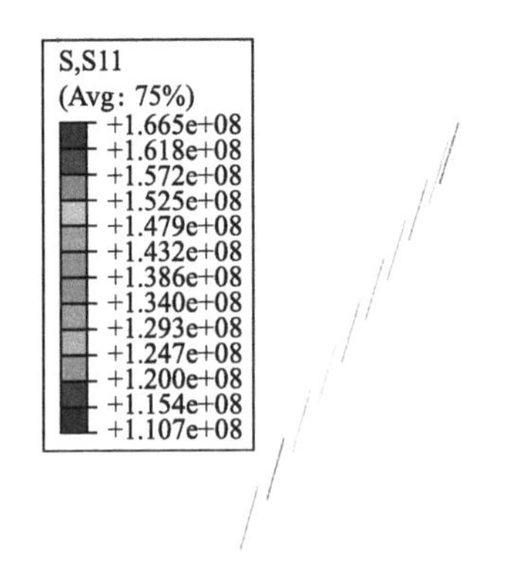

图 10-61　ISO 1034 标准升温 1.5h 时索 LS6 应力云图（N/m^2）

图 10-62　ISO 1034 标准升温 2h 时索 LS6 应力云图（N/m^2）

满足耐火极限不小于 2h 的要求。由此可得出结论，ISO 1034 标准升温作用下，展厅钢悬索结构的耐火极限不小于 2h。依据相关质检报告，本项目索节点及锚固构件中钢结构构件的耐火极限不小于 2h。

参考文献

[1] 陈志华. 索结构在建筑领域的应用与发展 [C]. 第十二届全国现代结构工程学术研讨会，北京：工业建筑，2012：8.

[2] 朱兆晴. 大跨度悬索结构的应用与发展 [J]. 安徽建筑，2008，(2)：103-104，107.

[3] 赵鹏飞，Livadiotti Emmanuel，张相勇，等. 青岛北站站房屋盖结构体系研究 [J]. 建筑结构学报，2011，32 (8)：10-17.

[4] 焦峰华，王天荣，张相勇，等. 青岛北站无柱雨棚预应力钢结构关键技术 [J]. 建筑结构，2013，43 (23)：26-29.

[5] 万红霞，吴代华. 索和膜结构的力密度法找形分析 [J]. 武汉理工大学学报，2004，26 (4)：77-79.

[6] 陈务军，杜贵首，任小强. 索杆张力结构力密度找形分析方法 [J]. 建筑科学与工程学报，2010，27 (1)：7-11.

[7] Schek H J. The force density method for form finding and computation of general networks [J]. Computer Methods in Applied Mechanics and Engineering，1974，3 (1)：115-134.

[8] 阚远，叶继红. 动力松弛法在索穹顶结构形状确定中的应用 [J]. 工程力学，2007，24 (9)：50-55.

[9] 叶继红，李爱群，刘先明. 动力松弛法在索网结构形状确定中的应用 [J]. 土木工程学报，2002，35 (6)：14-19.

[10] 伍晓顺，邓华. 基于动力松弛法的松弛索杆体系找形分析 [J]. 计算力学学报，2008，25 (2)：229-236.

[11] Levis W. J,. m. s Jones. Dynamic relaxation analysis of the nonlinear static response of pretensioned cable roofs [J]. Computer and Structures，1984，18 (6)：989-997.

[12] 张志宏，董石麟. 空间结构分析中动力松弛法若干问题的探讨 [J]. 建筑结构学报，2002，23 (6)：79-84.

[13] A. s. day Bunce. J-. H. Analysis of cable networks by dynamic relaxation [J]. Civil Engng Public Works Rev，1970，23 (4)：383-386.

[14] Argyris J-H，Angelopowlos T，Bichat B. A general method for the shape finding of lightweight tension structures [J]. Computer Method in Applied Mechanics and Engineering，1974：135-149.

[15] 卫东，沈世钊. 薄膜结构初始形态确定的几种分析方法研究 [J]. 哈尔滨建筑大学学报，2000，33 (4)：16-20.

[16] 郭璐，蓝天. 张拉结构初始几何曲面的确定［C］//第六届空间结构学术会议论文集，广州：地震出版社，1992：586-593.

[17] 王宏，郭彦林，任革学. 大跨度悬吊索系结构目标位置成形分析方法［J］. 工程力学，2003，20（6）：93-98.

[18] 田广宇，郭彦林，王昆. 车辐式结构找形分析的逐点去约束法［J］. 西安建筑科技大学学报（自然科学版），2010，42（2）：153-158.

[19] 田广宇，郭彦林，王永海，等. 求解车辐式结构自应力模态的逐点去约束法［J］. 空间结构，2009，15（4）：16，38-43.

[20] 郭彦林，崔晓强. 滑动索系结构的统一分析方法——冷冻-升温法［J］. 工程力学，2003，20（4）：156-160.

[21] 周岱. 斜拉网格结构的非线性静力、动力和地震响应分析［D］. 杭州：浙江大学，1997.

[22] 滕起，张相勇，孙建平，等. 弧形内凹连续坡屋面风压特性的数值模拟［J］. 空间结构，2019，25（4）：43-50.

[23] 任俊超. 空间斜拉式预应力索拱结构体系分析计算［D］. 郑州：郑州大学，2004.

[24] 林家浩，钟万勰，张亚辉. 大跨度结构抗震计算的随机振动方法［J］. 建筑结构学报，2000，21（1）：29-36.

[25] 张相勇. 多点多维输入下合肥南站的动力响应分析［C］//第三届全国建筑结构技术交流会论文集（上），北京：建筑结构，2011：239-242.

[26] 张相勇. 多点多维输入下青岛北站主站房屋盖扭转效应分析［J］. 建筑结构，2013，43（23）：14-16，29.

[27] 林家浩，张亚辉. 随机振动的虚拟激励法［M］. 北京：科学出版社，2004.

[28] 徐正. 单向张拉膜结构气弹模型风洞试验研究［D］. 哈尔滨：哈尔滨工业大学，2011.

[29] 苏文章. 悬索结构的非线性有限元分析［D］. 重庆：重庆大学，2005.

[30] 苏慈. 大跨度刚性空间钢结构极限承载力研究［D］. 上海：同济大学，2006.

[31] 沈世钊等. 悬索结构设计［M］. 北京：中国建筑工业出版社，2005.

[32] 田广宇，郭彦林，王昆，等. 宝安体育场刚性受压环位形偏差对车辐式张拉结构成型状态的影响研究［J］. 施工技术，2010，39（8）：44-47.

[33] 江磊鑫，郭彦林，田广宇. 索杆结构张拉过程模拟分析方法研究［J］. 空间结构，2010，16（1）：11-18，34.

[34] 江磊鑫，郭彦林，田广宇. 索杆结构张拉过程模拟分析方法研究江磊鑫［J］. 空间结构，2010，16（1）：11-18，34.

[35] 郭彦林，田广宇，周绪红，等. 大型复杂钢结构施工力学及控制新技术的研究与工程应用［J］. 施工技术，2011，40（1）：47-55，89.

[36] 王小安，郭彦林，兰涛. 某玻璃采光顶支承结构设计与施工过程模拟分析 [J]. 施工技术，2010，39 (8)：34-39.

[37] 张相勇，常为华，甘明. 合肥南站主站房大跨超限结构设计与研究 [J]. 建筑结构，2011，41 (9)：88-92，126.

[38] Shi X，Zhu S，Li J，et al. Dynamic Behavior of Stay Cables with Passive Negative Stiffness Dampers [J]. Smart Materials and Structures，2016，25 (7)：75044.

[39] Lu L，Duan Y，Spencer jr BF，et al. Inertial Mass Damper for Mitigating Cable Vibration [J]. Structural Control and Health Monitoring，2017，24 (10)：0.

[40] Nakamura Y，Fukukita A，Tamura K，et al. Seismic Response Control Using Electromagnetic Inertial Mass Dampers [J]. Earthquake Engineering & Structural Dynamics，2014，43 (4)：507-527.

[41] Ikago K，Saito K，Inoue N. Seismic Control of Single-degree-of-freedom Structure Using Tuned Viscous Mass Damper [J]. Earthquake Engineering & Structural Dynamics，2012，41 (3)：453-474.

[42] 吕西林，丁鲲，施卫星，等. 上海世博文化中心 TMD 减轻人致振动分析与实测研究 [J]. 振动与冲击，2012，31 (2)：32-37，150.

[43] 李爱群，陈鑫，张志强. 大跨楼盖结构减振设计与分析 [J]. 建筑结构学报，2010，31 (6)：160-170.

[44] 陈宇峰，王浩亮，刘伟庆，等. 风振控制中的 MTMD 最优参数 [J]. 南京工业大学学报（自然科学版)，2013，35 (3)：16-19.

[45] Abé M，Fujino Y. Dynamic Characterization of Multiple Tuned Mass Dampers and Some Design Formulas [J]. Earthquake Engineering & Structural Dynamics，1994，23 (8)：813-835.

[46] 唐柏鉴，李亚明. 大跨屋盖结构的竖向 MTMD 减震控制 [J]. 特种结构，2007，7 (1)：64-67.

[47] 徐瑞龙，尧金金，陈新礼，等. 青岛北站主站房施工仿真计算分析 [J]. 建筑结构，2013，43 (23)：23-25，86.

[48] 王磊，王泽康，张振华，等. 超高层建筑多种风洞试验方式对比研究 [J]. 实验力学，2018，33 (4)：534-542.

[49] 李会知. 高层建筑风压试验研究 [J]. 实验力学，2000，18 (2)：157-162.

[50] 顾明，周印，张锋，等. 用高频动态天平方法研究金茂大厦的动力风荷载和风振响应 [J]. 建筑结构学报，2000，19 (4)：55-61.

[51] 梁枢果，邹良浩，郭必武. 基于刚性模型测压风洞试验的武汉国际证券大厦三维风致响应分析 [J]. 工程力学，2009，26 (3)：118-127.

[52] 谢壮宁，方小丹，倪振华，等. 广州西塔风效应研究 [J]. 建筑结构学报，2009，30 (1)：

107-114.

[53] Liang S, Liu S, Li Q, et al. Mathematical Model of Acrosswind Dynamic Loads on Rectangular Tall Buildings [J]. Journal of Wind Engineering and Industrial Aerodynamics, 2002, 90 (12): 1757-1770.

[54] 王磊，梁枢果，邹良浩，等. 阻塞效应对高层建筑风洞试验的影响分析 [J]. 实验力学，2013，28 (2)：261-268.

[55] 牟在根，尧金金，张相勇. 青岛北站大跨钢结构抗火性能研究 [J]. 北京科技大学学报，2012，34 (8)：971-975.

[56] 杜咏，陆亚珍. 钢索在火灾升温历程中瞬态张力的解析计算方法 [J]. 工程力学，2013，30 (3)：159-165.

[57] 张相勇，滕起，苗峰，等. 大跨双向悬索结构屋盖 MTMD 减振控制分析 [J]. 空间结构，2021，27 (3)：32-40.

[58] 张相勇，滕起，苗峰，等. 大跨双向悬索结构屋盖 IMD 减振控制研究 [J]. 空间结构，2021，27 (2)：41-48.

[59] 张爵扬，张相勇，张春水，等. 石家庄国际会展中心施工模拟分析及应用研究 [J]. 建筑结构，2020，50 (23)：37-42，23.

[60] 张爵扬，张相勇，陈华周，等. 石家庄国际会展中心双向悬索结构整体稳定性分析 [J]. 建筑结构学报，2020，41 (3)：156-162.